高等学校土木工程专业应用型本科系列教材

工程结构试验与检测

岳川云　孙　丽　苗建伟　主编

中国建筑工业出版社

图书在版编目（CIP）数据

工程结构试验与检测 / 岳川云，孙丽，苗建伟主编. —
北京：中国建筑工业出版社，2024.11. --（高等学校
土木工程专业应用型本科系列教材）. -- ISBN 978-7
-112-30495-0

Ⅰ. TU317

中国国家版本馆 CIP 数据核字第 2024FQ9077 号

本书为"高等学校土木工程专业应用型本科系列教材"之一。全书共分为九章，主要内容为：绪论、试验组织实施与管理、试验设计理论与方法、试验量测技术与量测仪表、加载设备和试验装置、静载试验、动载试验、建筑结构检测、桥梁结构检测。本书的编写紧密结合人才培养模式，读者不仅可以获得工程结构试验与检测方面的基础知识和基本技能，还可以掌握一般工程结构的试验方法和检测方法。本书力求涵盖工程结构试验和检测的各个领域，并反映最新的科学技术发展和工程应用成就。本书依据国家现行相关规范、标准和其他相关规定编写。

本书可供土木工程类专业使用，也可供从事工程结构试验和现场检测的技术人员参考。

为了便于教学，作者特备制作了配套课件，任课教师可以通过如下途径申请：
1. 邮箱：jckj@cabp.com.cn，12220278@qq.com
2. 电话：010-58337285
3. 建工书院网站：http://edu.cabplink.com

责任编辑：郭 栋 吉万旺
责任校对：赵 力

高等学校土木工程专业应用型本科系列教材
工程结构试验与检测
岳川云 孙 丽 苗建伟 主编

*

中国建筑工业出版社出版、发行（北京海淀三里河路 9 号）
各地新华书店、建筑书店经销
北京科地亚盟排版公司制版
三河市富华印刷包装有限公司印刷

*

开本：787 毫米×1092 毫米 1/16 印张：12¼ 字数：296 千字
2025 年 4 月第一版 2025 年 4 月第一次印刷
定价：49.00 元（赠教师课件）
ISBN 978-7-112-30495-0
（43834）

版权所有 翻印必究

如有内容及印装质量问题，请与本社读者服务中心联系
电话：(010) 58337283 QQ：2885381756
（地址：北京海淀三里河路 9 号中国建筑工业出版社 604 室 邮政编码：100037）

前言
FOREWORD

工程结构试验与检测是土木工程专业应用型的一门专业技术课程。本教材编写紧密结合人才培养模式，课程与材料力学、结构力学、混凝土结构设计原理、钢结构设计原理等课程有直接的关系，学生不仅可以获得工程结构试验与检测方面的基础知识和基本技能，还可以掌握一般工程结构试验方法和检测方法。教材力求涵盖工程结构试验和检测的各个领域，并反映最新的科学技术发展和工程应用成就。本书主要内容包括：试验组织实施与管理、试验设计理论与方法、试验量测技术与量测仪表、加载设备和试验装置、静载试验、动载试验、建筑结构检测、桥梁结构检测等内容，教材尽可能结合国家现行相关规范标准和其他相关规定，以保证技术的先进性。

本教材编写具体分工为：第1、2章由沈阳城市建设学院岳川云和沈阳职业技术学院苗建伟编写，第3章由沈阳建筑大学孙丽编写，第4章由沈阳城市建设学院张姝和北方测盟科技有限公司宋斌编写，第5章由沈阳城市建设学院闫密和张姝编写，第6章由沈阳城市建设学院闫密和王晓冬编写，第7章由沈阳城市建设学院汪婷婷和辽宁中测建筑科技有限公司宁迎福编写，第8章由沈阳城市建设学院岳川云、刘霞和辽宁省建设科学研究院有限责任公司刘洋编写，第9章由沈阳城市建设学院王鑫和徐征慧编写。全书由岳川云进行统稿和修改工作。

本书可作为土木工程专业基础技术课教材，也可供从事工程结构试验和现场检测的技术人员参考。

在本书编写过程中，参考了相关文献资料，特此向其原作者表示感谢。

由于作者的学识和水平有限，教材编写中如有不妥之处，敬请读者批评指正。

目录
CONTENTS

第1章 绪论 ………………………………………………………… 1
    1.1 建筑结构试验的任务 ……………………………………… 2
    1.2 建筑结构试验的目的 ……………………………………… 2
    1.3 建筑结构试验和检测的分类 ……………………………… 4

第2章 试验组织实施与管理 ……………………………………… 9
    2.1 组织计划 …………………………………………………… 10
    2.2 试验前期方案设计 ………………………………………… 12
    2.3 结构试验的技术性文件 …………………………………… 12
    2.4 试验安全措施 ……………………………………………… 14

第3章 试验设计理论与方法 ……………………………………… 17
    3.1 试验设计理论、要求与原则 ……………………………… 18
    3.2 结构试验的试件设计和模型设计 ………………………… 22
    3.3 结构试验的荷载设计 ……………………………………… 23
    3.4 结构试验的观测设计 ……………………………………… 25
    3.5 结构试验的误差控制 ……………………………………… 27

第4章 试验量测技术与量测仪表 ………………………………… 29
    4.1 概述 ………………………………………………………… 30
    4.2 量测仪表的基本组成 ……………………………………… 30
    4.3 应力（应变）量测 ………………………………………… 33
    4.4 位移量测 …………………………………………………… 40
    4.5 裂缝量测 …………………………………………………… 45
    4.6 力的测定 …………………………………………………… 46
    4.7 数据采集系统 ……………………………………………… 46

第5章 加载设备和试验装置 ……………………………………… 49
    5.1 概述 ………………………………………………………… 50
    5.2 重物加载 …………………………………………………… 50

5.3　液压加载法 ··· 52
　　5.4　地震模拟振动台（地震荷载模拟） ····················· 57
　　5.5　产生动荷载的其他加载方法 ······························· 60

第6章　静载试验 ··· 63
　　6.1　静载试验概述 ··· 64
　　6.2　试验前的准备 ··· 64
　　6.3　静载试验加载和量测方案的确定 ························· 67
　　6.4　数据采集与整理 ··· 74

第7章　动载试验 ··· 77
　　7.1　动载试验的准备与现场组织 ······························· 78
　　7.2　激振方法与设备 ··· 80
　　7.3　动载试验的方法与程序 ······································ 87
　　7.4　数据采集与整理 ··· 91
　　7.5　工程实例 ··· 99

第8章　建筑结构检测 ·· 103
　　8.1　混凝土结构现场检测技术 ·································· 104
　　8.2　砌体结构现场检测技术 ····································· 114
　　8.3　钢结构现场检测技术 ·· 123
　　8.4　工程实例应用 ·· 124

第9章　桥梁结构检测 ·· 147
　　9.1　桥梁静荷载试验 ··· 148
　　9.2　测试准备 ··· 153
　　9.3　加载试验 ··· 154
　　9.4　试验资料的整理 ··· 155
　　9.5　数据分析与结构性能评定 ·································· 156
　　9.6　工程实例 ··· 157

附录 ·· 173
　　附录A　测区混凝土强度换算表 ································· 173
　　附录B　泵送混凝土测区强度换算表 ·························· 179
　　附录C　非水平方向检测时的回弹值修正值 ················ 185
　　附录D　不同浇筑面的回弹值修正值 ·························· 187

第1章
绪 论

建筑结构试验是完善和发展结构计算理论的关键途径。它包括确定工程材料的力学性能，验证由不同材料组成的梁、板、柱等承重结构或构件的基本计算方法，以及针对近些年涌现的大跨度、超高层、复杂结构系统的计算理论进行研究与开发。这些理论研究均基于试验结果。例如，混凝土结构、钢结构、砖石结构、公路桥涵和地基基础的设计规范，其计算理论几乎都直接源自试验研究成果。尽管计算方法和计算机技术的进展为使用数学模型对结构进行分析提供了可能，减少了部分试验需求，但实际结构的多变性以及在其生命周期中可能遇到的多样风险，使得试验研究依然是核心且必不可少的环节。

与此同时，建筑工程学科的前进也催生了试验检测技术的进步。随着超高层建筑、大跨度桥梁、高速公路、核反应堆压力容器、海洋石油平台、地铁、隧道、大型港口设施等工程结构的出现，整体结构性能、动力特性、非线性性能等方面的研究显得更为重要。因此，结构试验已经从单一构件测试向整体结构和足尺试验转变。现代结构试验如伪静力试验、拟动力试验和振动台试验等，突破了传统静载和动载试验的界限，能够更准确地模拟复杂荷载条件。传感技术的发展、数据自动采集和分析处理技术的提升，推动了试验检测技术的根本性变革。在动力分析领域，为了监测地震和风荷载引起的结构响应并实施控制，试验模态分析和系统识别技术得到了快速发展并逐渐应用到实践中。

试验检测技术的进步与现代科技的发展紧密相连，特别是多学科交叉融合所作出的贡献显著。光纤传感测量技术就是近年来国内外发展的一个典型例子。大跨桥梁和超高层建筑的健康监测技术的研究与开发，综合了光纤传感技术、微波通信、卫星追踪监控等众多新技术，并已在香港青马大桥、江阴长江大桥、南京长江第二大桥和深圳帝王大厦等关键工程中得到应用，确保了这些工程的安全运营。此外，非破坏性检测方面，混凝土结构雷达和红外热成像仪等新兴技术的应用为结构损伤检测开辟了新路径。这些进步标志着试验检测技术实现了质的飞跃。显然，试验检测技术是多学科知识综合运用的产物，已经成为一门真正的试验科学，并将继续深化发展。

1.1 建筑结构试验的任务

建筑结构试验是土木工程的专业基础课，其研究对象是建设工程的结构物。这门学科的任务是在试验对象上应用科学的试验组织程序，以仪器设备为工具，利用各种试验手段，在荷载或其他因素作用下，通过量测与结构工作性能有关的各种参数，从强度、刚度和抗裂性能以及结构实际破坏形态来判明结构的实际工作性能，估计结构的承载能力，确定结构对使用要求的符合程度，并用以检验和发展结构的计算理论。

所以，建筑结构试验是以试验方式测定有关数据，由此反映结构或构件的工作性能、承载能力和相应的安全度，为结构的安全使用和设计理论的建立提供重要根据的学科。

1.2 建筑结构试验的目的

在实际工作中，根据试验目的的不同，建筑结构试验可以分为生产鉴定性试验（简称鉴定性试验）和科学研究性试验（简称科研性试验）两大类。

1. 生产鉴定性试验

鉴定性试验经常具有直接生产目的，是以实际建筑物或结构构件为试验对象，经过试验对具体结构得出正确的技术结论。此类试验经常解决以下问题。

1) 鉴定结构设计和施工质量的可靠程度

比较重要的结构与工程，除需在设计阶段进行必要而大量的试验研究外，在实际结构建成以后，还应通过试验综合性地鉴定其质量的可靠程度。上海南浦大桥和杨浦大桥建成后的荷载试验以及秦山核电站安全壳结构整体加压试验均属于此类。

2) 鉴定预制构件的产品质量

构件厂或现场成批生产的钢筋混凝土预制构件出厂或在现场安装之前，必须根据科学抽样试验的原则，依据预制构件质量检验评定标准和试验规程的要求，进行试件的抽样检验，以推断一批产品的质量。

3) 工程改建或加固时通过试验判断结构的实际承载能力

既有建筑扩建加层或进行加固，单凭理论计算难以得到确切结论时，常常需要通过试验确定结构的实际承载能力。旧结构缺少设计计算书和图纸资料时，在需要改变结构实际工作条件的情况下进行结构试验更有必要。

4) 为处理受灾结果和工程事故提供技术依据

遭受地震、火灾、爆炸等灾害而受损的结构或在建造和使用过程中发现有严重缺陷的危险性建筑，必须进行详细的检验。唐山地震后，北京农业展览馆主体结构由于加固的需要，曾进行环境随机振动试验，利用传递函数谱进行结构模态分析，通过振动分析最终获得该结构模态函数。

5) 通过已建结构可靠性检验推定结构剩余寿命

已建结构随建造年代和使用时间的增长，结构物出现不同程度的老化现象，甚至进入老龄期、退化期或更换期，有的进入危险期。为保证已建建筑的安全使用，延长使用寿命，防止发生破坏、倒塌等重大事故，国内外对建筑物的使用寿命，特别是对剩余使用期限特别关注。通过对已建建筑的观察、检测和分析，依据可靠性鉴定规程评定结构的安全等级，可推断结构可靠性并估算其剩余寿命。可靠性鉴定大多采用非破损检测的试验方法。

2. 科学研究性试验

科研性试验的任务是验证结构设计理论和各种科学判断、推理、假设以及概念的正确性，为发展新的设计理论，发展和推广新结构、新材料及新工艺提供实践经验和设计依据。

1) 验证结构计算理论的各种假定

在结构设计中，为计算上的方便，经常对结构计算图式或结构关系进行某些简化假定。这些假定是否成立，可通过试验加以验证。在构建静力和动力分析中结构关系的模型化，完全是通过试验加以确定的。

2) 为发展和推广新结构、新材料与新工艺提供实践经验

随着建筑科学和基本建设的发展，新结构、新材料和新工艺不断涌现。如轻质、高强、高效能材料的应用，薄壁、弯曲轻型钢结构的设计，升板、滑模施工工艺的发展以及大跨度结构、高层建筑与特种结构的设计及施工工艺的发展，都离不开科学试验。

3) 为制定设计规范提供依据

为了制定我国的设计标准、施工验收标准、试验方法标准和结构可靠性鉴定标准等，

对钢筋混凝土结构、钢结构、砌体结构以及木结构等，从基本构件的力学性能到结构体系的分析优化，进行了系统的科研性试验，提出了符合我国国情的设计理论、计算公式、试验方法标准和可靠性鉴定分级标准，进一步完善了规范体系。事实上，现行规范采用的钢筋混凝土结构构件和砌体结构的计算理论，几乎全部是以试验研究的分析结果为基础建立起来的。这也进一步体现了结构试验学科在发展设计理论和改进设计方法上的作用。

1.3 建筑结构试验和检测的分类

建筑结构试验可按试验目的、荷载性质、试验对象、试验周期、试验场合等因素进行分类。

1. 静力试验和动力试验

1) 静力试验

静力试验是建筑结构试验中最常见的基本试验，一般可以通过重力或各种类型的加载设备来实现和满足加载要求。"静力"一般是指试验过程中，结构本身运动的加速度效应可以忽略不计。静力试验分为单调静力加载试验、拟静力试验和拟动力试验。

单调静力加载试验的加载过程是荷载从零开始逐步递增一直到结构破坏为止，也就是在一个不长的时间段内完成试验加载的全过程。

拟静力试验也称低周反复荷载试验或拟静力试验。为了探索结构的抗震性能，在试验室常采用一对使结构来回产生变形的水平集中力 P 和 P' 来代替结构地震所产生的力，把水平集中力 P 和 P' 称为结构试验抗震静力，用图 1-1 所示的方式来模拟地震作用进行试验。它是一种采用一定的荷载控制或变形控制的周期性反复静力荷载试验，加之试验频率比较低，为区别于一般单调静力加载试验，称为低周反复荷载试验；又因为低周反复静力加载试验是采用静力试验手段来验证结构部分动力性能的，所以也称为拟静力试验。

拟动力试验是模拟某地震作用慢动作作用于试验对象上的过程。在拟动力试验中，首先是通过计算机将实际基底地震加速度转换成作用在结构上的位移，以及与次位移相应的加振力 $F(t)$。随着地震波加速度时程曲线的变化，作用在结构上的位移和加振力也随之变化，这样就可以得出失真情况下，某一实际地震波作用后结构连续反应的全过程（图 1-2）。

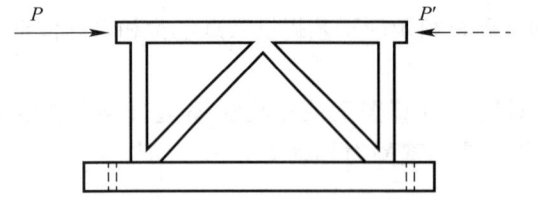
图 1-1 结构拟静力试验示意图

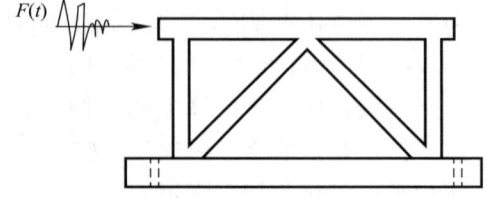
图 1-2 结构拟动力试验示意图

静力试验的最大优点是加载设备相对来讲比较简单，荷载可以逐步施加，还可以停下来仔细观测结构变形的发展，给人们以最明确、最清晰的破坏概念。

2) 动力试验

对于那些在实际工作中主要承受动力作用的结构或构件，为了研究结构在施加动力荷载作用下的工作性能，一般要进行结构动力试验。如研究厂房在吊车及动力设备作用下的动力性能，吊车梁的疲劳强度与疲劳寿命问题，高层建筑和高耸构筑物在风载作用下的动力问题，结构抗爆炸、抗冲击问题等。特别是结构抗震性能的研究中除了用上述静力加载模拟以外，更为理想的是直接施加动力荷载进行试验。目前，抗震动力试验一般用电液伺服加载设备或地震模拟振动台等设备来进行，对于现场或野外的动力试验，利用环境随机振动试验测定结构动力特性模态参数也日益增多。另外，还可以利用人工爆炸产生人工地震的方法，甚至直接利用天然地震对结构进行试验。

由于荷载特性的不同，动力试验的加载设备和测试手段也与静力试验有很大的差别，并且要比静力试验复杂得多。

结构动力试验包括结构动荷载试验、结构动力特性试验、结构动力反应试验和结构疲劳试验等。

2. 真型试验和模型试验

1）真型试验

真型是实际结构或者是按实物结构足尺复制的结构或构件。真型试验一般用于生产性试验，例如秦山核电站安全壳加压整体性的试验就是一种非破坏性的真型试验。对于工业厂房结构的刚度试验、楼盖承载能力试验等，均在实际结构上加载量测。另外，在高层建筑上直接进行风振测试和通过环境随机振动测定结构动力特性等，均属于此类。

由于结构抗震研究的发展，国内外开始重视对结构整体性能的试验研究，因为通过对这类足尺结构物进行试验，可以对结构构造、各构件之间的相互作用、结构的整体刚度以及结构破坏阶段的实际工作等进行全面的观测了解。

2）模型试验

结构的真型试验，具有投资大、周期长的特点。当进行真型试验在物质上或技术上存在某些困难，或在结构设计方案阶段进行初步探索以及在对设计理论、计算方法进行探讨研究时，都可以采用比原型结构小的模型进行试验。

（1）相似模型试验

模型是仿照原型并按照一定比例关系复制而成的试验代表物，它具有实际结构的全部或部分特征，但尺寸却比原型小。

模型的设计制作与试验根据是相似理论。模型是用适当的比例尺和相似材料制成的与原型几何相似的试验对象，在模型上施加相似力系能使模型重现原型结构的实际工作状态。根据相似理论即可由模型试验结果推算实际结构的工作情况。模型要求一定的模拟条件，即要求几何相似、力学相似和材料相似等。

（2）缩尺模型试验及小构件试验

是结构试验常用的研究形式之一，它有别于相似模型试验。

采用小构件进行试验，无须依靠相似理论，无须考虑相似比例对试验结果的影响，即试验不要求满足严格的相似条件，是用试验结果与理论计算进行对比校核的方法研究结构的性能，验证设计假定与计算方法的正确性，并认为这些结果所证实的一般规律与计算理论可以推广到实际结构中去。

3. 短期荷载试验和长期荷载试验

1）短期荷载试验

对于主要承受静力荷载的结构构件实际上荷载经常是长期作用的。但是，在进行结构试验时限于试验条件、时间和基于解决问题的步骤，不得不大量采用短期荷载试验，即荷载从零开始施加到最后结构破坏或到某阶段进行卸载的时间总和只有几十分钟、几小时或者几天。对于承受动荷载的结果，即使是结构的疲劳试验，整个加载过程也仅在几天内完成，与实际工作有一定差别。对于爆炸、地震等特殊荷载作用，整个试验加载过程只有几秒甚至是微秒或毫秒级，这种试验实际上是一种瞬态的冲击试验。所以严格地讲，这种短期荷载试验不能代替长期荷载试验。这种由于具体客观因素或技术的限制所产生的影响，在分析试验结果时必须加以考虑。

2）长期荷载试验

对于结构在长期荷载作用下的性能研究，如混凝土结构的徐变、预应力结构中的钢筋松弛等就必须进行静力荷载的长期试验。这种长期荷载试验也可以称为持久试验，它将连续进行几个月或几年时间，通过试验以获得结构变形随时间变化的规律。

4. 试验室试验和现场试验

结构和构件的试验可以在有专门设备的试验室内进行，也可以在现场进行。

1）试验室试验

试验室试验由于具备良好的工作条件，可以应用精密灵敏的仪器设备，具有较高的准确度，甚至可以人为地创造一个适宜的工作环境，以减少或消除各种不利因素对试验的影响，所以适宜进行研究性试验。这样有可能突出研究的主要方向，消除一些对试验结构实际工作有影响的次要因素。

2）现场试验

现场试验与室内试验相比，由于客观环境条件的影响，不宜使用高精确度的仪器设备进行观测，相对来看，进行试验的方法也可能比较简单，所以试验精确度较差。现场试验多数用以解决生产性的问题，所以大量的试验是在生产和施工现场进行的。有时，研究的对象是已经使用或将要使用的结构物，现场试验可以获得实际工作状态下的数据资料。

5. 结构检测

结构检测是为评定结构工程的质量或鉴定既有结构的性能等所实施的检测工作。结构检测的含义应是广义的，不应单纯局限于仪器量测的数据。检测包括检查和测试。检查一般是指利用目测了解结构或构件的外观情况，如结构是否有裂缝，基础是否有沉降，混凝土结构表面是否存在蜂窝、麻面，钢结构焊缝是否存在夹渣、气泡，连接构件是否松动等。检查主要是进行定性判别；测试是指通过工具或仪器测量了解结构构件的力学性能和几何特征。对观察到的情况要详细记录，对量测的数据要做好原始记录，并对原始记录进行必要的统计和计算。

结构检测可分为结构工程质量的检测和既有结构性能的检测。

1）结构工程质量的检测

结构工程质量的检测目的在于控制新建结构在施工过程中可能出现的质量问题，处理工程质量事故，评估新结构、新材料和新工艺的应用等。当遇到下列情况之一时，应进行结构工程质量的检测：

（1）涉及结构安全的试块、试件及有关材料检验数量不足；

（2）对施工质量的抽检检测结果达不到设计要求；

（3）对施工质量有怀疑或争议，需要通过检测进一步分析结构的可靠性；

（4）发生工程事故，需要通过检测分析事故的原因及对结构可靠性的影响。

2）既有结构性能的检测

既有结构性能的检测目的在于评估既有结构的安全性和可靠性，为结构的改造和加固处理提供依据。检测对象为已建成并投入使用的结构。当其遇到下列情况之一时，应对其现状缺陷、损伤结构构件承载力和结构变形等涉及结构性能的项目进行检测：

（1）结构的安全鉴定；

（2）结构的抗震鉴定；

（3）大修前结构的可靠性鉴定；

（4）改变用途、改造、加层或扩建前的结构鉴定；

（5）达到设计使用年限要继续使用的技术鉴定；

（6）受到灾害、环境侵蚀等影响的建筑安全鉴定；

（7）对既有结构的工程质量有怀疑或争议时的工程质量鉴定。

第2章
试验组织实施与管理

2.1 组织计划

结构试验可分为四个阶段,即结构试验的规划设计阶段、准备阶段、实施阶段和完成阶段。

1. 试验规划设计阶段

结构试验是一项细致而又复杂的工作,必须严格、认真地对待。任何疏忽都会影响试验结果或试验的正常进行,甚至导致试验失败或危及人身安全。因此,在试验前需要对整个试验工作做出规划设计。规划设计,首先要反复研究试验目的,充分了解试验的具体任务,进行调查研究,搜集有关资料(包括在这方面已有哪些理论假定,做过哪些试验,以及其试验方法、试验结果和存在的问题等)。在以上工作基础上,确定试验的性质与规模,并根据试验室的设备能力确定试件的尺寸和量测项目及量测要求,最后提出试验大纲。

2. 试验准备阶段

试验准备工作占全部试验工作的大部分时间,工作量也最大。试验准备工作的好坏,直接影响到试验能否顺利进行以及所获试验结果的准确性。因此,对准备工作阶段的复杂性和重要性应给予足够的重视。试验准备阶段的主要工作有:

1) 试件的制作

试验研究者应亲自参加试件制作,以便掌握有关试件质量的第一手资料。

(1) 试件尺寸要保证足够的精度。

(2) 在制作试件时,还应注意材性试样的留取,试样必须能真正代表试验结构的材性。

(3) 材性试件必须按试验大纲上规划的试件编号进行编号,以免不同组别的试件混淆。

(4) 在制作试件过程中,应做施工记录日志;注明试件日期、原材料等情况。这些原始资料,都是最后分析试验结果不可缺少的依据。

2) 试件质量检查

包括试件尺寸和缺陷的检查,应做详细记录,纳入原始资料。

3) 试件安装就位

试件的支承条件应力求与计算简图一致。一切支承零件均应进行强度验算,并使其安全储备大于试验结构可能有的最大安全储备。

4) 安装加载设备

加载设备的安装,应满足"既稳又准找方便,有强有刚求安全"的要求,即就位要稳固、准确方便,固定设备的支撑系统要有一定的强度、刚度和安全度。

5) 仪器仪表的率定

对测力计及一切量测仪表均应按技术规定要求进行率定,各仪器仪表的率定记录应纳入试验原始记录中,误差超过规定标准的仪表不得使用。

6) 作辅助试验

辅助试验多半在加载试验阶段前进行,以取得试件材料的实际强度,以便对加载设备和仪器仪表的量程等作进一步的验算。但是,对一些试验周期较长的大型结构试验或试件组别很多的系统试验，为使材性试件和试验结构的龄期尽可能一致，辅助试验也常常与正式试验同时穿插进行。

7) 仪表安装，连线试调

仪表的安装位置、测点号，在应变仪或记录仪上的通道号等，都应严格按照试验大纲中的仪表布置图实施。如有变动，应立即做好记录，以免时间长久后回忆不清，而将测点混淆，造成分析结果困难。甚至最后放弃这些混淆的测点数据等，造成不可挽回的损失。

8) 记录表格的设计准备

试验前，应根据试验要求设计记录表格。其内容及规格，应周到、准确地反映试件和试验条件的详细情况，以及需要记录和量测的内容。记录表格的设计，反映试验组织者的技术水平，切勿养成试验前无准备地在现场临时用白纸记录的习惯。记录表格上应有试验人员的签名并附有试验日期、时间、地点和气候条件。

9) 算出各加载阶段试验结构各特征部位的内力及变形值，以备在试验时判断及控制

10) 在准备工作阶段和试验阶段应每天记工作日志

3. 实施阶段

1) 加载试验

加载试验是整个试验过程的中心环节，应按规定的加载顺序和量测顺序进行。重要的测量数据，应在试验过程中随时整理分析并与事先估算的数值比较，发现有反常情况时应查明原因或故障，把问题弄清楚后才能继续加载。

在试验过程中，结构所反映的外观变化是分析结构性能的极为宝贵的资料，对节点的松动与异常变形、钢筋混凝土结构裂缝的出现和扩大，特别是结构的破坏情况等，都应做详尽的记录及描述。初做试验者常常容易忽略这些内容，而把主要注意力集中在仪表读数或记录曲线上，因此应分配专人负责观察结构的外观变化。试件破坏后，要拍照和测绘破坏部位及其裂缝简图，必要时还可从试件上切取部分材料测定力学性能；破坏试件在试验结果分析整理完成之前不要过早毁弃，以备进一步核查。

2) 试验资料整理

试验资料的整理是将所有的原始资料整理完善。其中，特别要注意试验测量数据记录和记录曲线，都作为原始数据经负责记录人员签名后，不得随便涂改。经过处理后得到的数据，不能和原始数据列在同一表格内。

一个严格、认真的科学试验，应有一份详尽的原始数据记录，连同试验过程中的观察记录、试验大纲及试验过程中各阶段的工作日志，作为原始资料，在有关的试验室内存档。试验总结阶段的工作包括以下几个方面的内容：

（1）试验数据处理。因为从各个仪表读取量测的数据和记录曲线，一般不能直接解答试验任务所提出的问题，它们只是试验的原始数据，需要对原始数据进行科学的运算处理，才能得出试验结果。

（2）试验结果分析。其内容是分析通过试验得出了哪些规律性的东西，揭示了哪些物理现象。最后，应对试验得出的规律和一些重要的现象作出解释，分析它们的影响因素；将试验结果和理论值进行比较，分析产生差异的原因，并作出结论，写出试验总结报告。总结报告中，应提出试验中发现的新问题及进一步的研究计划。

（3）完成试验报告。

2.2 试验前期方案设计

1. 调研方案设计

试验研究的首要任务是对试验项目进行广泛的调查研究。其目的就是知己知彼，有的放矢。调查工作的内容是了解相关研究项目已有的研究成果和试验方法。

调查的方法有实地调查、信函调查、电话调查和网上调查等；各方法各有侧重，各有长短，应区别应用。实地调查，尤其是项目负责人亲自进行的实地调查，直观性强、感受深刻、易发现问题、信息量大，有明显的优势。其缺点是：时间相对较长，耗费人力，成本高。信函调查，用于简单问题调查，只需对方回答是与否或方向性信息等，不宜进行内容量大、劳动量大的调查。电话调查的优势在于时间短速度快。若要进行文字资料查询，网上调查的手段最好。

2. 研究路线方案设计

1）研究路线的含义

研究路线也叫技术路线，是指完成一项试验研究任务要经过的起始点、中转点和结束点等若干个技术环节上所有内容顺序的方式。简而言之，就是从哪入手，依靠什么原理、采用什么方法、经过哪些技术环节才能到达理想的目的地。一项任务的技术路线很可能有若干条，究竟哪一条为最优，在不同的条件下则有不同的答案。技术路线设计就是要寻求这一最优的答案。

2）研究路线的作用

（1）反映研究项目组织者的技术水平和业务能力；

（2）反映研究方法的可行程度；

（3）是研究小组分工的依据；

（4）研究路线是进行研究项目申请的重要内容，关系到研究项目的成败。在试验研究阶段，一条清晰的技术路线是研究工作能够有条不紊进行的依据。

3）研究路线的内容

（1）项目研究能够进行的条件，如已经建立的基础，包括理论基础和试验基础。

（2）完成本项目研究内容必须经过的技术途径与理论依据以及针对难点问题的对策等。

3. 研究路线的制定

研究路线制定的过程，可理解为认真调查研究，掌握基础资料；扩大信息来源，查清已有技术；规划技术路线，寻找研究方法；预计困难障碍，探讨攻克对策等。

4. 其他工作方案设计

其他工作方案设计主要有人员分工方案设计、技术准备方案设计、时间进度方案设计、经费预算方案设计和试验安全方案设计等。

2.3 结构试验的技术性文件

结构试验的技术性文件一般包括试验大纲、试验记录和试验报告三个部分。

1. 试验大纲

试验大纲是结构试验组织计划的表达形式,是进行整个试验工作的指导性文件。其内容的详略程度视不同的试验而定,但一般应包括以下几个部分:

(1) 试验项目来源,即试验任务产生的原因、渠道和性质。

(2) 试验研究目的,即通过试验最后应得出的数据。如破坏荷载值、设计荷载下的内力分布和挠度曲线、荷载—变形曲线等。弄清楚试验研究目的,就能确定试验目标。

(3) 试件设计要求,即试件设计的依据及理论分析过程,试件的种类、形状、数量、尺寸,施工图设计和施工要求;还包括试件制作要求,如试件的原材料、制作工艺、制作精度等。

(4) 辅助试验内容,即辅助试验的目的、数量、试验方法等。

(5) 试件的安装与就位,即试件的支座装置、保证侧向稳定装置等。

(6) 加载方法,即荷载数量及种类、加载装置、加载图式、加载程序等。

(7) 量测方法,即测点布置、仪表标定方法、仪表的布置与编号、仪表安装方法、量测程序等。

(8) 试验过程的观察,即试验过程中除仪表读数外,在其他方面应作的记录。

(9) 安全措施,即安全装置、脚手架、技术安全规定等。

(10) 试验进度计划,即试验时间与劳动任务的对应关系等。

(11) 经费使用计划,即试验经费的预算计划。

(12) 附件,如设备、器材及仪器仪表清单等。

2. 试验记录

除试验大纲外,每一项结构试验从开始到最终完成都需要有一系列的写实性的技术文件,主要有:

(1) 试件施工图及制作要求说明书。

(2) 试件制作过程及原始数据记录,包括各部分实际尺寸及疵病情况。

(3) 自制试验设备加工图纸及设计资料。

(4) 加载装置及仪器仪表编号布置图。

(5) 仪表读数记录表,即原始记录表格。

(6) 量测过程记录,包括照片、测绘图以及录像资料等。

(7) 试件材料及原材料性能的测定数值的记录。

(8) 试验数据的整理分析及试验结果总结,包括分析依据的计算公式,整理后的数据图表等。

(9) 试验工作日志。

以上文件都是原始资料,在试验工作结束后均应整理装订并归档保存。

3. 试验报告

试验报告是全部试验工作的集中反映,是概括了其他文件主要内容的技术文件。编写试验报告,应力求精简扼要。试验报告有时也不单独编写,而作为整个研究报告中的一部分。

试验报告内容一般包括:①试验目的;②试验对象的简介和考察;③试验方法及依据;④试验过程及问题;⑤试验成果处理与分析;⑥技术结论;⑦附录。

结构试验必须在一定的理论基础上才能有效地进行。试验的成果为理论计算提供了宝贵的资料和依据，一定要经过周详的考察和理论分析，才可能对结构的工作作出正确的符合实际情况的结论。因此，不应认为结构试验纯系经验式的试验分析；相反，它是根据丰富的试验资料对结构工作的内在规律进行更深一步的理论研究。

2.4 试验安全措施

为了保证试验的顺利进行，保证人身、仪器和试件的安全，试验者必须针对具体情况，采取有效的安全措施，防止突然事故的发生。试验安全问题可以从以下几方面进行考虑。

1. 试件的安全措施

（1）运输时，支座的位置要符合计算简图。如运输简支梁时，受拉区一定要向下，支座不能随便搁在梁的中间，否则会产生未试先裂；如运输平面结构时，一定要设置好临时支撑，以防倾覆。

（2）吊装时，吊点要符合设计要求，如吊装连续梁更需要注意。

（3）安装时，支墩、支座、试件及加荷设备要严格对中，防止倾斜。

（4）现场试验时，两端支座一定要做强度验算，基础应适当放大，地基要夯实；否则，会因支座不均匀或沉降过大而导致结构早期破坏。

（5）试件拆除时，要遵循合理的拆除顺序，并做好试件的稳定保护工作，避免试件突然掉落伤人。

2. 仪器设备的安全措施

（1）加荷设备、支墩等应有足够的安全储备，严禁超载。

（2）用接触式仪器进行测量时，要用细线绑牢，防止跌落。

（3）测量张拉预应力值，最好不要用杠杆应变仪之类的仪器，因为一旦钢筋拉断，仪器就会损坏。

（4）在现场试验时，电子仪器过夜要保护好，严防潮气进入线路受潮，影响仪器工作。

（5）进行破坏性试验时，接触式仪器应严密注视，控制好拆卸的时间。测量极限值，要采用非接触式仪器。如用钢尺和水平仪测量挠度，用电阻应变片测量应力等。

（6）仪器使用前要仔细检查，确认无误时才能接通电源。

3. 人身安全措施

（1）在试验结构下面要有安全保护设施（如安全托架或垫板），破坏时可以托住结构。

（2）在较高位置使用千斤顶加载时，应设法将其绑牢在上部的固定点上。

（3）用杠杆加载时，在吊盘底下要有垫板，根据吊板下降程度逐步撤除，并要保持5cm的间隙；对于没有平衡重的杠杆，也要用安全托架把杠杆支起来，防止杠杆跌落伤人。试验时杠杆应预先翘高，防止水平力太大，把构件推倒。做斜弯曲试验时，要特别注意这个问题。

（4）使用电源时，严防触电。

（5）在预应力结构试验时，两端不准站人，防止锚头突然崩坏伤人。

(6) 对属于塑性破坏的结构，破坏过程缓慢、结构变形大，必须及早预测破坏的到来。而对于脆性破坏的结构，在破坏前变形较小，破坏发生较为突然，因此更加危险。试验时，就应特别小心。冷拔钢丝预应力构件就属于这种类型。另外，构件受剪破坏也是突然发生的，应加强警惕。

(7) 在进行现场试验时，现场要设置围栅，禁止非工作人员入内。

跟踪观察是最能够说明结构状况的措施，因此有关的观测人员应该在试验过程中，不断对观测结果进行分析，发现反常情况应及时查明原因，加以消除，防止突然发生事故。

对于大型的结构试验，指挥者应全面检查安全防护措施方能试验。在试验过程中，要"一切行动听指挥"，防止人员流动太大而造成忙乱现象。

第3章
试验设计理论与方法

3.1 试验设计理论、要求与原则

试验设计理论是自然科学研究方法论领域中一个分支学科，是国内外许多重点院校有关化学、化工、电子、土木、机械、材料、管理等专业的专业技术基础课程，是当代工程技术人员必须掌握的技术方法。试验设计的目的是用科学的方法去安排试验，懂得如何处理得到的试验数据，以最少的人力和物力消耗，在最短的时间内取得更多、更好科研成果的技术方法。

目前，常用的试验设计方法有区组设计、正交设计、均匀设计、饱和设计与超饱和设计、参数设计、回归设计、混料设计等。

1. 试验研究的基本要求

试验研究的目的是揭示纷繁复杂的各种事物和现象对研究对象在一定条件下产生影响的深度与广度，找出其发展变化的规律性，从而为人们认识和利用它提供科学依据。为此，试验研究必须符合下列基本要求。

1) 试验条件的代表性

一个试验，通常只是对研究总体的一次抽样观察。因此，试验结果的利用价值主要取决于试验样本对研究总体的代表性的准确程度，例如进行混凝土试件强度试验，就要注意诸如温度、湿度和风速等自然条件。试验条件应能代表试验地区的实际情况，以利于将来的推广应用。同时，还应兼顾未来发展的可能，使试验结果既能符合当前的需要，又能适应未来的发展。还需要强调的是，试验研究的代表性必须与试验目的相一致。

2) 试验结果的可靠性

试验结果的可靠性包括试验的准确性与精确性两个方面。准确性是指试验中某一性状的观测值与其真实值的接近程度，越接近准确性越好；一般试验中真实值是未知的，故准确性不易确定。精确性是指试验中同一性状的重复观测值的彼此接近程度，即试验误差的大小，这是可以估算的；试验误差越小，则试验处理间的比较就越精确。当试验不存在系统误差时，精确性与准确性是一致的。因此，在试验全过程中，要严格按试验要求和操作规程实施各项技术环节，力求避免发生人为错误和系统误差，尤其要注意试验条件的一致性，以减少试验误差，提高试验结果的可靠性。高度的工作责任心和科学的态度是保证试验结果可靠性的必要条件。

3) 试验结果的重演性

试验结果的重演性是指在相似条件下重复试验能得到相同趋势的试验结果，是试验结果具有应用价值的前提条件。为了保证试验结果能够重演，首先，必须严格要求试验的正确实施和试验条件的代表性；其次，必须注意试验的各个环节，全面掌握试验所处的条件，有详细、完整、及时和准确的试验记载，以便分析产生各种试验结果的原因。

2. 与试验有关的术语

1) 试验指标

指度量试验结果的标志。土木工程的结构试验中，许多参数可以作为试验指标，如结构或构件的刚度、位移、应力、应变、转角等。

2) 试验因素

指试验中由人为控制的影响试验指标的原因。只研究一个因素效应的试验称为单因素试验；研究两个或两个以上因素的效应及其交互效应的试验，称为多因素试验。

3）因素水平

指对试验因素所设定的不同量或质的级别，称为因素水平。

4）试验方案

指一个试验的全部处理或处理组合的总和。

5）重复

指同一试验处理所设置的试验单元数。当一个试验的每个处理只设置一个试验单元时，称为无重复试验；当一个试验中，部分处理设置两个或两个以上试验单元时，称为部分处理设重复的试验；当一个试验的每个处理都设置两个试验单元时，称为试验有两次重复，其余类推。

3. 结构试验设计的基本原则

如果将工程结构视为一个系统时，所谓"试验"就是指给定系统的输入并让系统在规定的环境条件下运行，考察系统的输出，确定系统的模型和参数的全过程。从这一定义，可以归纳结构试验设计的基本原则。

1）真实模拟结构所处的环境和结构所受到的荷载

工程结构在其使用寿命的全过程中，要受到以荷载为主的各种作用。因此，要根据不同的结构试验目的设计试验环境和试验荷载，例如地震模拟振动台试验再现地震时的地面强烈运动，而风洞则再现了结构所处的风环境；为了考察混凝土结构遭遇火灾时的性能，试验要在特殊的高温装置中进行。在鉴定性结构试验中，可按照有关技术标准或试验目的确定试验荷载的基本特征；而在研究性结构试验中，试验荷载完全由研究目的所决定。除实际原型结构的现场试验外，在试验室内进行结构或构件试验时，试验装置的设计要注意边界条件的模拟。如图3-1所示的梁，通常称为简支梁。根据弹性力学中的圣维南原理，只要梁的两端没有转动约束，按初等梁理论这就是与计算简图相符的简支梁。但是图3-1的梁不是铰接在梁端的中性轴，而是铰接在梁底部。这种边界条件对梁的单调静力荷载试验的影响很小，但对梁的动力特性试验则有很大影响。

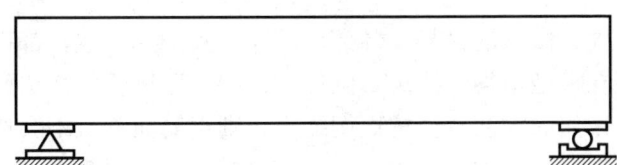

图3-1 简支梁的支承条件

较为不利且更接近主梁受力实际情况的是间接加载方式，如图3-2所示。

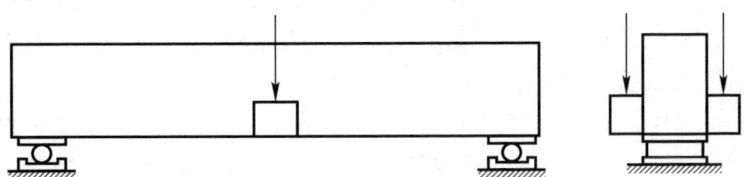

图3-2 主梁试验的间接加载方式

建筑工程中有工业厂房的排架柱和多层房屋的框架柱等两类典型的柱。通过低周反复荷载试验研究它们的抗震性能时，可取两种计算简图进行结构试验设计（图3-3），即一种为悬臂柱，一种为框架柱。悬臂柱端弯矩为零，框架柱中点弯矩也为零，但框架柱的有效高度只有悬臂柱的一半。这种试验方案常用来直接模拟框架柱的受力性能，特别是钢筋混凝土框架柱的剪切破坏。

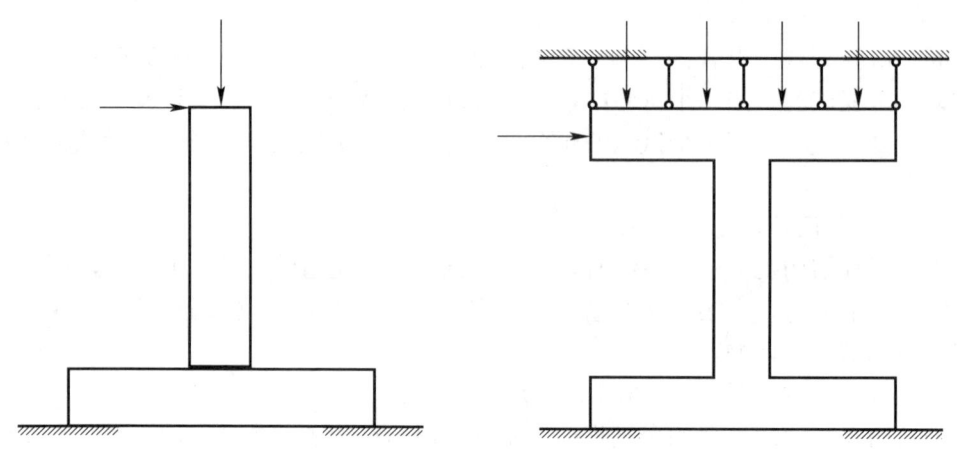

图3-3　排架柱和框架柱试验方案

2）消除次要因素的影响

影响结构受力性能的因素有很多，一次试验很难同时确定各因素的影响程度。通常，试验中一般都会明确给出需要研究或需要验证的主要因素，这就需要在试验设计时进行仔细分析，尽可能消除次要因素的影响。

例如，试验目的若是研究徐变对钢筋混凝土受弯构件的长期刚度的影响时，就要进行钢筋混凝土受弯构件的长期荷载试验，但影响受弯构件长期挠度的因素除混凝土的徐变外还有混凝土的收缩，因此为了尽可能地消除混凝土收缩的影响，试验宜在恒温、恒湿条件下进行。

在结构模型试验中，模型的材料、各部分尺寸以及细部构造，都可能与原型结构不尽相同，但主要因素要在模型中得到体现。例如，采用模型试验的方法研究钢筋混凝土梁的受弯性能，如果模型采用的钢筋直径按比例缩小，则钢筋面积就不会按同一比例缩小；又例如，在地震模拟振动台试验中，采用大比例缩尺模型进行混凝土结构的抗震试验。原型结构采用普通混凝土，最大骨料粒径可以达到20cm或更大。如果采用1∶40的比例制作结构模型，只能选用最大骨料粒径3.5mm的微粒混凝土。从材料性能我们知道，微粒混凝土和普通混凝土尽管性能有相近之处，却仍然是两种不同的材料。采用微粒混凝土制作结构模型进行地震模拟振动台试验，能够反映结构在遭遇地震时的主要性能，而其他次要影响因素因为不作为试验研究的重点可忽略不计。

在大型结构试验中，更要注意把握结构试验的重点。按系统工程学的观点，有所谓"大系统测不准"定理。意思是说，系统越大、越复杂，影响因素越多，这些影响因素的累积可能会涉及试验结果的准确程度。因此，不论是设计加载方案还是设计测试方案，都应力求简单。复杂的加载子系统和庞大的测试仪器子系统，都会增加整个系统出现故障的概率。只要能实现试验目的，最简单的方案往往就是最好的方案。

3) 将结构反应视为随机变量

从结构设计的可靠度理论可知，结构抗力和作用效应都是随机变量，但在进行结构试验时，人们希望所有影响因素都在控制之下。对于建筑工程产品的鉴定性试验，有这种想法是正常的，因为大多数产品都是符合技术标准的合格产品；而对于结构工程科学的研究性试验，虽然人们也期望试验结果能证实自己的猜想和假设，但却必须将结构的反应视为随机变量。

将结构反应视为随机变量，这一观点使得在结构试验设计时，必须运用统计学的方法设计试件的数量、排列影响因素，例如基于数理统计的正交试验法。而在考虑加载设备、测试仪器时，必须留有充分的余地。有时，在进行新型结构体系或新材料结构的试验时，由于信息不充分，很难对试件制作、加载方案、观测方案等环节全面考虑，还需要先进行预备性试验，也就是为制定试验方案而进行的试验。通过预备性试验初步了解结构的性能，再制定详尽的试验方案。

4) 合理选择试验参数

在结构试验中，试验方案涉及很多参数，这些参数决定了试验结构的性能。一般而言，试验参数可以分为两类，即一类是与试验加载系统有关，另一类是与试验结构的具体性能有关，例如约束钢筋混凝土柱的抗震性能试验，试验加载系统的能力决定柱的基本尺寸。试验参数中取柱的截面尺寸为 300mm×300mm，最大轴压比为 0.7，C40 级混凝土，试验中施加的轴压荷载约为 1700kN，这要求试验系统具有 2000kN 以上的轴向荷载能力。

试验结构的参数应在实际工程结构的可能取值范围内。钢筋混凝土结构常见的试验参数，包括混凝土强度等级、配筋率、配筋方式、截面形式、荷载形式及位置参数等；砌体结构常见的试验参数，包括块体和砂浆强度等级等；钢结构试验常以构件长细比、截面形式、节点构造方式等为主要变量。有时出于试验目的的需要，将某些参数取到极限值，以考察结构性能的变化。例如，钢筋混凝土受弯构件的极限破坏给出其承载力计算公式的适用范围；在试验中梁试件的配筋率必须达到发生超筋破坏的范围，才能通过试验确定超筋破坏和适筋破坏的分界点。

在设计、制作试件时，对试验参数应进行必要的控制。如上所述，可以将试验得到的测试数据视为随机变量，用数理统计的方法寻找其统计规律，但试验参数分布应具有代表性。例如，钢筋混凝土构件的试验，取混凝土强度等级为一个试验参数，若按 C20、C25 和 C30 三个水平考虑进行试件设计，可能发生由于混凝土强度变异以及时间等因素使试验时试件的混凝土强度等级偏离设计值的情况，三个水平无法区分，导致混凝土强度这一因素在试验结果中体现得不充分。

5) 统一测试方法和评价标准

在鉴定性结构试验中，试验对象和试验方法大多已事先规定。例如，预应力混凝土空心板的试验，应符合《混凝土结构工程施工质量验收规范》GB 50204—2015 的规定。采用回弹法、超声法等方法在原型结构现场进行混凝土非破损检测、钢结构的焊缝检验、预应力锚具的试验等，都必须符合有关技术标准的规定。

在研究性结构试验中，情况有所不同。结构试验是结构工程科学创新的源泉，很多新的发现来源于新的试验方法，不可能用技术标准的形式来规定科学创新的方法但又需要对试验方法有所规定，这主要是为信息交换而建立的共同评价标准，例如关于混凝土受拉开裂的定义。在800倍显微镜下，可以看到不受力的混凝土也存在裂缝，这种裂缝显然不构成对混凝土受力状态的评价；在100倍放大镜下，可以看到宽度小于0.003mm的裂缝；但在常规的混凝土结构试验中，使用放大倍数20～40倍的裂缝观测镜，对裂缝的分辨率大约为0.01mm。如果裂缝宽度小于观测的分辨率，我们认为混凝土没有开裂。这就是研究人员在结构试验中认可的开裂定义，它不由技术标准来规定，而是历史沿革和一种约定。在设计观测方案时，可以根据这个定义来考虑裂缝观测方案。

6）降低试验成本和提高试验效率

在结构试验中，试验成本由试件加工制作、预埋传感器、试验装置加工、试验用材料消耗、设备仪器折旧、试验人工等费用和有关管理费等组成。在试验方案设计时，应根据试验目的选择有关试验参数和试验用仪器仪表，以达到降低试验成本的目的。诸如，在试验装置和测试材料消耗方面，应尽可能重复使用配有标准接头的应变计或传感器的导线、由标准件组装的试验装置等。

测试的精度要求对试验成本和试验效率也有一定的影响，因此应避免盲目追求高精度。例如钢筋混凝土梁的动载试验中，要求连续测量并记录挠度和荷载。当挠度的测试精度为0.05～0.1mm，即可满足一般要求；但若将挠度测试精度提高到0.01mm，则传感器放大器和记录仪都必须采用高精度高性能仪器仪表。这样，仪器设备费用和仪器的调试时间都会增加，对试验环境的要求也更加严格。

此外，结构试验方案设计时，还应仔细考虑安全因素。在试验室条件下进行的结构试验，要注意避免试件破坏或变形过大时伤及试验人员，损坏仪器、仪表和设备。结构现场试验时，除上述因素外，还应特别注意因试验荷载过大而引起的结构破坏与人身事故。

3.2 结构试验的试件设计和模型设计

1. 试验构件方案设计

试件设计应包括试件形状、试件尺寸与数量以及构造措施。同时，还必须满足结构与受力的边界条件、试验的破坏特征、试验加载条件的要求。要能够反映研究的规律，能够满足研究任务的需要，以最少的试件得到最多的试验数据。

1）试件形状

试件设计之所以要注意它的形状，主要是要在试验时形成和实际工作相一致的应力状态。在从整体结构中取出部分构件单独进行试验时，必须要注意其边界条件的模拟，使其能如实反映该部分结构构件的实际工作状态，同时要注意有利于试验合理加载。任一试件的设计，其边界条件的实现与试件安装、加载装置与约束条件等均有密切的关系。在整体设计时必须进行周密考虑，才能付诸实施。

2）试件的尺寸

结构试验所用试件的尺寸和大小，总体上分为真型（实物或足尺结构）和模型两类。不同情况下选择不同的试件尺寸，采用缩尺或真型试件。必要时要考虑尺寸效应的影响，在满足构造要求的情况下，太大的试件也没有必要。对于结构动力试验，试验尺寸常受试验加载条件等因素的限制。动力特性试验可在现场原型结构上进行。至于地震模拟振动台加载试验，因受台面尺寸、激振力大小等参数的限制，一般只能做缩尺的模型试验。

3) 试件数量

在试件设计中，除试件的形状尺寸应进行仔细研究外，试件数目即试验量的设计也是一个不可忽视的重要问题。因为试验量的大小，直接关系到能否满足试验的目的、任务以及整个试验工作量要求等问题，同时也影响到试验的经费和时间与进度。

试件数量设计是一个多因素问题。在实践中我们应该使整个试验的数目少而精、以质取胜，切忌盲目追求数量；要使所设计的试件尽可能做到一件多用，以最少的试件，最小的人力、经费，得到最多的数据；使其数量经试验得到的结果，能客观反映规律性，满足研究目的和要求。

对于科研性试验，其试验对象是按照研究要求而专门设计的。这类结构的试验往往是属于某一研究专题工作的一部分。特别是对于结构构件基本性能的研究，由于影响构件基本性能的参数较多，所以要根据各参数构成的因子数和水平数来决定试件数目，参数多则试件的数目也自然会增加。试验数量的设计方法有优选法、因子法、正交法和均匀法四种。

4) 试件设计构造要求

试件设计必须同时考虑必要的构造措施。在科研性试验时，为了保证结构或构件在某一预定的部位破坏，以期得到必要的测试数据，就需要对其他部位事先进行局部加固。为了保证试验量测的可靠性和安装仪表的方便，在试件特定的部位必须预设埋件或预留孔洞。对于为测量混凝土内部应力的预埋元件或专门的混凝土应变计、钢筋应变计等，应在浇筑混凝土前按相应的技术要求，用专门的方法就位固定，埋设在混凝土试件内部。

在砖石或砌块的砌体试件中，为了使施加在试件上的垂直荷载能均匀传递，一般在砌体试件的上下均预先浇捣混凝土垫块。下面的垫梁可以模拟基础梁，使其与试验台座固定；上面的垫梁模拟过梁传递竖向荷载。

在钢筋混凝土偏心受压构件试验时，将试件两端做成牛腿以增大端部承压面，便于施加偏心荷载，并在上下端加设分布钢筋网。这些构造是根据不同加载方法而设计的。但在验算这些附加构造的强度时，必须保证其强度储备大于结构本身的强度安全储备。这不仅考虑了计算中可能产生的误差，而且还必须保证它不产生过大的变形以致改变加荷点的位置或影响试验精度。当然，更不允许因附加构造的先期破坏而妨碍试验的继续进行。

2. 结构试验模型设计

结构模型试验所采用的模型是仿照实际结构按一定相似关系复制而成的代表物，具有实际结构的全部或部分特征。只要设计的模型满足相似的条件，则通过模型试验所获得的结果，可以直接推算到相似的原型结构上去。

3.3 结构试验的荷载设计

1. 试验加载图式的选择与设计

结构试验时的荷载作用，应使结构处于某一种实际可能的最不利工作状态。试验时的荷载图式要与结构设计计算的荷载图式一样，这时结构的工作和其实际情况最为接近。有时，也由于下列原因而采用不同于设计计算所规定的荷载图式。

(1) 对设计计算时采用的荷载图式的合理性有所怀疑或实际情况有所改变，因此在试验时采用某种更接近于结构实际受力情况的荷载布置方式。

（2）由于试验条件的限制或为了加载的方便和减少荷载量的需要，在不影响结构的工作和试验结果分析的前提下，可以采用等效荷载的方式改变原来的加载图式。结构构件控制截面或控制部位上的主要内力值保持与设计值相等。也就是说，等效荷载的数值大小和分布形式要根据相应的等效条件换算得到。

采用等效荷载试验时，应对结构构件作局部加强，或对某些参数进行修正。当构件满足强度等效而整体变形（如挠度）条件不等效时，则需要对所测变形进行修正。当取弯矩等效时，尚需要验算剪力对构件的影响。同时，还要将等效荷载试验结果所产生的误差，控制在试验允许的范围以内。

2. 试验加载装置的设计

为了保证试验工作的正常进行，对于试验加载用的设备装置也必须进行专门的设计。在使用试验室内现有的设备装置时，也要按每项试验的要求对装置的强度和刚度进行复核计算。

加载装置的强度首先要满足试验最大荷载量的要求，保证有足够的安全储备。同时要考虑结构受载后有可能产生的局部构件负荷增大的情况。试件的最大强度常比预计的要大，在做试验设计时，将要求加载装置的承载能力提高70%左右。试验加载装置在满足上述强度要求的同时，还必须考虑刚度的要求。在结构试验时，如果加载装置刚度不足，将难以获得试件极限荷载下的性能。

试验加载装置设计要符合结构构件的受力条件，能模拟结构构件的边界条件和变形条件，否则就失去了受力的真实性。在加载装置中还必须注意试件的支承方式，如在轴力和水平力共同作用下柱的试验，两个方向加载设备的约束会引起较为复杂的应力状态。在梁的弯剪试验中，加载点和支承点的摩擦力均会产生次应力，使梁受到的弯矩减小。当支承反力增大时，滚轴可能产生变形甚至接近塑性，会有非常大的摩擦力，使试验结果产生误差。试验加载装置除了在设计上要满足一系列要求外，应尽可能使其构造简单、组装花费时间少。特别是当要做同类型试件的连续试验时，还应考虑能方便试件的安装，并缩短安装与调整的时间。按照结构试验时构件在空间就位形式的不同，可以有正位、异位和原位试验等几种加载装置方案。

1）结构正位试验

正位试验加载装置是结构试验中最常见的形式。由于它的试验结构构件是在与实际工作状态相一致的情况下进行的，是加载装置优先考虑的方案。对于梁、板和屋架等简支的静定构件，正位试验时结构构件的受压区在上、受拉区在下，结构自重和它所承受的外荷载作用在同一垂直平面内。

2）结构异位试验

异位试验是在结构构件安装位置与实际工作状态不一致的情况下进行的。按照构件在空间位置的不同，又可分为反位试验和卧位试验。

（1）结构反位试验：

反位试验正好与正位试验在空间位置上相差180°，构件的受拉区在上部，受压区在下部。当采用钢筋混凝土梁在液压加载器作用下的反位试验时，可便于观测受拉区的裂缝；在试验室内用液压加载器对结构作多点加载时，加载器活塞向上对构件施加荷载，而反作用力直接由试验台座平衡，因此可以简化和减少加载装置。由于外荷载首先要抵消构件自重，对于自重较大的钢筋混凝土构件，在反位试验安装时，要特别注意自重反位作用可能引起的受压区开裂。

(2) 结构卧位试验：

卧位试验与正位试验在空间位置上相差90°。试验时构件平卧，平行地面。这特别适合大跨度、大矢高的屋架和高大的柱子试验。卧位试验必须注意试件因自重产生的平面变形。

3) 结构原位试验：

原位试验是对已建结构进行现场荷载试验的唯一使用方法。试验结构构件在生产或施工现场处于实际工作位置，它的支撑情况、边界条件与实际工作状态完全一致。这时，构件支撑不是理想的支座，与计算简图有所差别，更由于结构间的邻近构件对试验会产生部分卸载作用，因此在荷载图式、加载方案的选择与设计时应特别注意。

3.4 结构试验的观测设计

在进行结构试验时，为了对结构物或试件在荷载作用下的实际工作有全面的了解，为了真实准确地反映结构的工作状态，以便为结构分析提供科学的依据，就需要利用各种仪器设备量测出结构反应的某些参数。因此，在正式试验前应拟定测试方案。测试方案通常包括以下几个内容：

(1) 按整个试验目的要求，确定试验测试的项目；

(2) 按确定的量测项目要求，选择测点位置；

(3) 选择测试仪器和测定方法。

拟定的测试方案要与加载程序密切配合，应把结构在加载过程中可能出现的变形等数据计算出来，以便在试验时通过随时与实际观测读数的比较及时发现问题，并为确定仪器的型号、选择仪器的量程和精度等提供必要的参考。

1. 观测项目的确定

结构在荷载作用下的各种变形可以分为两类：一类是反映结构的整体工作状况（如梁的挠度、转角、支座偏移等），称为整体变形；另一类是反映结构的局部工作状况（如应变、裂缝、钢筋滑移等），称为局部变形。

在确定试验的观测项目时，试验者首先应该考虑整体变形。因为整体变形能够概括结构工作的全貌，可以基本上反映出结构的工作状况。对梁来说首先就是挠度。挠度的测定，不仅能知道结构的刚度、弹性和非弹性工作性质，而且通过挠度的不正常发展还能反映出结构中某些特殊的局部现象。因此，在缺乏必要的量测仪器情况下，一般的试验就仅仅测定挠度一项；转角的测定往往用来分析超静定连续结构。

对于某些构件，局部变形也是很重要的。例如，钢筋混凝土结构的裂缝出现，能直接说明其抗裂性能；再如，在作非破坏性试验进行应力分析时，控制截面上的最大应变往往是推断结构极限强度的最重要指标。因此，只要条件许可，根据试验需要也经常测定一些局部变形的项目。

总的说来，对于破坏性试验，其本身已能较充分地说明问题，因此观测项目和测点可以相对少些；而对于非破坏性试验，其观测项目和测点布置，则必须满足分析和推断结构工作状况的最低需要。

2. 测点的选择与布置

利用结构试验仪器对结构物或试件进行变形和应变测量时，由于一个仪表一般只能测量一个试验数据，这样在测量一个结构物的强度、刚度和抗裂性等力学性能时，往往需要较多数量的测量仪表。一般来说，任何一个测点的布置都应该是有目的的，服从于结构分析的需要。因此，在测量前应利用已知的力学和结构理论对结构进行初步估算，并据此合理地布置测量点位，力求减少试验工作量而尽可能获得必要的数据资料。

对于新型结构或新课题，可采用逐步逼近由粗到细的办法，先测定较少点位的力学数据，经过初步分析后再补充适量的测点，再分析再补充，直到能足够了解结构性能为止。有时，也可以做一些简单的试验，进行定性后再决定测量点位。

测点的位置必须要有代表性，以便于分析和计算。结构物的最大挠度和最大应力数据，可直接了解结构的工作性能和强度储备。因此，在这些最大值出现的部位上必须布置测量点位。例如，挠度的测点位置，可以从比较直观的弹性曲线（或曲面）来估计，经常是布置在结构跨中的最大挠度处；应变的测点就应该布置在最不利截面的最大受力处。最大应力的位置一般出现在最大弯矩截面及最大剪力截面上，或者弯矩、剪力都不是最大而是两者同时出现较大数值的截面上，以及产生应力集中的孔穴边缘处或者截面剧烈改变的区域上。如果目的不是要说明局部缺陷的影响，那么就不应该在有显著缺陷的截面上布置测点，这样才便于进行计算分析。

校核性测点位置。在试验量测过程中部分量测仪器的工作不正常或故障，以及其他偶然因素等，会影响量测数据的可靠性，因此不仅在需要知道应力和变形的位置上布置测点，也要求在已知应力和变形的位置上布点。这样，就可以获得两组测量数据，前者称为测量数据，后者称为控制数据或校核数据。如果控制数据在量测过程中是正常的，可以相信测量数据是比较可靠的；反之，则测量数据的可靠性就差了。这些控制数据的校核测点，可以布置在结构物的边缘凸角上。这种地方没有外力作用，它的应变为零；有时，结构物上没有凸角可找时，校核测点可以放在理论计算比较有把握的区域上；还可利用结构本身和荷载作用的对称性，在控制测点相对称的位置上布置一定数量的校核测点（正常情况下，相互对应的测点数据应该相等）。这样，校核性测点一方面能验证观测结果的可靠程度；另一方面，在必要时也可将对称测点的数据作为正式数据，供分析时采用。

测点的布置应有利于试验时的操作和测读。不便于观测读数的测点，往往不能提供可靠的结果。为了测读方便，减少观测人员，测点的布置宜适当集中，以便于一人管理若干个仪器。不便于测读和安装仪器的部位最好不设或少设测点，否则也要妥善考虑安全措施，或者选择特殊的仪器或测定方法来满足测量的要求。

3. 仪器的选择与测读的原则

（1）选择仪器时，必须从试验实际需要出发，使所用仪器能很好地符合量测所需的精度与量程要求，但要防止盲目选用高准确度和高灵敏度的精密仪器。一般的试验，要求测定结果的相对误差不超过5％。此外，还必须注意精密量测仪器的使用，要求有比较良好的环境和条件。如果条件不够理想，其后果不是仪器遭受损伤，就是观测结果不可靠。

（2）仪器的量程，应满足最大应变或挠度的需要。如在试验中途调整，必然会增大测量误差，应尽量避免。为此，仪器最大被测值，宜在满量程的 1/5～2/3 内；一般来说，最大被测值不宜大于选用仪表最大量程的 80%。

（3）如果测点的数量很多而且测点又位于很高很远的部位，这时采用电阻应变仪多点测量或远距离测量就很方便，对埋于结构内部的测点只能用电测仪表。此外，机械式仪表一般是附着于结构上，要求仪表的自重轻、体积小，不影响结构的工作。

（4）选择仪表时，必须考虑测读的方便和省时，必要时须采用自动记录装置。

（5）为了简化工作，避免差错，量测仪器的型号、规格应尽可能选用一样的，种类越少越好。但有时为了控制观测结果的正确性，也常有意的在校核测点上使用另一种类型的仪器，以供比较。

（6）动测试验使用的仪表，尤其应注意仪表的线性范围、频响特性和相位特性等，以满足试验量测的要求。

仪器仪表的测读应按一定的程序进行，具体的测定方法与试验方案、加载程序有密切的关系。在拟定加载试验方案时，要充分考虑观测工作的方便与可能；反之，确定测点布置和考虑测读程序时，也要根据试验方案所提供的客观条件，密切结合加载程序加以确定，在进行测读时，基本的原则是全部仪器的读数必须同时进行。结构的变形与时间有关，只有同时得到的读数联合起来才能说明结构在当时的实际状况。因此，如果仪器数量较多，应分区同时由几个人测读，每个观测人员测读的仪器数量不能太多。如用静态电阻应变仪作多点测量，当测点数量较多时，就应该考虑用多台预调平衡箱并分组用几台应变仪来控制测读。如能使用多点自动记录应变仪进行自动巡回检测，则对于进入弹塑性阶段的试件跟踪记录尤为合适。

观测时间一般是选在载荷过程中的加载间歇时间内。最好在每次加载完毕后的某一时间（如 5min）开始按程序测读一次，到加下一级荷载前，再观测一次读数。根据试验的需要，也可以在加载后立即记取个别重要测点仪器的数据。

对一些因荷载分级很细、某些仪器的读数变化过小，或对于一些次要的测点等情况，可以每隔二级或更多级的荷载才测读一次。如每级荷载作用下结构徐变变形不大或者为了缩短试验时间时，往往只在每一级荷载下测读一次数据。

当荷载维持较长时间不变时（如在标准荷载下恒载 12h 或更多），应按规定时间（如加载后的 5min、10min、30min、1h，以后每隔 3～6h）记录读数一次；同样，当结构卸载完毕空载时，也应按规定时间记录变形的恢复情况。

每次记录仪器读数时，应同时记下周围的温度。重要的数据应边记录、边初步整理，同时算出每级荷载下的读数差，与预计的理论值进行比较。

3.5 结构试验的误差控制

从某种意义上看，结构试验是一种特殊的计量工作。在试件制作、材料选用、安装就位、加载测量和数据采集等各个阶段，都可能存在或产生各种误差。为此在试验设计工作中，必须对各个环节可能产生的误差加以控制，以提高测试精度，保证试验质量。

1. 试件制作误差

结构试验大量的对象是混凝土结构构件。在试件制作过程中，由于材料膨胀收缩与模板变形等因素，经常使混凝土构件外形尺寸产生误差。另外，由于钢筋骨架绑扎的初始误差和施工振捣移动等原因，会造成钢筋骨架变形、主筋错位和保护层厚度的改变。

对于砌体构件，因块材材质的离散以及施工砌筑技术的影响，致使试件的平整度、垂直度与实际尺寸误差更大。

混凝土构件外形尺寸的偏差、主筋位置变动等引起的截面有效高度变化和砌体试件的砌筑质量高低，对试件的强度和承载力都会产生相当大的影响。

为减少试件制作误差产生的影响，试验前必须测量试件主要受力区的实际外形尺寸；试验后，需打开混凝土实测主筋位置和保护层厚度。采用试件的实测尺寸进行理论计算，可以大幅度减小误差。

2. 材料性能误差

在结构试验中，结构构件的受力和变形特点除受荷载作用等外界因素影响外，还取决于组成构件的材料抵抗外力的性能。因此，建筑材料的力学性能直接影响结构构件的质量。试验中由材料的试块来确定材料强度，并据此计算构件的变形和承载力。

由材料标准试块或试件试验确定的强度是一种名义强度，因材料本身的离散性和试验方法等因素，使试验得到的名义强度与实际强度之间存在着误差，这种误差就会被带到试验的结果中去。

为了减小材料强度的误差，要求确定材料强度的试块和结构试件具有同一性。对混凝土而言，即要求有相同强度等级的混凝土、相同的模板成型、相同的振捣和养护条件、相同的时间拆模同时进行试验。对于钢材，由于材料的匀质性较好，一般可以同级、同批、同直径取样作为代表，如能按构件主筋逐根取样，则减小误差的效果更为显著。砌体材料由块材和砂浆两种非匀质材料砌筑而成，两者强度的优劣直接影响砌体强度。此外，砌筑技术也是不可忽视的主要因素，为了减小误差也必须保持试块材质的同一性、同批试件砌筑工艺的同一性和试验龄期的同一性。

材料试验必须按标准方法进行，并注意试块尺寸效应、试验加载速率对材料强度的影响和可能产生的误差。

3. 试件安装误差

试件安装就位前，要正确仔细地定出支座反力作用线的位置，注意试件安装就位的正确性，防止受弯构件的计算跨度和柱或压杆的计算长度与计算简图不一致。

要正确定出荷载作用点的位置，确定压杆截面中心线或偏心荷载作用的偏心距，避免引起构件截面内力的差异。支座约束条件要严格与计算假定一致，防止因支座变形而增大摩擦力、产生次弯矩或局部应力集中，防止因支承面不平整引起试件扭转或超出平面的变形倾覆。

4. 荷载量测设备误差

结构试验需要在荷载作用下量测结构的反应。在试验设计时，应严格按现行《混凝土结构试验方法标准》GB/T 50152 和《建筑抗震试验规程》JGJ/T 101 等规定的精度等级和误差范围，选用加载设备和测量仪表进行试验。为控制试验的误差，必要时尚须进行系统的计量标定。

第4章
试验量测技术与量测仪表

4.1 概述

土木工程结构试验的目的不仅是要了解结构性能的外观状态，更重要的是要取得评定结构性能的定量数据，才能对结构性能作出正确的结论，或为创立新的计算理论提供依据。

精确定量数据的获取取决于量测仪表和量测技术的先进性。定量数据是人类对客观事物认识从定性到量化不断追求的目标，也是对客观事物深刻认识的重要依据。可以认为，科学技术的发展是与量测仪表和量测技术的不断完善与进步分不开的。量测仪表和量测技术的发展反映了一个国家的国民经济和科学技术的发展水平，对各领域的科技创新都有着重要的意义，在土木工程学科领域中也不例外。

试验量测技术一般包括：量测方法、量测仪器和量测误差分析三部分。各个不同专业领域都有自己的量测内容和与之相应的量测方法及量测仪器。对于土木工程学科领域的试验研究，主要量测内容有：外部作用（主要是外荷载及支座反力等）和外部作用下的结构反应（如位移、挠度、应力、应变、曲率、裂缝、自振频率、振型、阻尼等）。这些量测数据的取得需要人们正确选择量测仪器和掌握量测方法才有可能实现。

随着科学技术的不断发展，先进的量测仪器不断出现。从最简单的逐个读数、手工记录数据的仪表，到计算机快速、连续自动采集数据并进行数据处理的量测系统，种类繁多、原理各异。因此，试验技术人员除对被测参数的性质和要求深刻理解外，还必须对有关量测仪表的原理、应用功能和使用要求有所了解。然后，才有可能正确选择仪表并掌握使用技术，取得更好的使用效果。

4.2 量测仪表的基本组成

1. 量测仪表的基本组成

无论是一个简单的量具还是一套高度自动化的量测系统，尽管在外形、内部结构、量测原理及量测精度等方面有很大差别，但作为量测设备，都应具有三个基本组成部分：
| 感受 | → | 放大 | → | 显示记录 | 。

其中，感受部分直接与被测对象联系，感受被测参数的变化并转换给放大部分。放大部分将感受部分的被测参数通过各种方式（如机械式的齿轮、杠杆、电子放大线路或光学放大等）进行放大。显示记录部分将放大后的量测结果，通过指针或电子数码管、屏幕等进行显示，或通过各种记录设备将试验数据或曲线记录下来。这就是量测仪表工作的全过程。

一般机械式仪表三部分都在同一个仪表内。而电测仪表的三部分常常是分开的三个仪器设备，其中第一部分——感受部分将非电量的量测数据转换为电量，称为传感器。目前，市场上有各种用途的传感器产品可以选购，但也可根据试验目的和特殊需要自行设计制作。放大器及记录仪器则大部分属于通用仪器设备，有现成的产品可供选用。

2. 量测仪表的基本量测方法

土木工程结构试验所用量测仪表一般采用偏位测定法显示定量数据。偏位测定法根据量测仪表发生的偏转或位移定出被测值，下面提到的百分表、双杠杆应变仪及动态电阻应变仪都属于偏位法。零位测定法用已知的标准量去抵消未知物理量引起的偏转，使被测量和标准量对仪器指示装置的效应经常保持相等，指示装置指零时的标准量即为被测物理量。大家熟悉的称重天平就是零位测定法的例子，常用的静态电变应变仪也属零位测定法。一般来讲，零位测定法比偏位测定法更精确，尤其是采用电子量测仪表将被测值和标准值的差值放大数千倍后，可达到很高的精度。

3. 量测仪表的主要性能指标

1) 量程

仪器能测量的最大输入量与最小输入量之间的范围称为仪表的量程或量测范围。

2) 刻度值

仪器指示装置的最小刻度所指示的测量数值。

3) 精确度（精度）

仪器指示值与被测值的符合程度。

目前，国内外还没有统一表示的仪表精度的方法，常以最大量程时的相对误差来表示精度，并以此来确定仪表的精度等级。例如，一台精度为 0.2 级的仪表，意思是测定值的误差不超过满量程的 $\pm 0.2\%$。

4) 灵敏度

仪器的灵敏度是指单位输入量所引起的仪表示值的变化。对于不同用途的仪表，灵敏度的单位也各不相同，如百分表的灵敏度单位是 mm/mm，测力传感器的灵敏度单位是 $\mu\varepsilon$/kg。有些仪表的灵敏度还有另外的含义，使用时应查对其说明书。

5) 分辨率

使仪器输出量产生能观察出变化的最小被测量。

6) 滞后

仪表的输入量从起始值增至最大值的测量过程称为正行程，输入量由最大值减至起始值的测量过程称为反行程。同一输入量正反两个行程输出值间的偏差称为滞后。常以满量程中的最大滞后值与满量程输出值之比表示。

7) 零位温漂和满量程热漂移

零位温漂是指当仪表的工作环境温度不为 20℃时零位输出随温度的变化率；满量程热漂移是指当仪表的工作环境温度不为 20℃时满量程输出随温度的变化率。

它们都是温度变化的函数，一般由仪表的高低温试验得出其温漂曲线并在试验值中加以修正。

除上述性能外，对于动态试验量测仪表的传感器，放大器及显示记录仪器等各类仪表需考虑下述特性。

8) 线性范围

保持仪器的输入量和输出信号为线性关系时，输入量的允许变化范围。在动态量测中，对仪表的线性度应严格要求，否则量测结果将会产生较大的误差。

9) 频响特性

指仪器在不同频率下灵敏度的变化特性。常以频响曲线（一般以对数频率值为横坐标，以相对灵敏度为纵坐标）表示。在进行高频动态量测时，应将使用频率限制在频响曲线的平坦部分以免引起过大的量测误差。对于传感器，提高其自振频率将有助于增加使用频率范围。

10）相移特性（或称相位特性）

振动参量经传感器转换成电信号或经放大、记录后在时间上产生的延迟称为相移。若相移特性随频率而变化，则对于具有不同频率成分的复合振动将引起输出电量的相位失真。常以仪器的相频特性曲线来表示其相移特性。在使用频率范围内，输出信号相对于信号的相位差应不随频率改变而变化。

此外，由传感器、放大器、记录器组成的整套量测系统，还需注意仪器相互之间的阻抗匹配及频率范围的配合等问题。

4．量测仪表的选用原则

（1）符合量测所需的量程及精度要求。在选用仪表前，应先对被测值进行估算。一般应使最大被测值在仪表的2/3量程范围内，以防仪表超量程而损坏。同时，为保证量测精度，应使仪表的最小刻度值不大于最大被测值的5％。

（2）动态试验量测仪表，其线性范围、频响特性以及相移特性等都应满足试验要求。

（3）对于安装在结构上的仪表或传感器，要求自重轻、体积小，不影响结构的工作。特别要注意夹具设计是否合理、正确，不正确地安装夹具将使试验结果带有很大的误差。

（4）同一试验中选用的仪器仪表种类应尽可能少，以便统一数据的精度，简化量测数据的整理工作，避免差错。

（5）选用仪表时应考虑试验的环境条件，例如在野外试验时仪表常受到风吹日晒，周围的温、湿度变化较大，宜选用机械式仪表。此外，应从试验实际需要出发选择仪器仪表的精度，切忌盲目选用高精度、高灵敏度的仪表。一般来说，测定结果的最大相对误差不大于5％即满足要求。

（6）选用量测应变仪表时，还应考虑被测对象所使用的材料来确定标距的大小。标距直接影响应变量测数据的可靠性和精确度。

（7）近几年，数字化量测仪表发展很快。选用仪表时，尽可能选用数字化仪表。

各类仪表各有其优缺点，不可能同时满足上述要求，因此选用仪表的原则应首先满足试验的主要要求。

5．仪表的率定

为了确定仪表的精确度或换算系数，判定其误差，需将仪表示值和标准量进行比较。这一工作称为仪表的率定。率定后的仪表按国家规定的精确度划分等级。

用来率定仪表的标准量应是经国家计量机构确认、具有一定精确度等级的专用率定设备产生的。率定设备的精确度等级应比被率定的仪器高。常用来率定液压试验机荷载度盘示值的标准测力计就是专用率定器。当没有专用率定设备时，可以用和被率定仪器具有同级精确度标准的"标准"仪器相比较进行率定。所谓标准仪器，是指精确度比被率定的仪器高，但不常使用，因而其度量性能保持不变，认为其精确度是已知的。此外，还可以利用标准试件来进行率定，即把尺寸加工非常精确的试件放在经过率定的试验机上加载，根据此标准试件及加载后产生的变化求出安装在标准试件上的被率定仪表的刻度值。此法的准确度不高，但较简便，容易做到，所以常被采用。

为了保证量测数据的精确度，仪器的率定是一件十分重要的工作。所有新生产或出厂的仪器都要经过率定。正在使用的仪器也必须定期进行率定，因为仪器经长期使用，其零件总有不同程度的磨损，或者损坏后经检修的仪器，零件的位置会有变动，难免引起示值的改变。仪器除需定期率定外，在重要的试验开始前，也应对仪表进行率定。

按国家计量管理部门规定，试验用量测仪表和设备均属于国家强制性计量率定管理范围，必须按规定期限率定。

4.3 应力（应变）量测

1. 应力-应变测量的基本概念

应变量测是结构试验中重要的量测内容。了解构件的应力分布情况，特别是结构控制截面处的应力分布及最大应力值，对于建立强度计算理论或验证是否合理、计算方法是否正确，都有重要的价值。利用量测应力数据还可了解结构的工作状态和强度储备。

应力测量是试验中重要的测量内容，试验对象在外力的作用下，内部会产生应力，了解其应力分布规律，尤其是危险截面的应力分布和应力极值，是评定结构工作状态、建立计算理论和方法的重要依据。目前还没有较好的方法直接测定结构或构件截面的应力，一般的方法是先测量应变，而后通过本构关系（$\sigma = E\varepsilon$）间接测定应力。应变测量在结构试验测量中占有极重要的地位，它往往还是其他物理量测量的基础。例如，钢材的 σ-ε 关系在弹性阶段是线性的，服从虎克定律 $\sigma = E\varepsilon$，钢试件在弹性阶段的应力可由测得的应变乘以钢材的实测弹性模量得出；对于混凝土材料，由于其 σ-ε 关系是非线性的，且随不同强度等级和不同骨料而存在差异，测得应变值后需要在试验前实测的相同材料的 σ-ε 曲线上找出相应的应力值。因此，在试验前测定试件材料的 σ-ε 曲线也是材料基本性能试验的内容之一。

2. 应变的测量方法

测定应变的方法，一般常用应变计测出试件在一定长度范围 l（称为标距）内的长度变化 Δl，再计算出应变值 $\varepsilon = \Delta l / l$。测出的应变值实际是标距范围 l 内的平均应变。因此，对于应力梯度较大的结构或混凝土等非匀质材料，都应注意应变计标距 l 的选择。结构的应力梯度较大时，应变计标距应尽可能小；但对混凝土结构，应变计的标距应大于 2~3 倍最大骨料粒径；对砌体结构，应变计的标距应大于 6 皮砖；在做木结构试验时，一般要求应变计标距不小于 20cm；对于钢材等匀质材料，应变计标距可取小一些。

应变测量的方法和仪表很多，主要有电测与机测两类，其中电测法（以电阻应变仪测量法为主）不仅具有精度高、灵敏度高、可远距离测量和多点测量、采集数据快、自动化程度高等特点，而且便于将测量数据信号和计算机连接，为用计算机采集和处理试验数据创造了条件。

应变电测法是将测量试件变形的电阻应变片直接粘贴在试件的测点上，应变片随试件测点纤维伸长或缩短，应变片内置的电阻丝将发生电阻的变化，利用电阻应变仪将电阻的变化转换为电信号，经放大处理后进行显示或记录。

3. 电阻应变片的工作原理

电阻应变片的工作原理是基于电阻丝具有应变电阻效应，由物理学可知，金属电阻丝的电阻 R 与长度 l 之间的关系：

$$R = \rho \frac{l}{A} \tag{4-1}$$

式中　R——电阻丝的电阻（Ω）；

ρ——电阻丝的电阻率（$\Omega \cdot mm^2/m$）；

l——电阻丝的长度（m）；

A——电阻丝的截面面积（mm^2）。

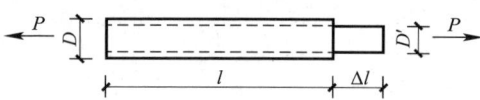

图 4-1 金属丝的电阻应变原理

当电阻丝受到拉伸或压缩后，如图 4-1 所示，其长度、截面面积和电阻率都随之发生变化，其电阻变化规律可由式（4-1）两边取对数然后再进行微分得到：

$$\frac{dR}{R} = \frac{dl}{l} - \frac{dA}{A} + \frac{d\rho}{\rho} \tag{4-2}$$

式中 $\dfrac{dl}{l}$——金属丝长度的相对变化，即应变；

$\dfrac{dA}{A}$——金属丝截面面积的相对变化；

$\dfrac{d\rho}{\rho}$——电阻率的相对变化，由于非常小，一般可以忽略不计。

根据材料的变形特点，可设 $\dfrac{dl}{l} = \varepsilon$，$\dfrac{dA}{A} = -2\upsilon\varepsilon$，于是，式（4-2）可写

$$\frac{dR}{R} = (1 + 2\upsilon)\varepsilon \tag{4-3}$$

$$K_0 = (1 + 2\upsilon) \tag{4-4}$$

于是有：

$$\frac{dR}{R} = K_0 \varepsilon \tag{4-5}$$

式中 υ——电阻丝材料的泊松比；

K_0——电阻丝的灵敏系数。

对某一种金属材料而言，υ 为定值，K_0 为常数。式（4-5）就是利用电阻丝量测应变的理论根据。当金属电阻丝用胶贴在构件上与构件共同变形时，ε 即代表构件的应变。式（4-5）说明电阻丝感受的应变和它的电阻相对变化呈线性关系。

4. 电阻应变片的构造和性能

不同种类的电阻应变片构造有所不同，栅状应变片一般由引出线、覆盖层、基底、敏感栅等组成，其构造如图 4-2 所示。为使电阻丝更好地感受构件的变形，电阻丝一般做成栅状。基底使电阻丝和被测构件之间绝缘并使丝栅定位。

覆盖层保护电阻丝免受划伤并避免丝栅间短路。应变片电阻丝一般采用直径仅为 0.025mm 左右的镍铬或康铜细丝，端部用引出线和量测导线连接。

电阻应变片主要有下列几项性能指标：

（1）标距 l：电阻丝栅在纵轴方向的有效长度。

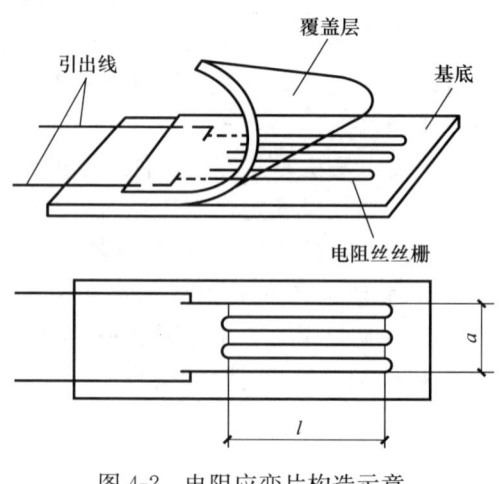

图 4-2 电阻应变片构造示意

(2) 使用面积：以标距 l×丝栅宽度 a 表示。

(3) 电阻值 R：一般均按 120Ω 设计。当用非 120Ω 应变计时，应按仪器的说明进行修正。

(4) 灵敏系数 K：电阻应变片的灵敏系数，K 值一般比单根电阻丝的灵敏系数 K_0 小，这是由于应变片的丝栅形状对灵敏度的影响，一般用抽样法试验测定 K 值，通常 $K=2.0$ 左右。

(5) 应变极限：应变计保持线性输出时所能量测的最大应变值。主要取决于金属电阻丝的材料性质，还和制作及粘贴用胶有关，通常为 $1‰\sim3‰$。

(6) 机械滞后：试件加载和卸载时应变片 $(\Delta R/R)-e$ 特性曲线不重合的程度。

(7) 疲劳寿命。

(8) 零漂：在恒定温度环境中电阻应变计的电阻值随时间的变化。

(9) 蠕变：在恒定的荷载和温度环境中，应变计电阻值随时间的变化。

(10) 绝缘电阻：电阻丝与基底间的电阻值。

其他还包括横向灵敏系数、温度特性、频响特性等性能。横向灵敏系数指应变计对垂直于其主轴方向应变的响应程度，它对主轴方向应变的量测准确性有一定影响，可通过改进电阻应变计的形状等方面减小横向灵敏度，如箔式电阻应变计和短接式电阻应变计（图 4-3）的横向灵敏度接近于零。应变计的温度特性指金属电阻丝的电阻随温度变化以及电阻丝和被测试件材料因线膨胀系数不同引起阻值变化所产生的虚假应变，又称应变片的热输出。由此引起的测试误差较大，可在量测线路中接入温度补偿片来消除这种影响。在进行动态量测时，应变计的响应时间约为 2×10^{-7}s，可认为应变片对应变的响应是立即的，其工作频响随不同的应变计标距而异。当 $l=100$mm 时，$f=25$kHz 左右。

应变计出厂时，应根据每批电阻应变计的电阻值、灵敏系数、机械滞后等指标对其名义值的偏差程度将电阻应变片分成若干等级标注在包装盒上；使用时，根据试验量测的精度要求选定所需电阻应变计的规格等级。

除绕丝式电阻应变片外，还有各种不同基底、不同丝栅形状、不同金属电阻材料的应变计（图 4-3）。各生产厂家均有详细列出规格性能的产品目录供选用。

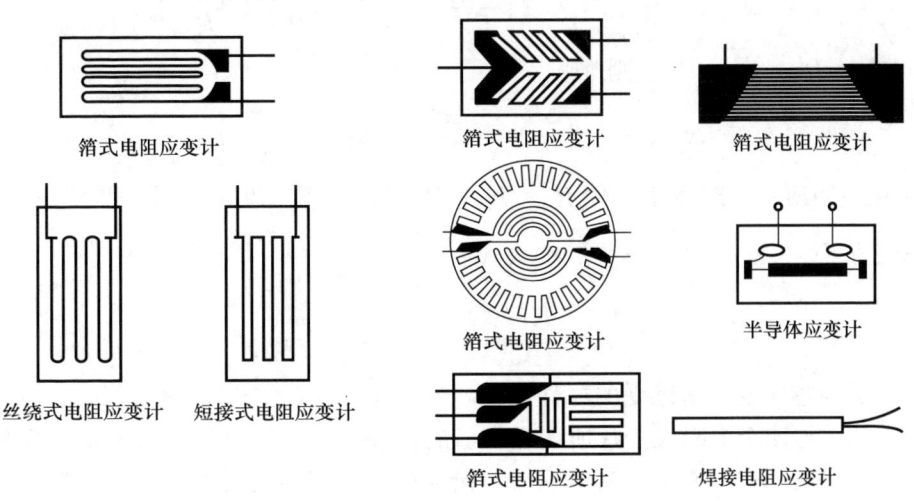

图 4-3 各种电阻应变计

5. 电阻应变仪的测量电路

电阻应变片的金属电阻丝 K_0 值在 1.7～3.6，制成电阻应变计后，K 值一般在 2.00 左右，机械应变一般在 10^3～10^5 范围内，其 $\Delta R/R$ 为 2×10^3～2×10^6。这样微弱的电信号很难直接检测出来，必须依靠放大仪器将信号放大。电阻应变仪是电阻应变片的专用放大器，在应变测量系统中，用于将应变片输出的信号进行转换、放大、显示和记录，主要由振荡器、测量电路、放大器、相敏检波器和电源等部分组成。根据工作频率的不同，可分为静态电阻应变仪和动态电阻应变仪两种。静态应变仪本身带有读数及指示装置，作多点量测时，需要配用预调平衡箱，通过多点转换开关或自动转换，依次将各测点与应变仪接通，逐点量测。动态应变仪需要将动态应变仪量测的放大信号接入记录仪器后，才能得到量测值；一台动态应变仪上有多路放大线路，当进行多点量测时，每一测点接通一路放大线路同时进行量测。

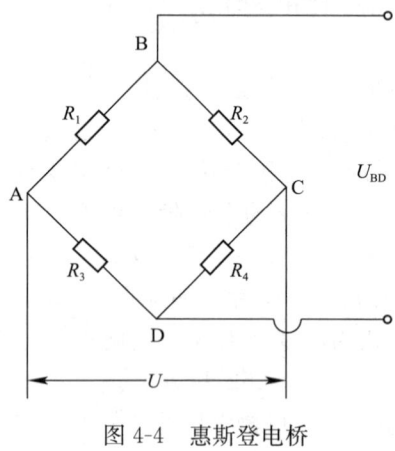

图 4-4 惠斯登电桥

电阻应变仪的测量原理是通过惠斯登电桥，将电阻应变片微小的电阻变化转换为电压或电流变化（电信号）进行测量，惠斯登电桥由四个电阻 R_1、R_2、R_3、R_4 作为四个桥臂组成电路（图 4-4）。在电桥的 A、C 端输入电压 U 后，若四个桥臂的电阻值满足下式：

$$\frac{R_1}{R_2}=\frac{R_3}{R_4} \tag{4-6}$$

则电桥 B、D 端的输出电压 U_{BD} 为零，此时称为电桥平衡。若四个桥臂电阻不满足式（4-6），则在 B、D 端就有电压输出。

若 R_1、R_2、R_3、R_4 为电阻应变计，由于试件应变 ε 引起 $\Delta R/R$ 的变化后，B、D 端输出的电压可由电工学求出。在电桥初始平衡，桥臂电阻满足 $R_1/R_2=R_3/R_4$ 的前提下，当各桥臂电阻变化时，引起的输出电压增量 ΔU_{BD} 为：

$$\Delta U_{BD}=\frac{R_1 R_2}{(R_1+R_2)^2}\left(\frac{\Delta R_1}{R_1}-\frac{\Delta R_2}{R_2}-\frac{\Delta R_3}{R_3}+\frac{\Delta R_4}{R_4}\right) \tag{4-7}$$

若使 $R_1=R_2$，$R_3=R_4$，则 ΔU_{BD} 为：

$$\Delta U_{BD}=\frac{U}{4}\left(\frac{\Delta R_1}{R_1}-\frac{\Delta R_2}{R_2}-\frac{\Delta R_3}{R_3}+\frac{\Delta R_4}{R_4}\right) \tag{4-8}$$

在选用电阻应变计时，不难使 $R_1=R_2$，$R_3=R_4$（R_1 和 R_2、R_3 和 R_4 阻值差的允许范围为 $\pm 0.5\%\times R$）。将 $K\varepsilon=\dfrac{\Delta R}{R}$ 代入式（4-8）得：

$$\Delta U_{BD}=\frac{KU}{4}(\varepsilon_1-\varepsilon_2-\varepsilon_3+\varepsilon_4) \tag{4-9}$$

式中，ε 为各应变片所感受的试件应变，若为压应变，需以 $-\varepsilon$ 代入。由式（4-9）可以看出，ΔU_{BD} 与四个电阻应变片所测应变值的代数和成正比。当需要单独量测某一点的应变时，可令 $R_3=R_4=$ 常数，将 R_3、R_4 接为仪器内部的精密无感电阻，仅将两个电阻应变计接入 AB 及 BC 两个桥臂，此时电桥输出端的输出电压为：

$$\Delta U_{BD} = \frac{U}{4}\left(\frac{\Delta R_1}{R_1} - \frac{\Delta R_2}{R_2}\right) = \frac{KU}{4}(\varepsilon_1 - \varepsilon_2) \tag{4-10}$$

为了将因电阻应变计的温度特性而引起的热输出消除,可将量测试件应变的电阻应变片(称工作片)接入 AB 桥臂,将另一片性能相同的电阻应变片贴在和试件相同的材料上,置于相同的温度环境且不承受荷载,其阻值变化只反映电阻应变片的热输出,将其接入 BC 桥臂的电阻应变片称为温度补偿片,一片温度补偿片可以补偿若干个工作片。

当四个桥臂都接入电阻应变计时,称为全桥量测。此时,利用式(4-9),将处于拉、压应变状态的电阻应变片恰当地接入桥臂,可提高量测的灵敏度。例如,在量测位移、倾角、加速度的传感器中,常用弹性悬臂梁的应变来反映这些参量,当按图 4-5 所示方法贴片和接桥时,仪器读数将比用半桥量测时增大 4 倍。

静态应变仪一般采用"零位读数法"进行测量。当电阻应变计产生应变,电桥失去平衡有电流输出时,输出信号经放大器输入指示仪表,调节电位器 R_s 使电桥重新平衡(图 4-6)。R_s 滑动触点的位移与应变的大小成正比。仪器的 R_s 调节旋钮上已按某一灵敏系数值(如 $K=2$)直接用应变值刻度。为适应不同灵敏系数的电阻应变片,根据式(4-9),可调节电位器 R_k 以改变供桥电压 U,使 R_s 上所刻的应变值适合不同 K 值的电阻应变片。R_k 称为灵敏系数调节旋钮。在使用电阻应变仪时,应将 R_k 旋钮置于相应应变片 K 值的位置。

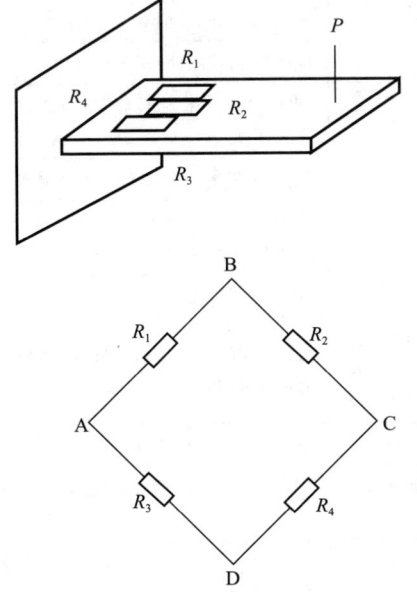

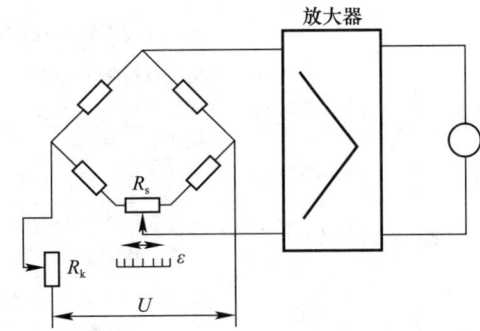

图 4-5 传感器中电阻应变片的布片和接桥 图 4-6 电桥输出的零位测定法

实际测量桥路由于受接触电阻、导线电阻等的影响,即使精心选用了电阻值相同的电阻应变计的布置与桥路连接方法,各桥臂电阻总有差异;此外,电桥中分布的电容和电感,对电桥平衡也有影响。因此,电桥中还设置了电阻调平衡电路和电容调平衡电路。

所有上述桥臂端接线柱 A、B、C、D 电位器调节旋钮 R_s、灵敏系数调节旋钮 R_k、电阻调平衡旋钮及电容调平衡旋钮都在电阻应变仪的面板或后板上,测试人员要懂得操作。

6. 电阻应变计的使用技术

电阻应变量测作为电测方法，具有许多优点，但是应严格按照要求操作使用，才能发挥其优点，否则将适得其反。

1) 应变计粘贴技术

应变计是传感元件，粘贴的质量好坏对测量数据影响很大，粘贴技术要求十分严格，要求测点基底平整、清洁、干燥；粘结基底的电绝缘性、化学稳定性及工艺性能良好，粘贴强度高（剪切强度不低于 3~4MPa），温湿度影响小。选用的应变计规格、型号应尽量相同；粘贴前后阻值不改变；粘贴干燥后，敏感栅对地绝缘电阻一般不低于 500MΩ；应变线性好、滞后、零漂、蠕变等要小，保证应变能正确传递。粘贴的具体方法及步骤列于表 4-1。

2) 温度补偿技术

开展结构试验时，粘贴在试件上的应变片处于温度场中，若环境温度发生改变，会引起电阻应变片阻值发生变化，此现象称为温度效应。温度效应引起的应变是非受力引起的，因此必须设法将其消除，消除温度效应的方法称为温度补偿。常用的温度补偿方法有温度补偿片法和工作片互补法两种。

电阻应变计粘贴技术　　　　　　　　　　　表 4-1

顺序	工作内容		方法	要求
1	应变片检查分选	外观检查	借助放大镜肉眼检查	应变片应无气泡、霉斑、锈点，栅极应平直、整齐、均匀
		阻值检查	用万用电表检查	应无短路或断路
			用单臂电桥测量电阻值并分组	同一测区应用阻值基本一致的应变计，相差不大于 0.5%
2	测点处理	测点检查	检查测点处表面状况	测点应平整、无缺陷、无裂缝等
		打磨	用 1 号砂皮或磨光机打磨	表面达 ▽5，平整、无锈、无浮浆等，并不使断面减少
		清洗	用棉花蘸丙酮或酒精等清洗	棉花干擦时无污染物
3	应变计粘贴	胶打底	用环氧树脂：邻苯二甲酸二丁酯：乙二胺=100:(10~15):(8~10) 或环氧树脂：聚酰胺=100:(90~10)	胶层厚度 0.05~0.1mm，硬化后用 0 号砂皮磨平
		测线定位	用铅笔等在测点上画出纵横中心线	纵线应与应变方向一致
		上胶	用镊子夹应变计引出线，在背面上一层薄胶，测点也涂上薄胶，将片对准放上	测点上十字中心线与应变计上的标志应对准
		挤压	在应变计上盖一小片玻璃纸，用手指沿一个方向滚压，挤出多余胶水	胶层应尽量薄，并注意应变计位置不滑动
		加压	快干胶粘贴，用手指轻压 1~2min，其他方法则适当加压 1~2h	胶层应尽量薄，并注意应变计位置不滑动
4	固化处理	自然干燥	在室温 15℃ 以上，湿度 60% 以下 1~2d	胶强度达到要求
		人工固化	气温低、湿度大，则在自然干燥 12h 后，用人工加温（红外线灯照射或电热吹风）	加热温度不超过 50℃，受热应均匀

续表

顺序	工作内容		方法	要求
5	粘贴质量检查	外观检查	借助放大镜肉眼检查	应变计应无气泡、粘贴牢固、方位准确
		阻值检查	用万用电表检查应变计	无短路和断路
			用单臂电桥量应变计阻值	电阻值应与粘贴前基本相同
		绝缘度检查	用兆欧表检查应变计与试件绝缘度	一般量测应在 50MΩ 以上,恶劣环境或长期观测应大于 500MΩ
			接入应变仪观察零点飘移	不大于 $2\mu\varepsilon/15min$
6	导线连接	引出线绝缘	应变计引出线底下贴胶布或胶纸	保证引出线不与试件形成短路
		固定点设置	用胶固定端子或用胶布固定电线	保证电线轻微拉动时,引出线不断
		导线焊接	用电烙铁把引出线与导线焊接	焊点应圆滑、丰满、无虚焊等
7	防潮防护		根据环境条件,贴片检查合格接线后,加防潮、防护处理。防护一般用胶类防潮剂浇注或加布带绑扎	防潮剂必须覆盖整个应变计并稍大 5mm 左右;防护应能防机械损坏

(1) 温度补偿应变片法:

选一个与试件材质相同的温度补偿块,用与试件工作应变片相同的应变片及相同的工艺粘贴,量测时放在试件同一温度场中,用同样导线连接在桥路的工作桥臂上,如图 4-7 所示。根据电桥邻臂输出相减的原理,达到温度效应所产生的应变得以消除的目的。这个粘贴在温度补偿块上,只发生温度效应的应变片,称为温度补偿应变片。这种方法称为温度补偿应变片法。

一个温度应变片可以补偿一个工作应变片,称单点补偿;也可以连续补偿多个工作应变片,称为多点补偿。这要根据试验目的要求和试件材料不同而定。如钢结构,材料的导热性较好,应变片通电后散热较快,可以一个补偿应变片连续补偿 10 个应变片;混凝土等材料散热性能差,一个补偿应变片连续补偿的工作应变片不宜超过 5 个,最好使用单点补偿。

(2) 应变片温度互补偿法:

某些检测结构或构件,存在着机械应变值相同,但应变符号相反。比例关系已知,温度条件又相同的 2 或 4 个测点,可以将这些应变片按照图 4-7 分别接在相应的邻臂上。这样,在等臂的条件下,既都是工作应变片,又互为温度补偿,如图 4-8 所示。但图示接法不适用于混凝土等非匀质材料。

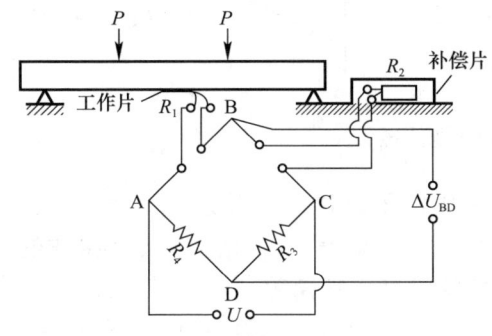

图 4-7 温度补偿应变片法桥路连接示意图

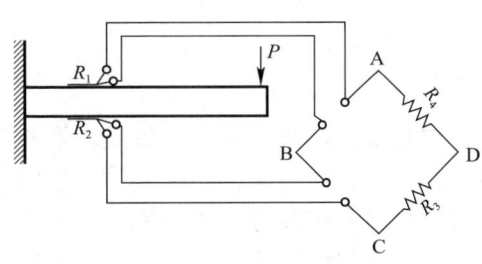

图 4-8 工作应变片温度互补偿法桥路

以上两种方法都是通过桥路连接方法实现温度补偿的，又统称为桥路补偿法。此外，还有用温度自补偿应变片法，即使用一种敏感栅的温度影响能自动消除的特殊应变片，目前国外已有应用于测定混凝土内部应力的大标距自补偿应变片。

（3）应变测点的布置

在了解应变量测方法和量测应变仪器的特性后，需要进一步考虑如何布置应变测点，对试验结构有初步的理论分析作为指导。测点一般布置在最不利截面的应力最大处，如最大弯矩截面的上、下表面；剪力最大截面的中间高度处或弯矩、剪力同时都较大处。对于钢筋混凝土结构，受拉区混凝土在出现裂缝后便逐渐退出工作，应在受拉区主筋上布置应变片。可采用预埋应变片及其引出导线应作防水防潮等妥善处理，防止应变片受潮后绝缘电阻下降而失效，造成不可弥补的测点损失。也可在欲贴应变片处留出位置预埋小木块，待混凝土达到强度后取出木块，贴上电阻应变片。

如板壳结构上各点均受双向应力，且主应力方向一般未知，每个测点应布置3个应变计。可用各种应变花（图4-9）。应变花中各应变片之间的夹角已在制造时准确固定。

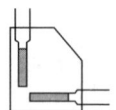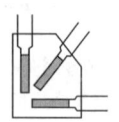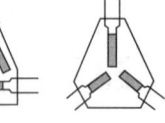

图 4-9 电阻应变花

4.4 位移量测

测量结构的位移能反映结构的整体变形和结构总的工作性能。通过位移测定，不仅可了解结构的刚度及其变化，还可区分结构的弹性和非弹性性质。结构任何部位的异常变形或局部损坏都会在位移上得到反映。因此，在确定测试项目时，首先应考虑结构构件的整体变形，即位移的量测。位移量测的主要内容为某一特征点（一般为跨中或集中荷载下位移最大处）的荷载-位移曲线（图4-10a），以及各特征荷载值下构件纵轴线的位移曲线（图4-10b）。

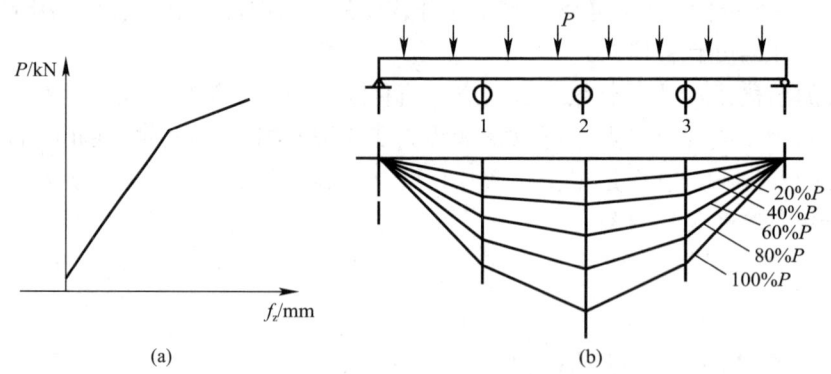

图 4-10 结构的位移曲线

位移量测可根据精度及数据采集的要求，选用电子位移计、百分表、千分表、水准仪、经纬仪、倾角仪、全站仪、激光测距仪、直尺等。试验中应根据试件变形量测的需要布置位移量测仪表。并由量测的位移值计算试件的挠度、转角等变形参数。图4-11为各种位移量测仪表。其中常用的是百分表、电子百分表（又称应变式位移传感器）及线性差动电感式位移计（LVDT）等。当位移值较大时，可用多圈电位器。水准仪和经纬仪也是量测大位移的方便工具，它们便于作多点和远距离量测。分度值 1mm 的标尺和磁尺等也可用于大位移的量测。利用激光量测高耸结构物顶端位移（图 4-11e）是一种非接触式量测方法，在动力试验中用它量测位移亦很方便。近几年来，在大型桥梁施工监控和健康监测中，推广应用远距离测量位移的全站仪（图 4-11f）。其主要特点为，长焦距望远镜高精度水准仪和经纬仪组合并附有数据存储系统。图 4-11（g）所示的 GPS 卫星跟踪位移测量系统，其主要特点是通过卫星远距离实时监测结构的位移变化，适用于大跨度桥梁的安全健康监测，具有更先进的卫星跟踪系统。

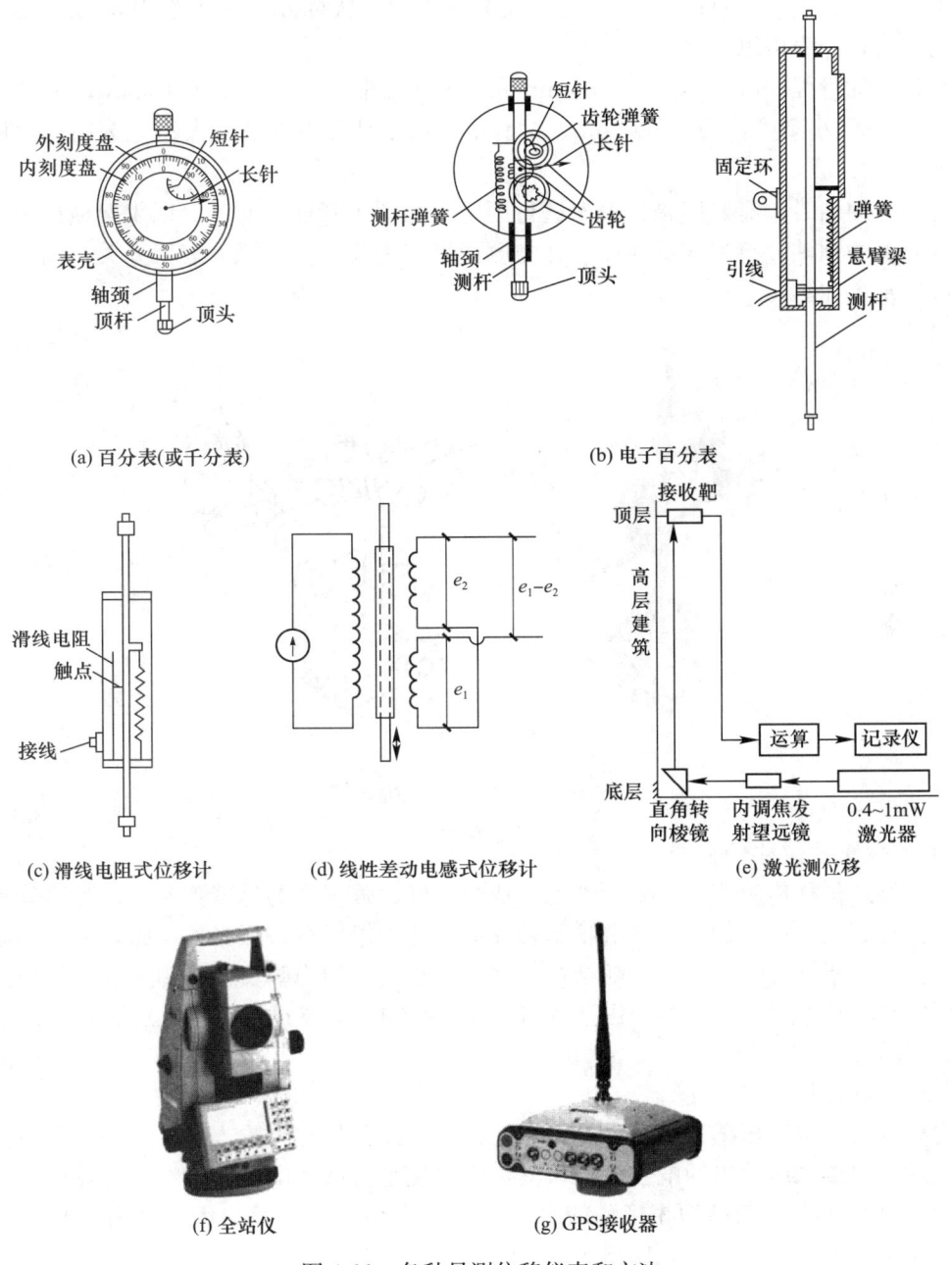

图 4-11 各种量测位移仪表和方法

选用位移量测仪表时，应参考事先估算的理论值以防量程不够或精度不满足要求。

1. 线位移测量

线位移测量仪器很多，常用的有接触式位移计（百分表、千分表等）、应变梁式位移传感器、滑线电阻式位移传感器和差动变压器式位移传感器等。

1）接触式位移计

接触式位移计，俗称百分表（或千分表），是一种机械式仪表，外观如图 4-11(a) 所示。其工作原理是当测杆跟随被测结构测点线性滑动时，百分表内部的精密齿轮会随之发生转动，齿轮将微小的直线运动放大为齿轮的转动，从百分表的表盘中就可读出线位移量，电子式百分表可以直接显示读数。

百分表的量程一般为 10mm、30mm 和 50mm，最小刻度值为 0.01mm；千分表的量程为 1mm，最小刻度值为 0.001mm。试验前，应预估测点的位移大小，选用合适量程的百分表。

百分表使用时，需要用磁力表架进行固定，如图 4-12(a) 所示。用表架横杆上的颈箍夹住百分表的颈轴，将测杆顶住测点并与侧面保持垂直，打开磁力表架开关，固定在不动的金属杆上，如图 4-12(b) 所示。

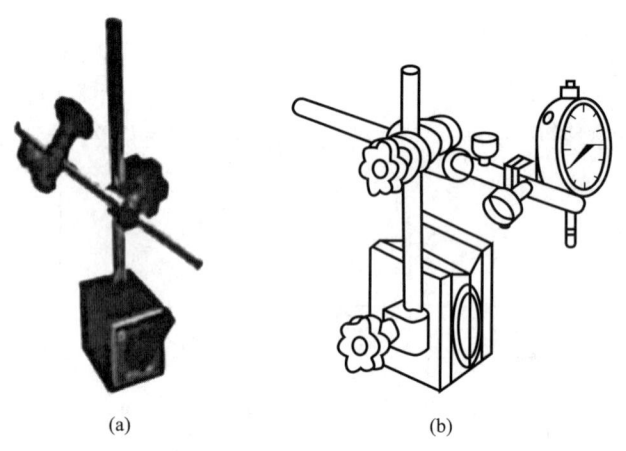

图 4-12　百分表与磁力表架

2）应变梁式位移传感器

应变梁式位移传感器的主要元件是一块弹性好、强度高的悬臂弹簧片。弹簧片一端固定在仪器外壳上，在弹簧片固定端粘贴四片应变片，组成全桥或半桥电路，另一端固定有拉簧，拉簧与指针固结。当测杆随结构位移而移动时，传力弹簧使得弹簧片产生挠曲，弹簧片固定端产生应变，通过电阻应变仪即可测得应变与试验结构位移间的关系，如图 4-13 所示。

3）滑线电阻式位移传感器

滑线电阻式位移传感器是一种把机械线位移（或角位移）输入量转换为与它呈一定函数关系的电阻或电压输出的电子元件。其工作原理是：滑线电阻固定在传感器内，触片将电阻分为 R_1 和 R_2，与结构相接触的测杆在测点移动，从而带动传感器内与测杆相连的弹簧片在滑线电阻丝上移动，如图 4-14 所示。

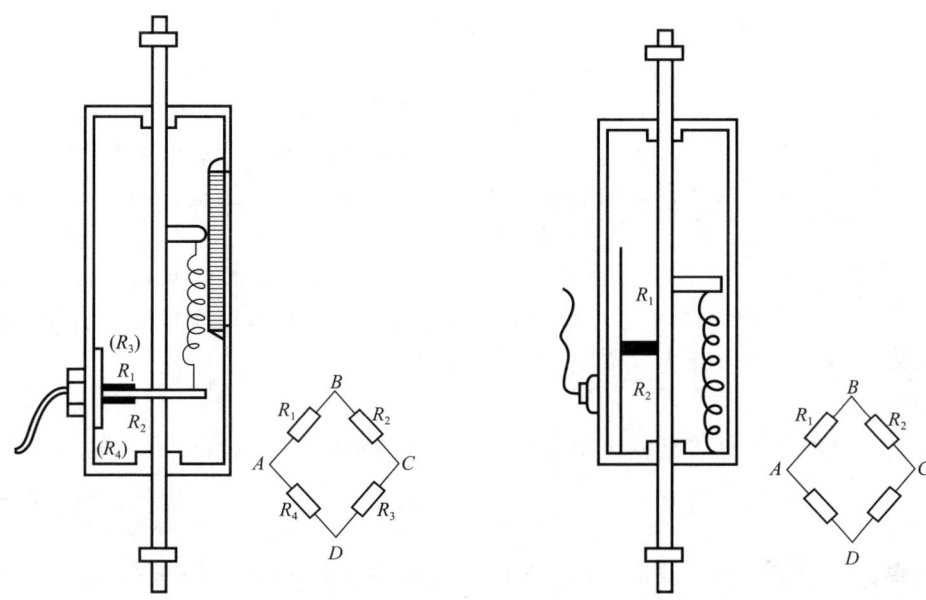

图 4-13　应变梁式位移传感器　　　图 4-14　滑线电阻式位移传感器

4）LVDT 位移传感器

LVDT（Linear Variable Differential Transformer）是线性可变差动变压器的缩写，LVDT 位移传感器也可称为差动变压器式位移传感器，是目前位移测量中广泛应用的传感器之一，LVDT（差动变压器）位移传感器利用的是电磁感应原理。

与传统的电力变压器不同，LVDT 是一种开磁路弱磁耦合的测量元件。LVDT 的结构由铁芯、衔铁、初级线圈和次级线圈组成，初级线圈和次级线圈分布在圆形筒上，线圈内部有一个可自由移动的铁芯，在圆形筒上绕制一组初级线圈，两组次级线圈，其工作方式依赖于线图骨架内铁芯的移动，当初级线圈供给一定频率的交变电压时，铁芯在线圈内移动就改变了空间的磁场分布，从而改变了初级、次级线圈之间的互感量，次级线圈就产生感应电动势，随着铁芯的位置不同，互感量也不同，次级线圈产生的感应电动势也不同，这样就将铁芯的位移量变成了电压信号输出，如图 4-14 所示。通过标定，可确定感应电动势变化与位移量变化的关系。

量测结构位移时，需要特别注意支座沉降的影响。例如，在做简支梁静载试验时（图 4-15a），当荷载较大时，试验梁下的地面将产生如图 4-15（b）所示的变形，支承点 A、B 处的地面变形以及支座装置和支墩等的间隙都会使试验梁的支座向下沉降，测得的跨中挠度 f'_c 包含了支座沉降（图 4-15c），需要将它们扣除。因此，在量测位移时，必须在支座处布置位移计，以便在整理试验结果时加以修正。当试验场地的地面未经很好处理时，还应注意支座及跨中附近的地面变形对仪表固定点的影响。

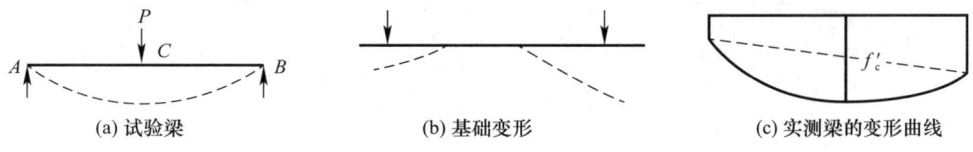

(a) 试验梁　　　　(b) 基础变形　　　　(c) 实测梁的变形曲线

图 4-15　支座沉降对位移量测的影响

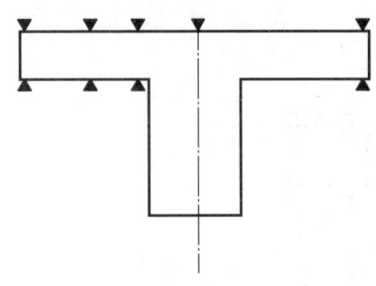

图 4-16 宽梁及板的对称测点布置

对于宽度大于 60cm 的梁或单向板，试验时结构可能因荷载在平面外方向的不对称而引起转动变形，应在试件两侧布置两列位移量测仪表（图 4-16）。

量测构件的挠度曲线时，沿构件长度方向应至少布置 5 个位移计。对于板壳结构，应沿两个方向分别布置位移测点。

对于拱或刚架结构，还需要测量支座处的水平位移；对于桁架结构，一般还须测定上弦杆出平面方向的水平位移，以观测出平面失稳情况。

2. 转动变形测量

除了应变和线位移外，结构试验中有时还需要测量结构某些部位的转角、曲率等转动变形。

1）转角

受力结构的节点、截面或支座都有可能发生转动，对转动角度进行测量的仪器很多，如水准式倾角仪、电子倾角仪等，也可以自行设计测量装置。例如在对长柱进行轴压试验时，为了测量柱端的转角情况，可以自行设计如图 4-17 所示的测量装置。

图 4-17 方钢管混凝土柱柱脚转角测定（百分表）

2）曲率

构件变形后曲率的测定，可以利用位移传感器（或百分表），如图 4-17 所示，先测出构件表面某一点及与邻近两点的挠度差，然后根据杆件变形曲线的形式，近似计算测区构件的曲率，如图 4-18 所示即为测量曲率的装置。

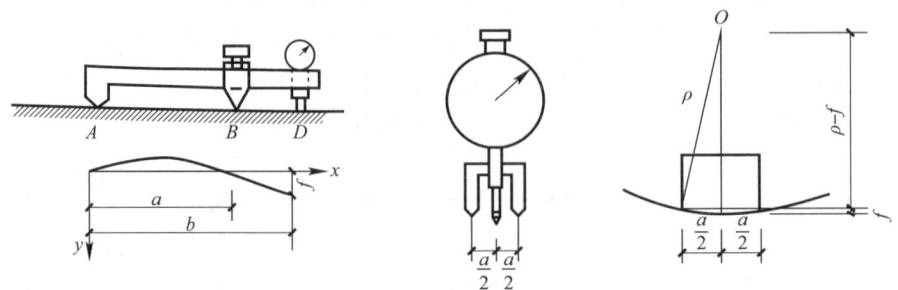

图 4-18 用位移计测量曲率的装置

4.5 裂缝量测

监测钢筋混凝土结构或构件的裂缝发生,以及裂缝的宽度、长度随荷载的发展情况,对于确定开裂荷载、研究结构的破坏过程,尤其是研究预应力结构的抗裂及变形性能等都十分重要。

目前最常用来发现裂缝的方法,是在构件表面刷一薄层石灰浆,然后借助放大镜用肉眼观察裂缝。为便于记录和描述裂缝的发生部位,可在构件表面上划分 50mm×50mm 左右的方格。当需要更精确地确定开裂荷载时,可在受拉区连续搭接布置应变计,以监测第一批裂缝的出现(图 4-19)。

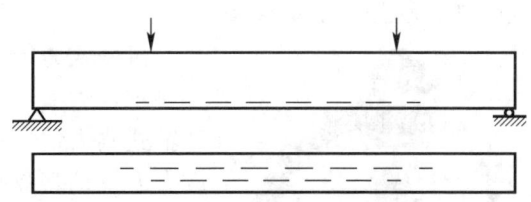

图 4-19 连续搭接布置应变计监测裂缝的发生

当出现裂缝时,跨裂缝的应变计读数就会发生异常变化。由于裂缝出现的位置不易确定,往往需要在较大的范围内连续布置应变计,因此将占用过多的仪表,提高试验费用。近来发展了用导电漆膜发现裂缝的方法,将一种具有小电阻值的弹性导电漆在经过仔细清理的拉区混凝土表面涂成长 100~200mm、宽 10~12mm 的连续搭接条带,待其干燥后接入电路,当混凝土裂缝宽度扩展达 1~5μm 时,随混凝土一起拉长的漆膜就出现火花直至烧断。也可沿截面高度以一定的间隔涂刷漆膜,以确定裂缝长度的发展。另一种发现裂缝的方法是利用材料开裂时发射声能所形成的声波,将声发射传感器置于试件表面或内部,显示或记录裂缝的出现。声发射法既能发现构件表面的裂缝,还能发现内部的微细裂缝,但此法不能准确地给出裂缝的位置。

裂缝宽度的量测一般用刻度放大镜(图 4-20),近几年开发了多种采用电测直接显示裂缝宽度和裂缝深度的裂缝测试仪(图 4-21),特别适合在现场检测使用。

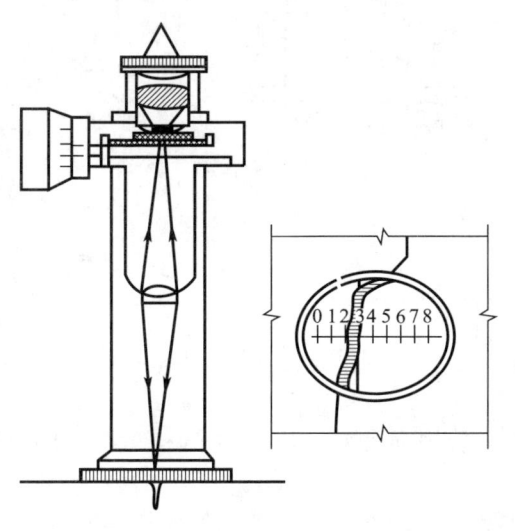

图 4-20 量测裂缝宽度的仪器

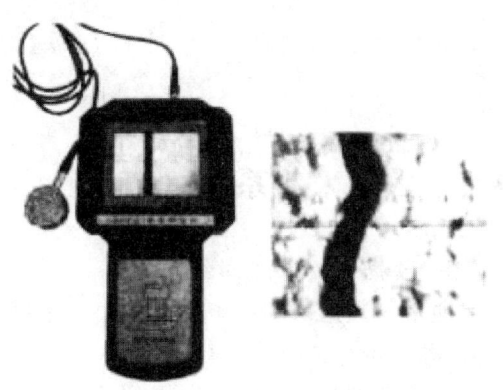

图 4-21 电子裂缝测试仪

4.6 力的测定

结构静载试验中，力传感器主要用来测定试验结构所受的荷载和支座反力。力传感器分为机械式和电测式两类，其基本原理都是用弹性元件去感受拉力与压力，弹性元件在力的作用下，发生与外力呈对应关系的变形。

1. 机械式力传感器

机械式力传感器是用机械装置把这些变形按规律进行放大并显示，力值可从传感器上直接读取。在结构试验中，常用到环箍式测力计，粗大的钢环在压力作用下发生变形，经过杠杆放大后推动表盘指针偏转，表盘读数与环箍变形关系应预先进行标定，如图4-22所示。日常生活中使用的弹簧测力计就属于机械式拉力传感器。

2. 电阻应变式力传感器

电阻应变式力传感器的工作原理是在弹性元件上粘贴电阻应变片，把弹性元件在外力作用下的变形转换成电阻变化进行测量，通过电子测力仪显示测量结果，将此称为力传感器，俗

图4-22 环箍式测力计

称荷载传感器，其应用范围十分广泛。荷载传感器分为拉伸型、压缩型和拉－压型三种。各种荷载传感器的外形基本相同，其核心部件是一个厚壁筒，在筒壁上贴有应变片，将筒壁在外力作用下的受力变形转换为电量变化。为防止应变片发生损坏，筒壁外设有保护罩，如图4-23所示。

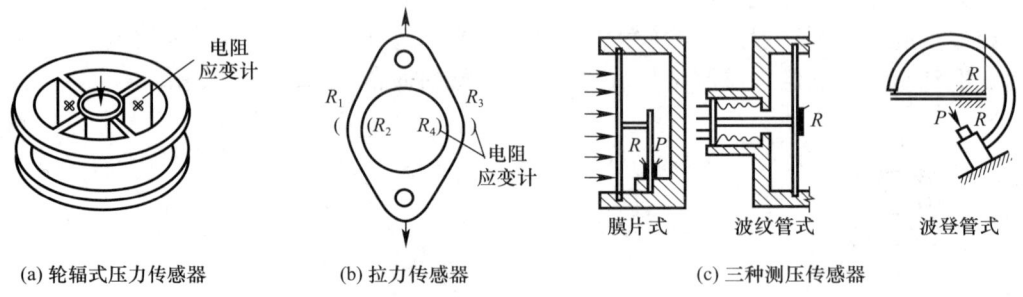

(a) 轮辐式压力传感器　　(b) 拉力传感器　　(c) 三种测压传感器

图4-23 几种测力计及传感器

4.7 数据采集系统

1. 数据采集系统的组成

通常，数据采集系统的硬件由三个部分组成：传感器部分、数据采集仪部分和计算机（控制器）部分。

传感器部分包括前面所提到的各种电测传感器，它们的作用是感受各种物理变量，如力、线位移、角位移、应变和温度等，并把这些物理量转变为电信号。一般情况下，传感器输出的电信号可以直接输入数据采集仪；如果某些传感器的输出信号不能满足数据采集

仪的输入要求，则还要加上放大器等。

数据采集仪部分包括：

（1）与各种传感器相对应的接线模块和多路开关，其作用是与传感器连接，并对各个传感器进行扫描采集；

（2）A/D 转换器，对扫描得到的模拟量进行 A/D 转换，转换成数字量；

（3）主机，其作用是按照事先设置的指令或计算机发给的指令来控制整个数据采集仪，进行数据采集；

（4）储存器，可以存放指令、数据等；

（5）其他辅助部件。数据采集仪的作用是对所有的传感器通道进行扫描，把扫描得到的电信号进行 A/D 转换成数字量，再根据传感器特性对数据进行传感器系数换算（如把电压数换算成应变或温度，等等），然后将这些数据传送给计算机，或者将这些数据存入磁盘，打印输出。

计算机部分的主要作用是作为整个数据采集系统的控制器，控制整个数据采集过程。在采集过程中，通过数据采集程序的运行，计算机对数据采集仪进行控制。采集数据还可以通过计算机进行处理，实时打印输出和图像显示并存入磁盘文件。此外，计算机还可用于试验结束后的数据处理。

2. 数据采集系统常用的几种类型

数据采集系统可以对大量数据进行快速采集、处理、分析、判断、报警、直读、绘图、储存、试验控制和人机对话等，可进行自动化数据采集和试验控制，它的采样速度可高达每秒几万个数据或更多。目前，国内外数据采集系统的种类很多，按其系统组成的模式大致可分为以下几种：

1）大型专用系统

将采集、分析和处理功能融为一体，具有专门化、多功能和高档次的特点。

2）分散式系统

由智能化前端机、主控计算机或微机系统、数据通信及接口等组成，其特点是前端可靠近测点，消除了长导线引起的误差，并且稳定性好、传输距离远、通道多。

3）小型专用系统

这种系统以单片机为核心，小型、便携、用途单一、操作方便、价格低，适用于现场试验时的测量。

4）组合式系统

这是一种以数据采集仪和微型计算机为中心，按试验要求进行配置组合成的数据采集系统，它适用性广、价格便宜，是一种比较容易普及的系统。

图 4-24 所示是以数据采集仪为主配置的数据采集系统。它是一种组合式系统，可满足不同的试验要求。传感器部分中，可根据试验任务，只把要用的传感器接入系统。传感器与系统连接时，可以按传感器输出的形式进行分类，分别与采集仪中相应的测量模块连接。例如，应变计和应变式传感器与应变测量多路开关连接；热电偶温度计与热电偶测温多路开关连接；热敏电阻温度计和其他传感器可与相应的多路开关连接。该数据采集仪的主机具有与计算机高级语言相类似的命令系统，可进行设置、测量、扫描、触发、转换计算、存储和子程序调用等操作，还具有时钟、报警、定速等功能。该数据采集仪具有各种

不同的功能模块，例如积分式电压表模块用于 A/D 转换，高速电压表用于动力试验的 A/D 转换，控制模块用于控制盘驱动器、打印机和其他仪器，各种多路开关模块用于与各种传感器连成测量电路，执行扫描和传输各种电信号，等等。这些模块都是插件式的，可以根据数据采集任务的需要进行组装，把所需要用的模块插入主机或扩充箱的槽内。图中配置的计算机部分，可以进行实时控制数据采集，也可以使采集仪主机独立进行数据采集。进行实时控制数据采集时，通过数据采集程序的运行，计算机向数据采集仪发出采集数据的指令；数据采集仪对指定的通道进行扫描，对电信号进行 A/D 转换和系数换算，然后把这些数据存入输出缓冲区；计算机再把数据从数据采集仪读入计算机内存，对数据进行计算处理，实施打印输出和图像显示，存入磁盘文件。

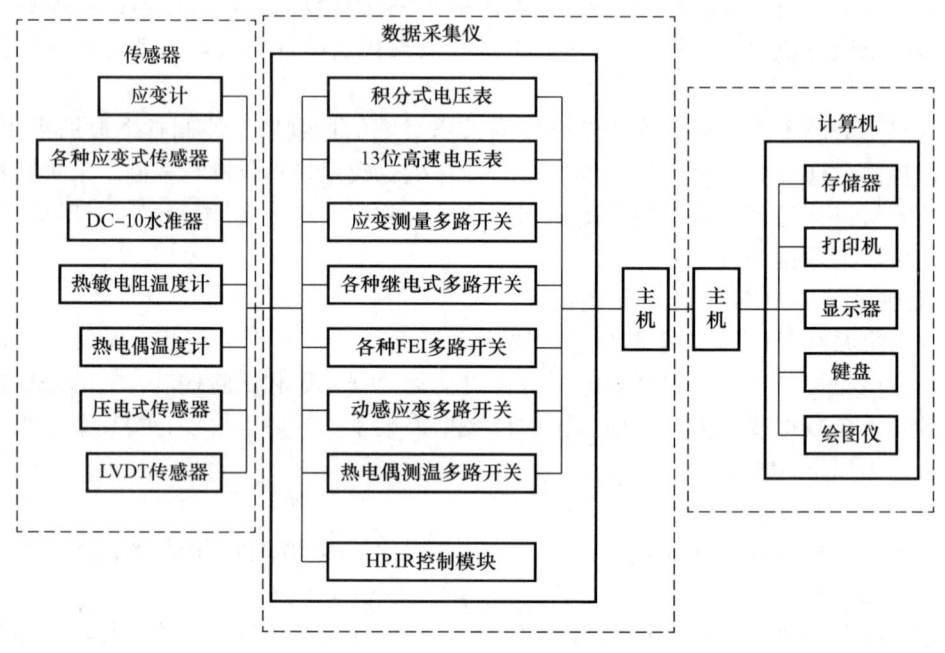

图 4-24　组合式数据采集系统

第5章
加载设备和试验装置

5.1 概述

在对结构或构件进行试验时，除个别情况外，通常需要根据试验加载要求采用不同的加载方法。试验中产生荷载的方法和加载设备种类很多，按照荷载性质，可分为静力试验设备和动力试验设备；按照加载方法，分为重力加载、机械力加载、普通液压加载和电液伺服加载、人工爆炸、环境激振加载、惯性力加载、电磁系统激振、压缩空气或真空作用加载以及地震模拟振动台加载等。每种方法都使用相应的加载设备，具有各自的特点。加载方法及加载设备随着科学技术的发展不断发展。本章重点介绍结构试验中常用的加载方法和加载设备。

5.2 重物加载

重物加载就是利用物体本身的重量施加于结构上作为荷载。该加载方法具有加载方便、能够就地取材和加载稳定等优点。在试验室内，可利用的重物有标准铸铁砝码、混凝土立方试块、水箱等；在现场则可就地取材，经常是采用普通的砂、石、砌体等建筑材料或是钢锭、铸铁、废构件等。重物施加方式可以直接加载于试验结构或构件上，或者通过杠杆间接加在构件上。

1. 重物直接加载法

重物直接加载法是将重物荷载直接作用于结构表面，形成均布荷载或集中荷载。试验一般采用分级加载方式，适用于平板结构的加载试验，如楼盖、屋面和桥面等结构的加载试验。

图 5-1 为重物直接放在结构表面（如楼盖等）上形成的均布荷载。为防止荷载本身的起拱作用引起结构局部卸载，可用砌体、铸铁块等块材加载，但须分堆堆放整齐，每堆重物的宽度、间隙应符合图中的要求。

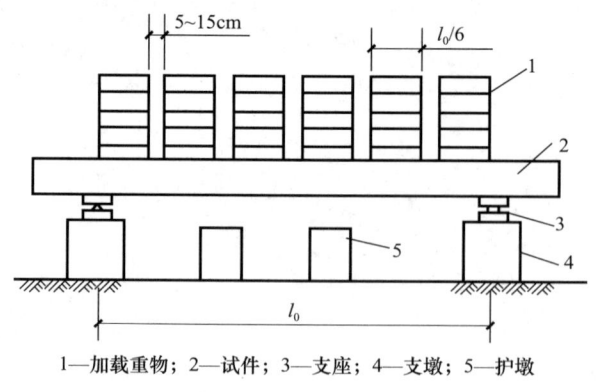

1—加载重物；2—试件；3—支座；4—支墩；5—护墩

图 5-1 用重物做均布荷载试验

对于屋架、梁等的试验，也可将重物置于荷载盘上，通过吊盘形成集中荷载。如图 5-2 所示。

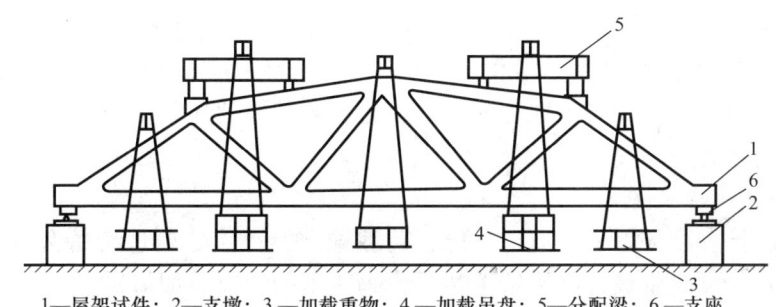

1—屋架试件；2—支墩；3—加载重物；4—加载吊盘；5—分配梁；6—支座

图 5-2 用重物做集中荷载试验

荷重要求形状规整、质量相同（每件荷重误差不超过±5%）。规整是为了容易堆放；质量相同是为了便于计算所加荷载的大小。此外，对单位质量有所限制（通常不超过 20kg），是为了加载时不造成过大的冲击荷载及加载的方便性和安全性。松散材料作重物时，应装入袋内使用。对吸水性强或水分蒸发量大的重物，应考虑其含水量对重量的影响。

利用水作为重力加载用的荷载装置是一个简易、方便又经济的方案。可以采用特殊的盛水装置作为均布荷载，直接加于结构表面（图 5-3）。用于大面积的平板试验，例如楼面、平屋面等。每施加 1000N/m² 的荷载只需要 100mm 高的水。加载利用进水管、卸载利用虹吸管原理，减少大量运输加载的劳动力。在现场试验水塔、水池、油库等特种结构时，水是最为理想的试验荷载。它不仅符合结构物的实际使用条件，而且还能检验结构的抗裂和抗渗性能。

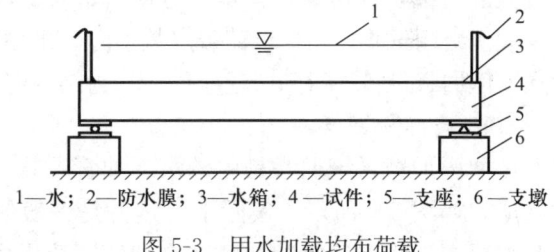

1—水；2—防水膜；3—水箱；4—试件；5—支座；6—支墩

图 5-3 用水加载均布荷载

2. 重物间接加载法

重物间接加载是当重物作为集中荷载的荷载量受到限制时，利用杠杆原理放大荷重的方式，以扩大重力荷载的使用范围与减轻加载的劳动强度。杠杆是最简单的荷载放大机构，又因其制造简单方便、荷载值恒定不变，适用于长时间的加载试验。杠杆加载的装置可根据试验室或现场试验的不同条件，有如图 5-4 所示的几种方案。

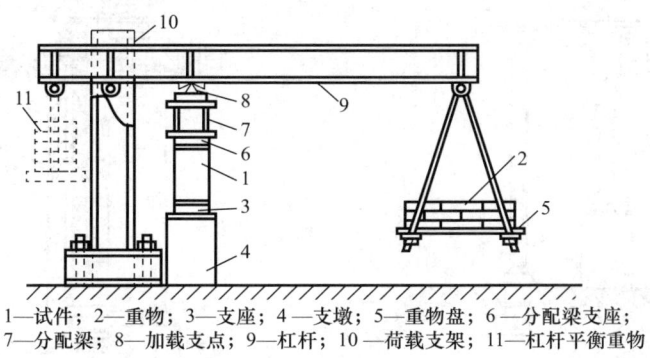

1—试件；2—重物；3—支座；4—支墩；5—重物盘；6—分配梁支座；
7—分配梁；8—加载支点；9—杠杆；10—荷载支架；11—杠杆平衡重物

图 5-4 杠杆加载方法

杠杆加载法应保证杠杆有足够的刚度，而且杆臂不宜过长。过长的杠杆臂将会使施加于被测结构或构件上的作用产生水平分力，而不是完全的、垂直向下的压力作用，故杠杆比一般不宜大于 5。加载时支点应在同一直线上，这样可避免因结构变形（杠杆倾斜）而导致杠杆放大比例失真。同时，杠杆的支点、力点和重物的加载点的位置必须准确，由此确定杠杆的比例和放大倍数。

3. 重物加载法优缺点

重物加载法具有设备简单、取材方便、荷载稳定等优点，较适合持久性荷载的检测。但是，它只能施加竖向荷载且操作笨重；受堆码体积的约束，加荷重量不能过大；达到极限荷载时不能随结构或构件变形失去抗力而自动卸载，因此应在被测构件下方安放护墩，以防被测构件突然坍塌。

5.3 液压加载法

液压加载是目前最常用的试验加载方法。它的最大优点是利用油压使液压千斤顶产生较大的荷载，试验操作安全、方便。带有脉动油泵的千斤顶还可对试件进行疲劳试验。对于大型结构试验，当要求荷载点数多时，采用多点同步加载更为合适。尤其是电液伺服技术在液压加载设备中得到广泛应用后，为结构静荷载试验的荷载和变形控制创造了有利条件。

1. 液压加载系统

液压加载系统通常是由油泵、油管系统、千斤顶、加载控制台、加载架和试验台座等组成，如图 5-5 所示。实际上，这就是一般的液压材料试验机，只是为了适合结构加载试验的要求，将试验机的加载油缸和活塞改成可移动的千斤顶，整个机架相应地改为试验台座和可移动的加载架。

液压千斤顶通常为加载而专门设计制造，具有较高的精度，分为手动和电动油泵供油两种（图 5-6）。工作压力一般在 40~100MPa 的范围内。加载时，为了保持荷载稳定，最好配置油路稳压器；否则，当结构产生较大变形时，很难保持所需要的荷载值。另外，从操作控制台出来的高压油经分油器后，可同时供给几个千斤顶使用，对结构各个加载点施加同步荷载。对于拉、压双作用千斤顶配置换向阀，可以在试验结构上施加往复循环荷载，或称低周反复荷载。

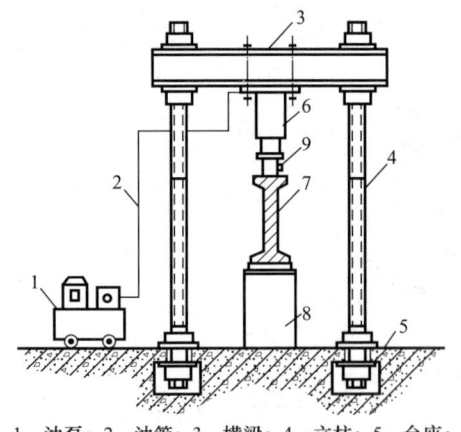

1—油泵；2—油管；3—横梁；4—立柱；5—台座；
6—千斤顶；7—试件；8—支墩；9—测力计

图 5-5 液压系统加载装置

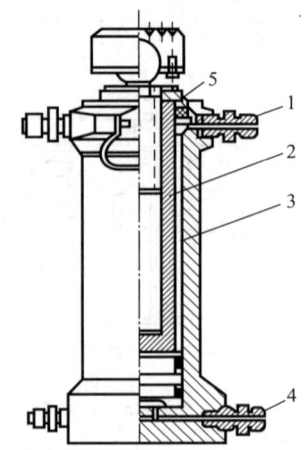

1—回程油管接头；2—活塞；3—油缸；4—高压油管接头；5—丝杆

图 5-6 液压加载千斤顶

试验台座在液压加载系统中通过加载架承受千斤顶的竖向反力，是每个试验室的基本设施，是整个加载系统中的重要组成部分。当对试验结构施加水平荷载时，还需要有与试验台座连成为整体的反力墙承受加载系统的水平反力。图 5-7 所示为一个大型结构试验室的试验台座和反力墙。由于试验台座和反力墙作为加载设备使用，必须专门设计，除保证有足够的承载力外，还须有足够大的刚度，而且要方便使用。目前，规模最大的试验台座承载力可达 1000kN/m 的拔出力。最大的反力墙高度为 12.4m，能承受的最大弯矩可达 12000kN·m。

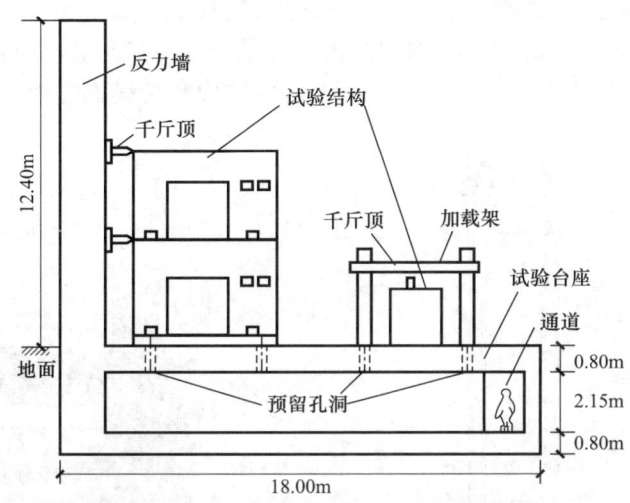

图 5-7 钢筋混凝土 L 形固定式反力墙与台座

由于结构各组成构件间相互影响的实际情况与理论分析不尽符合，要求对整体结构物进行试验研究已成为趋势。有了大型试验台座和反力墙，为大比例整体结构物试验研究提供了有利条件。

当试验规模较小时，可用一个刚度很大的钢梁代替试验台座（图 5-8a）。在工地现场试验时，通常采用重物来平衡千斤顶的反力（图 5-8b）。有的试件也可以采用卧位试验（图 5-8c），专门设计钢结构反力架，但在构件的下面专门设置滚动机构，克服试件重量产生的摩擦力影响。加载千斤顶亦可采用手动液压千斤顶。

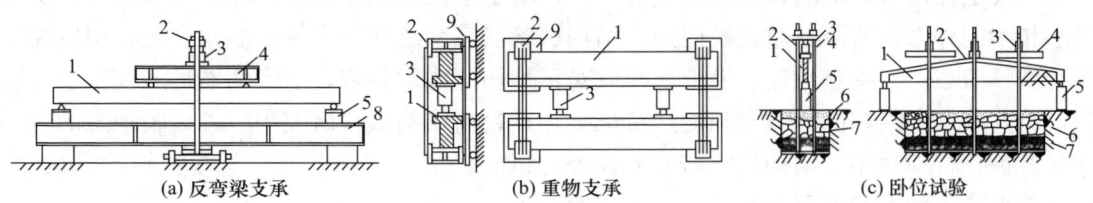

1—试件；2—承力架；3—加载器；4—分配梁；5—支墩；6—平衡重物；7—支承底板；8—反弯梁；9—滚动机构

图 5-8 非台座支承方式

2. 大型液压加载试验机

1) 长柱压力试验机

大型结构试验机本身就是一种比较完善的液压加载系统。它是在试验室内进行大型结构试验的一种专门设备，比较典型的是结构长柱试验机，如图 5-9 所示，用以进行梁、柱、墙板、砌体结构等的受压和受弯试验。这种设备的构造和加载原理与一般材料试验机相同。由于大型结构试验的需要，机架高度可达 10m 以上；加载值可达 10000kN 以上。国外目前最大的大型结构试验机，最大抗压加载值达到 30000kN，同时可进行最大跨度 30m 的结构抗弯试验，最大抗弯荷载 12000kN，最大抗拉荷载 10000kN。试验机高度达到 22.5m。试验机可以与计算机连接，实施程序控制操作和数据采集，试验机操作和数据处理能同时进行。

2）多功能液压加载试验机

这种液压加载试验机具有拉、压、剪三种试验加载功能，称为多功能试验机，如图 5-10 所示。最大压力达到 20000kN，最大水平力 2000kN。采用电液伺服控制系统加载，可以进行多种结构或构件试验，还适用于房屋结构和桥梁隔震橡胶支座试验。

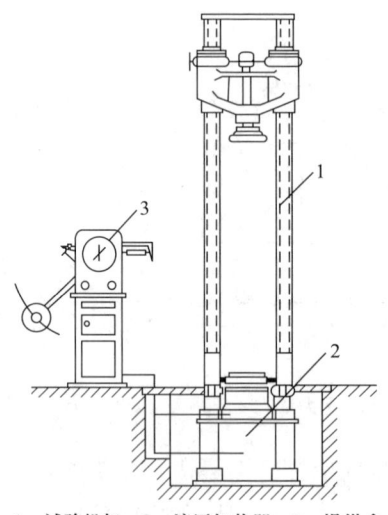

1—试验机架；2—液压加载器；3—操纵台

图 5-9　结构长柱试验机

图 5-10　多功能压剪试验机

3. 电液伺服液压系统

电液伺服加载设备是目前最先进的加载设备。电液伺服技术在 20 世纪 50 年代中后期，国外在程控机床和机器人制造业中率先研制应用，20 世纪 70 年代初期开始应用在材料试验机上，使材料试验技术获得重大进步。由于电液伺服技术可以较为精确地控制试件变形和作用外力，所以迅速地被应用在结构试验加载系统及地震模拟振动台上，用以模拟各种试验荷载，特别是地震、海浪等荷载对结构物的作用影响，对实物结构或模型进行加载试验，以研究结构的承载力和变形特征。它是目前结构试验研究中一种比较理想的试验加载设备，特别适用于结构抗震研究的伪静力试验、拟动力试验及地震模拟振动台试验，所以越来越受到人们的重视并获得广泛应用。

1）电液伺服加载系统的工作原理

电液伺服加载系统主要采用了电液伺服阀对油路进行闭环控制，因而可获得高精度的加载和位移控制。其主要组成是电液伺服加载器（或称伺服千斤顶，图 5-11）、控制系统和液压源三大部分（图 5-12）。它可以将荷载、位移等直接作为控制参数，实行自动控制，并在试验过程中进行控制参量的转换。电液伺服液压系统的基本闭环回路见图 5-13。其中的关键元件是电液伺服阀（图 5-14），它是由电信号指令到液压油运作的转换控制元件。所谓电液伺服闭环控制，就是在试验时以电参量（通常是指控制器发出的电压信号，其波形、频率和幅度的设定值由要求的荷载值和位移量来确定）通过伺服阀去控制高压油的流量，推动液压作动器执行元件（千斤顶的活塞）对试件施加荷载；另一方面，传感器检测出的加载试件的某一力学参量（位移、荷载、应变）经传感器转换后以电参量的方式作为反馈信号，在比较器中随时与设定的控制电参量进行比较，得出的差值信号经调整放大后控制电液伺服阀再推动液压作动器执行元件，使其向消除差值的方向动作。这种将执行元件动作的效果由传感器检测，并作为反馈信号送入比较器而形成的闭环回路可使执行元件的动作自动得到修正，使执行元件的动作与预先设定值保持一致。

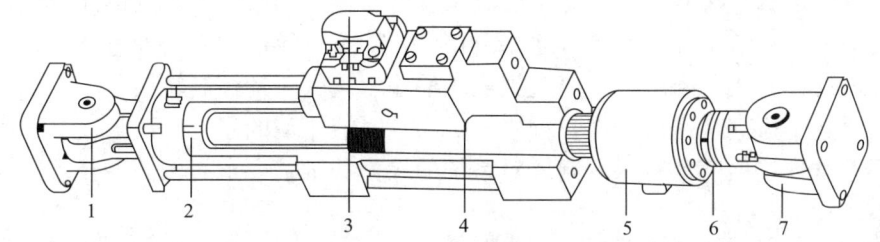

1—铰支基座；2—位移传感器；3—电液伺服阀；4—活塞杆；5—荷载传感器；6—螺旋垫圈；7—铰支接头

图 5-11 液压加载器构造示意图

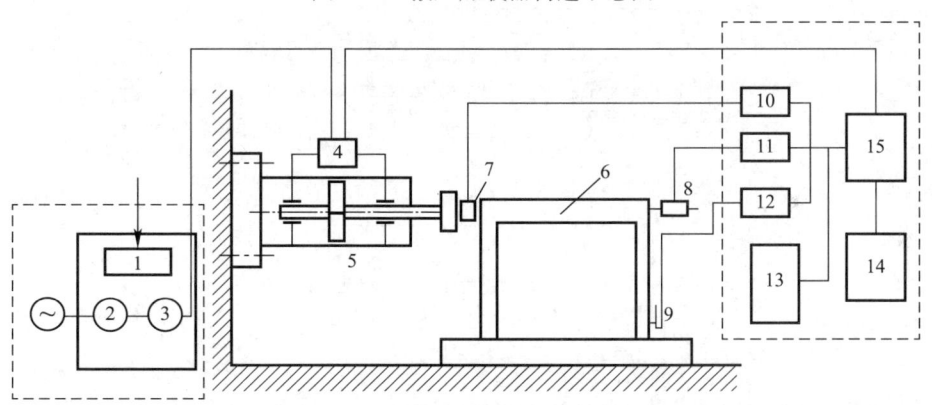

1—冷却器；2—电动机；3—高压油泵；4—电液伺服阀；5—液压加载器；6—试验结构；7—荷载传感器；
8—位移传感器；9—应变传感器；10—荷载调节器；11—位移调节器；12—应变调节器；
13—记录及显示装置；14—指令发生器；15—伺服控制器

图 5-12 电液伺服液压系统工作原理

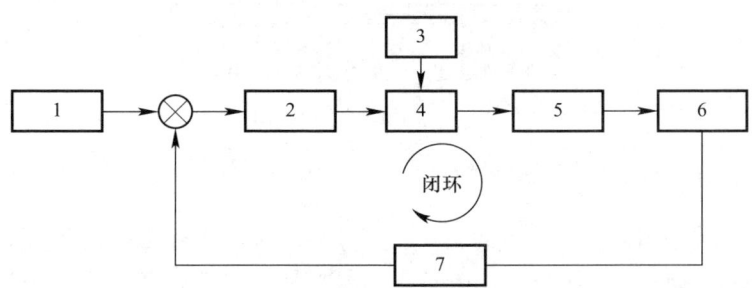

1—指令信号；2—调整放大系统；3—油源；4—伺服阀；5—加载器；
6—传感器；7—反馈系统图

图 5-13 电液伺服液压系统的基本闭环回路

2）电液伺服阀的工作原理

电液伺服阀是电液伺服加载系统中的核心元件，它直接安装于液压作动器上。其工作原理是：在电液伺服闭环回路中由设定值和反馈的电量差值经调整放大后，输入伺服阀的线圈中使带拨杆的磁铁产生偏转，关闭一侧的喷油孔（如图 5-14 所示的右侧喷油孔），高压油流向下面的滑阀。在高压油的推动下，滑阀移动，使执行元件的一个控制口（图 5-14 中的 C_2）和高压油管接通，执行元件的另一个控制口（图 5-14 中的 C_1）和回油管接通，此时执行元件（作动器）的活塞即向相应方向移动。与此同时，滑阀的移动带动拨杆的反馈弹簧片，使其产生恢复力。当恢复力和由电流输入引起的偏转力相等时，拨杆回到中心位置，滑阀不再移动。因此，滑阀的位置与输入伺服阀线圈的电流成正比，也就是与电信号输入设定信号和反馈信号之差成正比，即执行元件加载的油量与输入电流成正比。伺服阀就这样完成了由电信号指令到液压油输出量的闭环控制转换。

电液伺服阀是极其精密的元件，价格昂贵。它对液压油的型号和清洁度要求很高，不可随便乱用，对环境温度也有所限制，对系统的操作和维护要求有较高的技术。

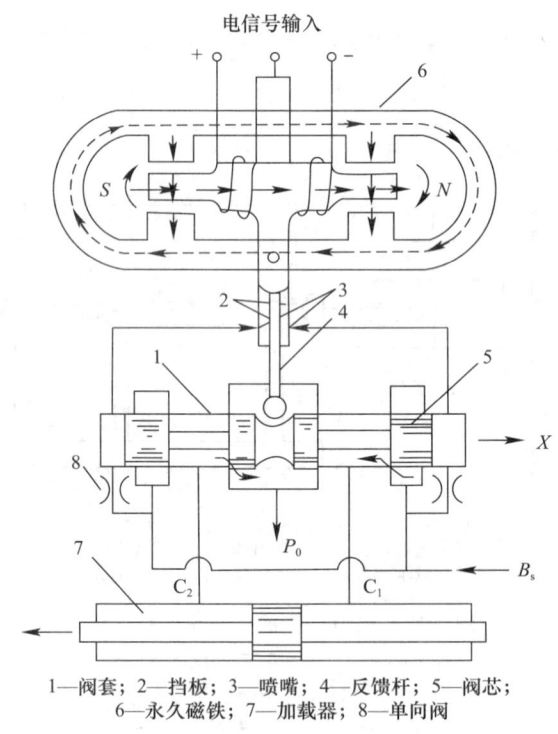

1—阀套；2—挡板；3—喷嘴；4—反馈杆；5—阀芯；
6—永久磁铁；7—加载器；8—单向阀

图 5-14 电液伺服阀原理图

3）控制系统

控制系统由液压控制器、电参量控制器、计算机和绘图仪四部分组成。其中，液压控制器主要控制液压源的启动和关闭；电参量信号控制器主要控制荷载、位移、应变等参量的转换，还有极限保护免开环失控等功能；绘图仪主要对试件的各阶段力－变形的变化规律实时直观显示；计算机主要对电信号控制器和绘图仪进行实时的自动控制。

5.4 地震模拟振动台（地震荷载模拟）

1. 模拟振动台试验的基本概念

为了深入研究结构在地震作用下的抗震性能，特别是在强地震作用下结构进入非弹性阶段的变形性能，20世纪70年代以来，国内外先后建成了一批大中型的地震模拟振动台（表5-1），在模拟振动台上进行结构物的地震模拟试验，以求得地震反应对结构的影响。

国内外部分模拟地震振动台的性能和技术参数　　表5-1

设施所属国家或单位	台面尺寸/m	台重/t	最大载重/t	频率范围/Hz	激振力/kN	最大振幅/mm	最大速度/(mm·s⁻¹)	最大加速度/g	激振方向
同济大学（上海）（1983）进口，1990年以后作了数字化技术改造	4×4	10	15	0.1~50	X:200×2 Y:135×2 Z:150×4	±100 ±50 ±50	1000 600 600	1.2 0.8 0.7	X、Y、Z
水电部北京水利科学研究所（1985）	5×5	25	20	0.1~120	—	X:±40 Y:±40 Z:±30	400 400 300	1.0 1.0 0.7	X、Y、Z
国家地震局工程力学研究所（1987）	5×5	20	30	0~50	X:250×2 Y:250×2	±30 ±30	600 600	1.0 1.0	X和Y
日本科学技术厅国立防灾科学技术中心（1970）	15×15	160	500	0~50	X:500 Z:200	±30 ±30	370 370	0.55 1.00	X和Z
日本建设省土木研究所（1980）	4×4	—	40	0~100	400	X:±100 Z:±50	500 200	1.0 1.0	X、Z
日本原子能工程试验中心（1983）	15×15	400	1000	0~30	X:30000 Z:33000	±200 ±100	750 375	1.8 0.9	X、Z
日本大成建设技术研究所（1984）	4×4	—	20	0~50	X:±200 Y:±200 Z:±100	1000 1000 500	1.0 1.0 1.0		X、Y、Z
日本科学技术厅国立防灾科学技术中心	6×6	25	75	0~50	100	X:±100 Y:±100 Z:±50	800 800 600	1.2 1.2 1.0	X、Y、Z
美国加利福尼亚大学，伯克利分校（1971）	6.1×6.1	45	45	0~50	X:225×3 Z:113×4	±152 ±51	635 254	0.67 0.22	X和Z
南京工业大学（2006年MTS）	3.36×4.86	10	15	0.1~50	250	X:±120	600	1.0	X
中国台湾地震工程研究中心	5×5	27	5	—	—	—	—	1.325	X、Y、Z
希腊国立科技大学	4×4	10	10	0.1~60	X:320 Y:320 Z:640	±100 ±100 ±100	900 600 800	1.5 1.1 1.8	X、Y、Z
东南大学（南京）（2008年MTS）	4×6	20	30	0.1~50	X:1000	±250	600	1.5	X
中国建筑科学研究院抗震研究所（2004）	6.1×6.1	37	60	0~50	—	±150 ±250 ±100	±1500 ±1200 ±800	1.5 1.0 0.8	X、Y、Z

地震模拟振动台是一种再现各种加速度的地震波直接输入振动台对结构进行动力加载试验的一种先进的抗震试验设备。其特点是具有自动加载控制和数据采集及数据处理功能,采用了计算机闭环伺服液压控制技术,并配合先进的振动测量仪器,使结构抗震试验水平提到了一个新的水平。

2. 地震模拟振动台的组成和工作原理

1) 振动台台体结构

振动台台面是有一定尺寸的平板结构,其尺寸的规模是由结构模型的最大尺寸来决定的。台体自重和台身结构与承载的试件重量及使用频率范围有关。一般振动台都采用钢结构,控制方便、经济而又能满足频率范围要求,模型质量和台身质量之比以不大于2为宜。

振动台必须安装在质量很大的基础上,基础的质量一般为可动部分质量或激振力的20倍以上,这样可以改善系统的高频特性,并可以减小对周围建筑和其他设备的影响。

2) 液压驱动和动力系统

液压驱动系统向振动台施加巨大的推力。振动台有单向(水平或垂直)、双向(水平-水平或水平-垂直)或三向(二向水平-垂直)运动,并在满足产生地面运动各项参数的要求下,各向加载器的推力取决于可动质量的大小和最大加速度的要求。目前,世界上已经建成的大中型的地震模拟振动台,基本是采用电液伺服系统来驱动。它在低频时能产生大推力,被广泛应用。

液压加载器上的电液伺服阀根据输入信号(周期波或地震波)控制进入加载器液压油的流量大小和方向,从而由加载器推动台面能在垂直轴或水平轴方向上产生相位受控的正弦运动或随机运动。

液压动力部分是一个巨大的液压功率源,能供给所需要的高压油流量,以满足巨大推力和台身运动速度的要求。现代建成的振动台中都配有大型蓄能器组,根据蓄能器容量的大小使瞬时流量可为平均流量的1~8倍,它能产生具有极大能量的短暂的突发力,以便模拟地震产生的扰动作用。

3) 控制系统

在目前运行的地震模拟振动台中有两种控制方法:一种纯属模拟控制;另一种为数字控制。

(1) 模拟控制方法有位移反馈控制和加速度信号输入控制两种。在单纯的位移反馈控制中,由于系统的阻力小,很容易产生不稳定现象,为此在系统中加入加速度反馈,增大系统阻尼从而保证系统稳定。在此同时,还可以加入速度反馈,以提高系统的反应性能,由此可以减少加速度波形的畸变。为了能使直接得到的强地震加速度记录推动振动台,在输入端可以通过二次积分,同时输入位移、速度和加速度三种信号进行控制。图5-15所示为地震模拟振动台加速度控制系统图。

(2) 数字控制方法是为了提高振动台控制精度,采用计算机进行数字迭代的补偿技术,实现台面地震波的再现。试验时,振动台台面输出的波形是期望再现某个地震记录或模拟设计的人工地震波。由于包括台面、试件在内的系统的非线性影响,在计算机给台面的输入信号激励下所得到的反应与输出的期望之间必然存在误差。这时,可由计算机将台面输出信号与系统本身的传递函数(频率响应)求得下一次驱动台面所需的补偿量和修正后的输入信号。经过多次迭代,直至台面输出反应信号与原始输入信号之间的误差小于预先给定的量值,完成迭代补偿并得到满意的期望地震波形。

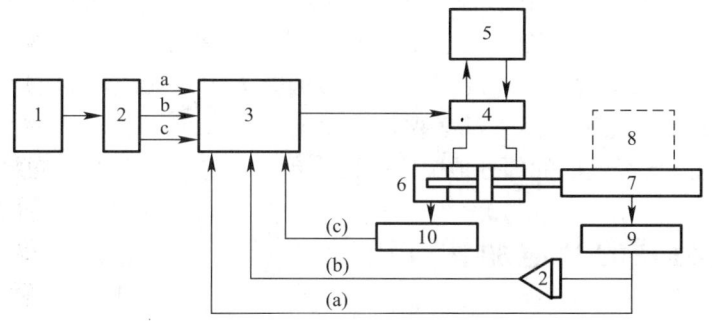

a、b、c—分别为加速度、速度、位移信号输入
1—加速度、位移输入;2—积分器;3—伺服放大器;4—伺服阀;5—油源;
6—加载器;7—振动台;8—试件;9—加速度传感器;10—位移传感器

图 5-15 地震模拟振动台加速度控制系统图

4) 测试和分析系统

测试系统除了对台身运动进行控制而测量位移、加速度等外,还要对被试模型进行多点测量,这是根据需要了解整个模型的反应而定,一般是测量位移、加速度和应变等,总通道数可达百余点。位移测量多数采用差动变压器式和电位计式的位移计,可测量模型相对于台面的位移或相对于基础的位移;加速度测量采用应变式加速度计、压电式加速度计,近年来也有采用差容式或伺服式加速度计。

对模型的破坏过程可采用摄像机进行记录,便于在电视屏幕上进行破坏过程的分析。数据的采集可以在直视式示波器或磁带记录器上将反应的时间历程记录下来,或经过模数转换送到数字计算机储存,并进行分析处理。

图 5-16 是一个水平和垂直双向振动地震模拟振动台的布置示意图。20 世纪 90 年代后期,振动台采用数控系统,相对比较简单。

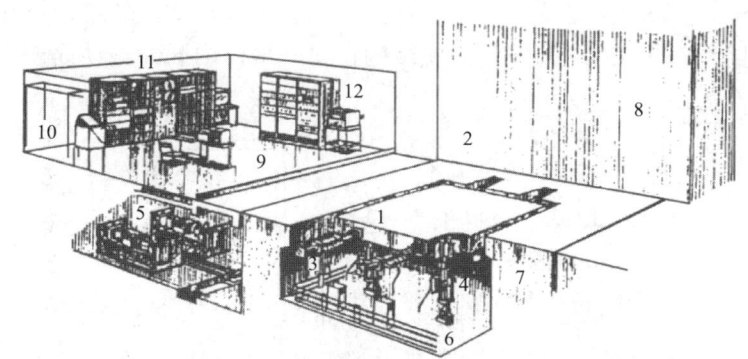

1—振动台;2—试件;3—水平加载器;4—垂直加载器;5—液压动力源;
6—液压管道;7—振动台基础;8—反力墙;9—控制室;10—测试系统;
11—数字控制与数据处理系统;12—电子控制系统

图 5-16 水平垂直双向地震模拟振动台布置示意图

振动台台面运动最基本的参数是位移、速度、加速度和使用频率。通常,按模型比例

及试验要求来确定台身满负荷时的最大加速度、速度和位移等数值。最大加速度和速度均需要按照模型相似原理来选取。

使用频率范围由所作试验模型的第一频率而定，一般各类结构的第一频率在 1~10Hz 范围内，故整个系统的频率范围应大于 10Hz。为考虑到高阶振型，频率上限当然越大越好，但这又受到驱动系统的限制，即当要求位移振幅大了，加载器的油柱共振频率下降，缩小了使用频率范围，故这些因素都必须权衡后确定。

表 5-1 为国内外已经建成的部分地震模拟振动台以及它们的主要性能指标，可供参考。

5.5 产生动荷载的其他加载方法

1. 惯性力加载法

在结构动力试验中，惯性力加载是利用物体质量在运动时产生的惯性力对结构施加动荷载。按产生惯性力的方法，通常分为冲击力和离心力两类。

1）冲击力加载

冲击力加载的特点是荷载作用时间极为短促，在它的作用下使被加载结构产生自由振动，适用于进行结构动力特性的试验。冲击力加载方法有初位移法和初速度法两种。

（1）初位移加载法

初位移加载法也称为张拉突卸法。如图 5-17(a) 所示，在结构上拉一钢丝缆绳，使结构变形而产生一个人为的初始强迫位移，然后突然释放，使结构在静力平衡位置附近做自由振动。在加载过程中，当拉力达到足够大时，事先连接在钢丝绳上的钢拉杆被拉断而形成突然卸载，通过调整拉杆的截面即可由不同的拉力而获得不同的初位移。

对于小模型，则可采用图 5-17(b) 的方法，使悬挂的重物通过钢丝对模型施加水平拉力，剪断钢丝造成突然卸荷。这种方法的优点是结构自振时荷载已不存在于结构，没有附加质量的影响。但仅适用于刚度不大的结构，才能以较小的荷载产生初始变位。为防止结构产生过大的变形，加荷的数量必须正确控制，经常是按所需的最大振幅计算求得。这种试验有个值得注意的问题是使用怎样的牵拉和释放方法，才能使结构仅在一个平面内产生振动，防止由于加载作用点的偏差而使结构在另一平面内同时振动而产生干扰。

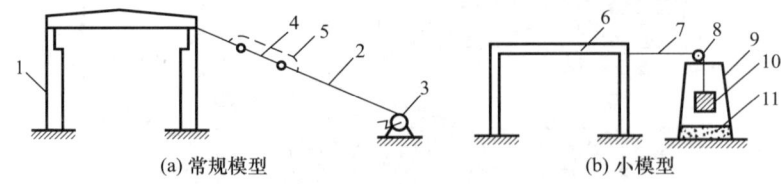

(a) 常规模型　　　　　　　　(b) 小模型

1—结构物；2—钢丝绳；3—绞车；4—钢拉杆；5—保护索；6—模型；
7—钢丝；8—滑轮；9—支架；10—重物；11—减振垫层

图 5-17　用张拉突卸法对结构施加冲击力荷载

（2）初速度加载法

初速度加载法也称突加荷载法。如图 5-18 所示，利用摆锤或落重的方法使结构在瞬时内受到水平或垂直的冲击，产生一个初速度，同时使结构获得所需的冲击荷载。这时，作用力的总持续时间应该比结构的有效振型的自振周期尽可能短些，这样引起的振动是整个初速度的函数,而不是力大小的函数。

当用如图 5-18(a) 所示的摆锤进行激振时,如果摆锤和建筑物有相同的自振周期,摆锤的运动就会使建筑物引起共振,产生自由振动。

使用图 5-18(b) 所示的方法时,荷载将附着于结构一起振动,并且落重的跳动又会影响结构自由振动,同时有可能使结构受到局部损伤。这时,冲击力的大小要按结构强度计算,不致使结构产生过度的应力和变形。

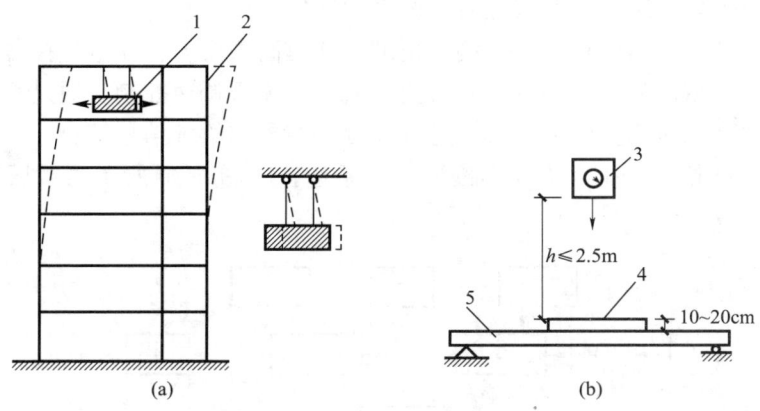

1—摆锤;2—结构;3—落重;4—砂垫层;5—试件

图 5-18 用摆锤或落重法施加冲击力荷载

用垂直落重冲击时,落重取结构自重的 0.1%(指试验对象跨间),落重高度 $h \leqslant 2.5m$。为防止重物回弹再次撞击和局部受损,拟在落点处铺设 10~20cm 的砂垫层。

2) 离心力加载

离心力加载是根据旋转质量产生的离心力对结构施加简谐振动荷载。其特点是运动具有周期性,作用力的大小和频率按一定规律变化,使结构产生强迫振动。

利用离心力加载的机械式激振器的原理如图 5-19 所示,一对偏心质量使它们按相反方向运转,通过离心力产生一定方向的激振力。

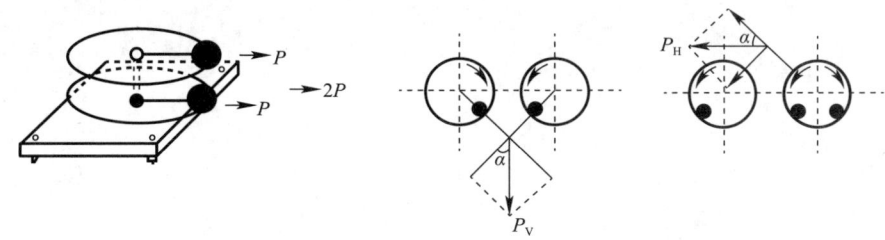

图 5-19 机械式激振器的原理图

使用时,将激振器底座固定在被测结构物上,由底座把激振力传递给结构,致使结构受到简谐变化激振力的作用。一般要求底座有足够的刚度,以保证激振力的传递效率。

激振器产生的激振力等于各旋转质量离心力的合力。改变质量或调整带动偏心质量运转电机的转速,即改变角速度 ω,可调整激振力的大小。通过改变偏心块的旋转半径 r,也可以改变离心力的大小。

激振器由机械和电控两部分组成。机械部分主要是由两个或多个偏心质量组成,对于小型的激振器,其偏心质量安装在圆形旋转轮上,调整偏心轮的位置,可形成垂直或水平的振动。近年来研制成功的大型同步激振器,在机械构造上采用双偏心重水平旋转式方案。偏心质量安装于扁平的扇形筐内,这样可使旋转时的质量更为集中,提高激振力,降低动力功率。

一般的机械式激振器工作频率范围较窄,大致在 50～60Hz 以下。由于激振力与转速的平方成正比,所以当工作频率很低时,激振力就较小。

为了改进一般激振器的稳定性和测速精度,并提高激振力,在电气控制部分采用单相可控硅,速度电流双闭环电路系统,对直流电机实行无级调速控制。通过测速发电机作速度反馈,通过自整角机产生角差信号,送往速度调节器与给定信号综合,以保证两台或多台激振器不但速度相同,而且角度亦按一定关系运行。图 5-20 所示为激振器电控原理的方框图。

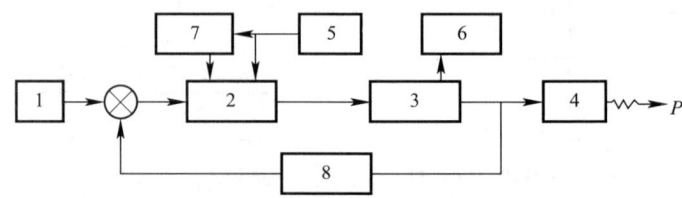

1—操作指令；2—电控装置；3—直流电动机；4—激振器；5—电源；
6—测速显示；7—电流反馈；8—速度反馈

图 5-20 激振器电控原理图

多台同步激振器使用时不但可提高激振力,而且可以扩大试验内容。如根据需要将激振器分别装置于结构物的特定位置上,可以激起结构物的某些高阶振型,给研究结构高频特性带来方便。如两台激振器反向同步激振,就可进行扭振试验。

当将激振器水平激振要求与刚性平台连接,就是最早期的机械式水平振动台。

第6章
静载试验

6.1 静载试验概述

在结构的直接作用中，起主导作用的是静力荷载，因此结构静载试验是土木工程结构试验中最基本、最常见的试验。静载试验主要用于模拟结构或构件在承受静力荷载作用下，通过专门测试仪器设备，观测和研究结构或构件的各种变形、内力变化及承载能力、刚度、抗裂性等基本性能和破坏机理。

土木工程结构由大量的基本构件组成，主要有承受拉、压、弯、剪、扭等基本作用力的梁、板、柱等系列构件。通过静力试验，可以深入地了解这些构件在各种基本作用下的结构性能、荷载与变形的关系、混凝土结构的荷载与裂缝的关系以及钢结构的局部或整体失稳等问题，也为编制各类结构设计规范进行试验研究。试验技术和试验方法已日趋成熟。

因此，静载检测是结构检测工作中一项最常见、最基本的工作。

6.2 试验前的准备

单调加载静力试验是静载检测中最常见的一种试验，其检测过程一般分为三个阶段：计划与准备阶段、加载与测试阶段、分析与评定阶段。试验前的准备包括试验规划和试验准备两方面的内容。在整个试验过程中，这两项工作时间长、工作量大，内容也最繁杂。准备工作的好坏直接影响试验结果。因此，每一阶段、每一细节都必须认真、周密地进行。具体内容包括以下几项。

1. 调查研究、收集资料

准备工作首先在试验前，调查研究，收集资料，明确目的，充分了解试验的任务和要求，规划试验流程，确定试验性质和规模，并规定试验形式、数量和种类，确保试验设计能实现试验目标。

生产性试验的调查研究主要涉及设计、施工和使用生产方收集资料。设计方面包括设计图纸、计算书和设计原始资料（包括工程地质资料、气象资料、生产工艺和材料出厂合格资料等）；施工方面包括施工日志、施工记录和隐蔽工程验收记录等；使用生产方主要包括使用过程、超载情况、事故记录等。科学研究性试验的调查研究主要是向有关科研单位、检索机构以及必要的设计和施工单位收集与本试验有关的历史（如国内外有无做过类似的试验、采用的方法及结果等）、现状（如已有哪些理论、假设和设计，施工技术水平及材料、技术状况等）和将来展望（如生产、生活和科学技术发展的趋势与要求等）。

2. 试验方案制定

试验方案制定是结构静载试验的一个关键环节，是在取得了调查研究成果的基础上，使试验有条不紊地进行。内容一般包括以下几项：

（1）概述：介绍调查研究、文献综述和已有的试验研究成果，明确试验的依据、目的、意义、标准以及试验的基本要求等，必要时还应包含理论分析及计算。

（2）试验场地的准备：包括根据试验内容进行试验场地的选定和布置。

（3）试件安装与就位：包括就位的形式（正位、卧位或反位）、支承装置、边界条件简化，保证试件稳定的措施，明确安装就位的方法及机具等。

（4）加载方案与设备：包括荷载种类及数量，加载设备装置，荷载图式及加载制度等。

（5）观测方案和内容：包括说明观测内容，测点布置，测量所用的仪器仪表的选择、标定、安装方法及性能指标，量测顺序以及补偿仪表的设置等。

（6）试验试件设计：包括设计依据、理论分析和计算，说明主要试验参数；给出试件的规格、数量及材料的基本力学性能指标；绘制试件制作施工图；有预埋传感元件的要给出技术要求；说明关键制作及安装工艺要求。对鉴定试验应阐明原设计、施工及使用情况等。

（7）辅助试验：包括结构试验所需辅助性试验，如材料物理力学性能的试验、某些探索性小试件或小模型、节点试验等。应阐明试验内容、试验目的、试验要求、试验种类、试验个数、试件尺寸、制作要求和试验方法等。

（8）试验进度计划：包括试验开始时间、中间过程及完成时间。

（9）试验组织管理：包括组织分工、任务落实、工作检查、指挥调度以及必要的交底和培训工作等。

（10）安全措施：包括人身、设备、仪器仪表及试验过程防护措施等方面的安全防护工作。

（11）附录：包括所需器材、仪表、设备、原材料总量、经费清单、观测记录表格、加载设备、量测仪表的率定结果报告和其他必要文件、规定等。

总之，整个试验的准备必须充分，规划必须细致、全面。每项工作及每个步骤必须十分明确。防止盲目追求试验次数多、仪表数量多、观测内容多和不切实际的提高量测精度等，以免给试验带来混乱和造成浪费，甚至使试验失效或发生安全事故。

3．试验准备

1）试验尺寸

结构试验所用的试件尺寸，分为原型和模型两大类。试件尺寸应根据试验目的和试验条件综合确定。一般鉴定性试验为避免尺寸效应，根据加载设备能力和试验经费情况，应尽量接近实体。但原型试件是足尺的，存在试验加载设备量程大、制作材料消耗多和搬运困难等问题，在进行研究性试验时一般采用模型试验。模型的尺寸应按照相似条件进行确定，有模型和原型结构满足相似条件，才能按相似条件由模型试验获得的试验结果推算到原型结构上去。

在静载试验中，合理地确定试件的尺寸非常重要。试件的尺寸太小，需要考虑尺寸效应，局部性的试件尺寸可取为原型的 $1/4 \sim 1$，整体性的结构试验试件尺寸可取为原型的 $1/10 \sim 1/2$。

2）试验数量

进行结构试验时，除了需要按照相似理论确定试件尺寸以外，试件数量的多少也直接关系能否达到试验要求以及整个试验的工作量问题。此外，试件数量的确定还需要考虑经费预算和时间期限等因素。试验数量按结构或材质的变异性与研究项目间的相关条件，按数理统计规律求得，宜少不宜多。

对于生产性试验，一般按照试验任务的要求有明确的试验对象。预制构件一般按照抽样检测的方法进行检验。对于混凝土结构，可以参考《混凝土结构工程施工质量验收规范》GB 50204—2015 中的相关规定确定试件数量。

对于科研性试验，当试验研究的影响参数较多（3个及3个以上）时，采用正交设计法可以在大幅度减少试件数量的同时满足试验目标要求。正交试验设计简称正交设计。它是利用正交表科学地安排与分析多因素试验的方法，是最常用的试验分析方法之一。

3）试验准备

试件准备包括试件的设计、制作、验收及有关测点的处理等。除生产鉴定性试验外，试验对象不一定就是研究任务中的具体结构或构件。根据试验的目的和要求可对试件进行设计与制作。在设计制作时应考虑到试件安装、固定及加载量测的需要，对试件作必要的构造处理。

试件制作工艺必须严格按照施工规范进行并做详细记录，按要求留足材料力学性能试验试件并及时编号。试验前，应对照设计图纸仔细检查试件，测量各部分实际尺寸、构造情况、施工质量、存在缺陷（如混凝土的蜂窝、麻面、裂纹，钢结构的焊缝缺陷、锈蚀等）、结构变形和安装质量，钢筋混凝土还应检查钢筋位置、保护层的厚度和钢筋的锈蚀情况等。这些情况都将对试验结果有重要影响，应做详细记录存档。检查、考察试件之后，尚应进行表面处理（例如，去除或修补一些有碍试验观测的缺陷，以及在钢筋混凝土表面刷白、分区画格等。刷白的目的是便于观测裂缝；分区画格则是为了荷载与测点准确定位、记录裂缝的发生和发展过程以及描述试件的破坏形态。观测裂缝的区格尺寸一般取5～20cm，必要时也可缩小）。此外，为方便操作，有些测点的布置和处理也应在这个阶段进行。

4. 试验设备与试验场地的准备

试验前，应对试验应用的加载设备和量测仪表进行检查、修整和率定，以保证达到试验要求。率定必须有报告，以供资料整理或使用过程中修正。试件进场前，试验场地应加以清理和安排，包括水、电、交通和清除不必要的杂物，集中安排好试验使用的物品。必要时应做场地平面设计，架设或准备好试验中的防风、防雨和防晒设施，避免对荷载和量测造成影响。现场试验的支承点地基承载力应经局部验算和处理，下沉量不宜太大，以保证结构作用力的正确传递和试验工作的顺利进行。

5. 试件安装就位

按照试验大纲的规定和试件设计要求，在各项准备工作就绪后即可将试件安装就位，保证试件在试验全过程都能按计划确定的条件工作。避免因安装错误而产生附加应力或出现安全事故，是安装就位的中心问题。

简支结构的两支点应在同一水平面上，高差不宜超过1/50的试件跨度。试件、支座、支墩和台座之间应密合稳固，为此常采用砂浆坐缝处理。

超静定结构包括四边支承和四角支承板的各支座应保持均匀接触，最好采用可调支座。若支座带有测支座反力的测力计，应调节至该支座应承受的试件重量为止，也可采用砂浆坐浆或湿砂调节。

卧位试验，试件应平放在水平滚轴或平车上，以减轻试验时试件水平位移的摩阻力，同时也防止试件发生侧向变形。

试件吊装时，平面结构应防止发生平面外弯曲、扭曲等变形；细长杆件的吊点应适当加密，避免弯曲过大；钢筋混凝土结构在吊装就位过程中，应保证不出现裂缝。尤其是抗裂试验结构，必要时应附加夹具，提高试件的刚度。

安装扭转试件时，应注意扭转中心与支座转动中心的一致，可用钢垫板等加垫调节。

嵌固支承时应上紧夹具，不得有任何松动或滑移的可能。

6. 加载设备和量测仪表安装

安装加载设备时，应根据加载设备的特点按照大纲设计要求进行。有的与试件就位同时进行，如支承机构；有的则在加载阶段加上许多加载设备。大多数是在试件就位后安装，要求安装固定牢靠，保证荷载模拟正确和试验安全。仪表安装位置按观测设计确定。安装后应及时把仪表号、测点号、位置和连接仪器上的通道号一并记入记录表中。调试过程中如有变更，记录亦应及时做相应改动，以防混淆。接触式仪表还应有保护措施，例如加带悬挂，以防振动时掉落损坏。

7. 试验控制特征值的计算

根据材料物理力学性能试验数据和设计计算图式计算出各个荷载阶段的荷载值和各特征部位的内力、变形值等，作为试验时控制与比较的依据。这是避免试验盲目性的一项重要工作，对试验与分析都具有重要意义。

6.3 静载试验加载和量测方案的确定

静载试验中使用的仪器、仪表和设备可分为加载设备、测试元件和仪表、放大仪和记录仪等仪器设备。试验中观测的物理量为力、位移、应变、温度、裂缝宽度与分布、破坏或失稳形态等。

1. 加载方案

加载方案的确定是一个比较复杂的问题，涉及很多技术因素，与试验性质和试验目的、试件的结构形式和大小、荷载的作用方式和选用加载设备的类型、加载制度的选择和要求以及试验经费等众多因素有关，必须综合考虑。通常在满足试验目的的前提下，应尽可能按试验方法标准中规定的技术要求进行，使确定的方案经济、合理，并且安全可靠。关于加载方法前面已有详细介绍，这里仅就加载程序和加载制度进行讨论。

试验加载程序是指试验进行期间荷载与时间的关系。加载程序可以有多种，应根据试验对象的类型和试验目的与要求不同而选择。一般结构静载试验的加载程序分为预载、标准荷载（正常使用荷载）和破坏荷载三个阶段，如图6-1所示。

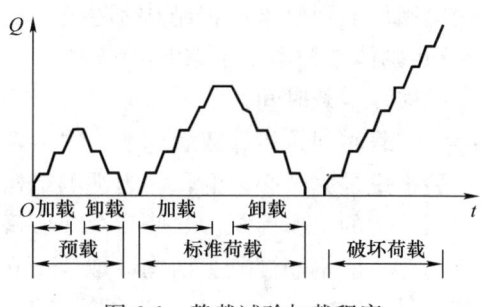

图6-1 静载试验加载程序

有的试验只需要加至正常使用荷载即可，试验后试件还可以继续使用，现场结构或构件的检验性试验多属此类。对于研究性试验，当加至标准荷载后，一般不卸载而须继续加载，直至试件进入破坏阶段。

加载制度的确定及分级加（卸）载的目的：一是控制加（卸）载速度，二是便于观察试验过程中结构的变形等情况，三是统一加载步骤。

1) 预载阶段

预载的目的：一是使试件的支承部位和加载部位接触良好，进入正常工作状态；二是检查全部试验装置的可靠性；三是检查全部观测仪表工作正常与否。总之，通过预载可以发现问题，以便做进一步的改进或调整，是试验前的一次预演。

预载一般分二～三级进行，预载值一般不宜超过标准荷载值的40%。对混凝土构件，预载值应小于计算开裂荷载值。

2）正式加载阶段

(1) 荷载分级

标准荷载之前，每级加载值宜为标准荷载的20%，一般分五级加至标准荷载；标准荷载以后，每级不宜大于标准荷载的10%。当荷载加至计算破坏荷载的90%以后，为了确定准确的破坏荷载值，每级应取不大于标准荷载的5%。对需要做抗裂检测的结构，加载至计算开裂荷载的90%后，应改为不大于标准荷载的5%施加，直至第一条裂缝出现。

对柱进行加载试验，一般按计算破坏荷载的1/15～1/10分级，接近开裂或破坏荷载时，应减至原来的1/3～1/2施加。

对不需要测变形的砌体抗压试验，按预期破坏荷载的10%分级，每级在1～1.5min内加完，恒载1～2min。加至预期破坏荷载的80%后，不分级直接加至破坏。

应当注意的是，当对试验结构同时施加水平荷载时，为保证每级荷载下的竖向荷载和水平荷载的比例不变，试验开始时首先应施加与试件自重成比例的水平荷载，然后再按规定的比例同步施加竖向荷载和水平荷载。

(2) 分级间隔时间

为了保证在分级荷载下所有量测内容的仪表读数准确和避免不必要的误差，要求不同结构在每级荷载加完后应有一定的级间停留时间，其目的是使结构在荷载作用下的变形得到充分发挥和达到基本稳定后再量测。为此，试验方法标准中规定，钢结构一般不少于10min，混凝土结构、砌体结构和木结构应不少于15min。

(3) 恒载时间

恒载时间是指结构在短期标准荷载作用下的持续时间。结构在标准荷载下的状态是结构的长期实际工作状态。为了尽量缩小短期试验荷载与实际长期荷载作用的差别，恒载时间应满足下列要求：钢结构不少于30min；钢筋混凝土结构不少于12h；木结构不少于24h；砌体结构不少于72h。

(4) 空载时间

空载时间是指卸载后到下一次重新开始加载之间的间隔时间。规定空载时间对研究性试验来说是完全必要的，因为观测结构经受荷载作用后的残余变形和变形的恢复情况均可说明结构的工作性能。要使残余变形得到恢复，需要有一定的空载时间。有关试验标准规定：对一般钢筋混凝土结构，取45min；较重要的结构构件和跨度大于12m的结构，取18h；钢结构，取30min。为了解变形的恢复过程，需要定期观测和记录变形值。

3）卸载阶段

卸载一般按加载级距进行，也可放大一倍或分两次卸完，视不同结构和不同试验要求而定。

2. 量测方案

制订试验量测方案时主要考虑以下三个问题：一是根据试验的目的和要求，确定观测项目，选择量测区段，布置测点位置；二是按照确定的量测项目，选择合适的仪表；三是确定试验观测方法。

1）确定观测项目

在确定观测项目时，首先应考虑结构的整体变形，因为整体变形最能概括结构工作的全貌，结构任何部位的异常变形或局部破坏都能在整体变形中得到反映。例如，通过对钢筋混凝土简支梁跨中控制截面弯矩与挠度曲线的量测（图 6-2），不仅可以知道结构刚度的变化，而且可以了解结构的开裂、屈服、极限承载能力和极限变形能力及其他性能，其挠度曲线的不正常发展还能反映结构的其他特殊情况。

对于一般生产鉴定性试验，也应量测结构的整体变形。在缺乏量测仪器的情况下，只测定最大挠度一项也能作出基本的定量分析。这说明结构变形测量是观测项目中必不可少的，也是最基本的。对曲率和转角变形的量测以及支座反力的量测，也是实测分析的重要观测项目。在超静定结构中应用较多，通过其量测值可以绘制结构的内力图。

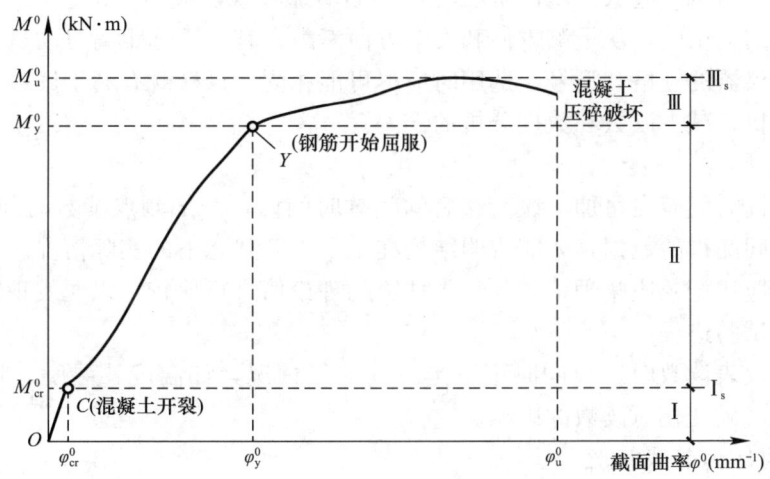

图 6-2　钢筋混凝土简支梁弯矩-挠度曲线

其次是局部变形量测。如钢筋混凝土结构的裂缝出现直接说明其抗裂性能，而控制截面上的应变大小和方向则可分析推断截面的应力状态，验证设计与计算方法是否合理正确。在破坏性试验中，实测应变又是推断和分析结构最大应力和极限承载力的主要指标。在结构处于弹塑性阶段时，实测应变、曲率或转角及位移也是判定结构工作状态和结构抗震性能的主要依据。

2）测点布置

对结构或构件进行内力和变形等各种参数的量测时，测点的选择和布置应遵循以下原则：

（1）在满足试验目的的前提下，测点宜少不宜多，简化试验内容，保证重点部位的测点。

（2）测点的位置必须有代表性，以便测取最关键的数据。

（3）为了保证量测数据的可靠性，在结构的对称部位应布置一定数量的校核点。这是因为在试验过程中，由于偶然因素会有部分仪器或仪表工作不正常或发生故障，直接影响量测数据的可靠性，因此不仅在需要量测的部位设置测点，也应在已知参数的位置上布置校核性测点，以便于判别量测数据的可靠程度。

（4）测点的布置应保证试验工作的安全、方便。特别是当控制部位的测点大多数处于比较危险的位置时，应妥善考虑安全措施。

3) 仪器选择

综合多方面因素，选择仪器时应考虑下列问题：

（1）选用的仪器仪表必须能满足试验所需要的精度和量程要求，尽可能方便测读。试验中若仪器量程不够，中途调整必然会增大量测误差，应尽量避免。

（2）现场试验。由于仪器所处环境条件复杂，影响因素较多，电测仪器的适应性不如机械式仪表，所以尽可能选用干扰少的机械式仪表。但是当测点较多时，机械式仪表却不如电测式仪表灵活、方便，选用时应作具体分析和技术比较。

（3）试验结构的变形与时间有关，测读时间应有一定限制，必须遵守有关试验方法标准的规定。尤其当试件进入弹塑性阶段时，变形增加较快，应尽可能选用自动记录仪表。对于某些大型结构试验，从量测方便和安全方面考虑，宜采用远距离自动量测仪表。

（4）量测仪器的规格和型号，选用时应尽可能相同。这样既有利于读数的方便性，又有利于数据分析，减少读数和数据分析的误差。

4) 测读原则

仪器的测读时间应在每加一级荷载后的间歇时间内，全部测点读数时间应基本相同。只有在同一时间测得的数据，才能说明结构在某一承载状态下的实际情况。对重要控制点的量测数据，应边记录边整理，并与预先估算的理论值进行比较，以便发现问题，查找原因，及时修正试验进程。

每次记录仪表读数时，应同时记下当时的天气情况，如温度、湿度、晴天或阴雨天等，以便发现气候变化对读数的影响。

3. 受弯构件的静载试验

1) 试验装置与加载方案

梁和板是土木工程中基本的受弯构件，在试验安装时多采用正位试验，其一端采用铰接支撑，另一端采用滚动支承。为了保证构件与支承面的紧密接触，通常在支墩与钢板、钢板与构件之间应用砂浆灌实。对于宽度较大的试件（如板构件），为了防止支承导致的翘曲，也可采用异位（卧位、反位）试验。当采用异位试验方法时，需要注意结构实际工作状态与试验状态不一致造成的影响，如构件自重产生的裂缝和变形等。

板承受均布荷载时可采用均布的重力荷载进行加载，同时注意避免因构件变形造成重物块起拱而改变构件的受力形式。当荷载较大时可以采用液压加载，采用多点集中荷载等效的方法，但应注意同步加载。

梁的试验荷载较大，通常采用液压加载。荷载布置应符合试验加载要求。当试验条件受限而采用等效荷载加载时，除应注意控制截面内力等效外，还应注意非控制截面的内力差异对试验结果产生的影响，同时加强非控制截面强度，以防止出现其他破坏形式。

在受弯构件试验中，经常利用几个集中荷载来代替均布荷载。图 6-3 所示为采用在跨度四分点加两个集中荷载的方式来代替均布荷载，并取试验梁的跨中弯矩等于设计弯矩时的荷载作为梁的试验荷载，这时支座截面的最大剪力也可以达到均布荷载梁的剪力设计数值。如能采用 4 个集中荷载来加载试验，则会得到更为理想的结果。采用上述等效荷载试验能较好地满足 M 与 V 值的等效，但试件的变形不一定满足等效条件，应考虑修正。

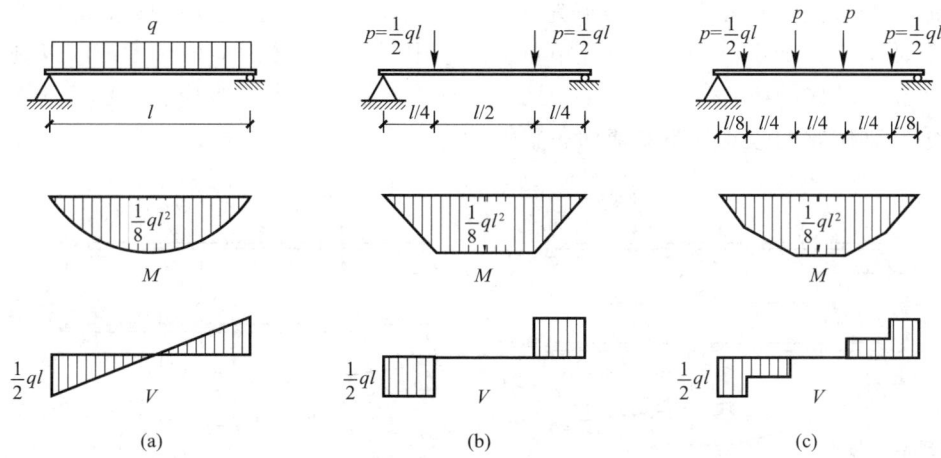

图 6-3　简支梁试验等效荷载加载图示

试件支座形式应符合实际边界条件。对于简支板和梁，应保证一边是固定铰支座，其余边是滚动铰支座，以使试验装置稳定和试件内不产生轴向力。

加载到标准荷载前一般分五级加载，每级荷载约为使用荷载的 20%；达到标准荷载之后每级荷载加密一倍，约为使用荷载的 10%；为了得到准确的开裂荷载或破坏荷载，在达到开裂荷载或破坏荷载的 90% 后，级距再加密，约为使用荷载的 5%。

加载设备吨位适当，以大于试验最大荷载的 20%~50% 为宜。对于破坏性试验，由于混凝土梁破坏前钢筋屈服，构件变形较大，所以选择和安放液压加载器时，应注意加载器量程，以免因量程不够而使试验无法继续。

2) 观测方案

观测项目根据试验目的确定。对于鉴定性试验，一般只测定构件的承载力和各级荷载作用下的挠度及裂缝开展情况；对于科研性试验，除上述观测项目外，通常还要观测截面应变大小和分布规律，有时还要测量截面曲率。

(1) 挠度的测量

梁的挠度值是量测数据中最主要的，是测定梁跨中最大挠度值 f 及弹性挠度曲线。

测量挠度通常用百分表，选用时要注意量程。挠度测量必须扣除支座影响，因此测量单向板和梁跨中最大挠度时，除在跨中布置沉降测点外，还应在支座处布置沉降测点，测点数目不得少于 3 个，如图 6-4 所示。测量悬臂式结构构件的最大挠度时，除在自由端布置沉降测点外，还应在固定端布置沉降测点和转角测点；测量变形曲线时，测点应布置在构件跨度方向的中点和 $L/4$ 处，包括支座变形在内，测点数目不宜少于 5 个。对于跨度大于 6m 的构件，测点数目还应适当增加。对宽度大于 600mm 的单向板和梁，同一截面挠度测点应布置 2~3 个，取其平均值作为该截面处挠度。对于双向板，挠度测点应沿两个跨度方向的跨中或挠度较大部位布置，且任意方向的测点数目包括支座测点在内，测量跨中最大挠度时不得少于 3 个，测量变形曲线时不宜少于 5 个。精度要求不高时，可以在试件上固定标尺，用水准仪测量。

(2) 应变的测量

梁、板弯曲应变的测量是主要测量内容之一，通常要测量正负弯矩控制截面和有突变处截面的应变（应力）分布规律及确定中性轴位置，因此应沿截面高度连续布置应变测点，测点数量不少于5个，测点可等距布置。采用不等距布置时应外密里疏，以测出较大的应变，获得较好的精度。图 6-5(a) 所示为测量梁截面最大纤维应变；图 6-5(b) 所示为测量中和轴位置的应变分布规律而布置的测点。

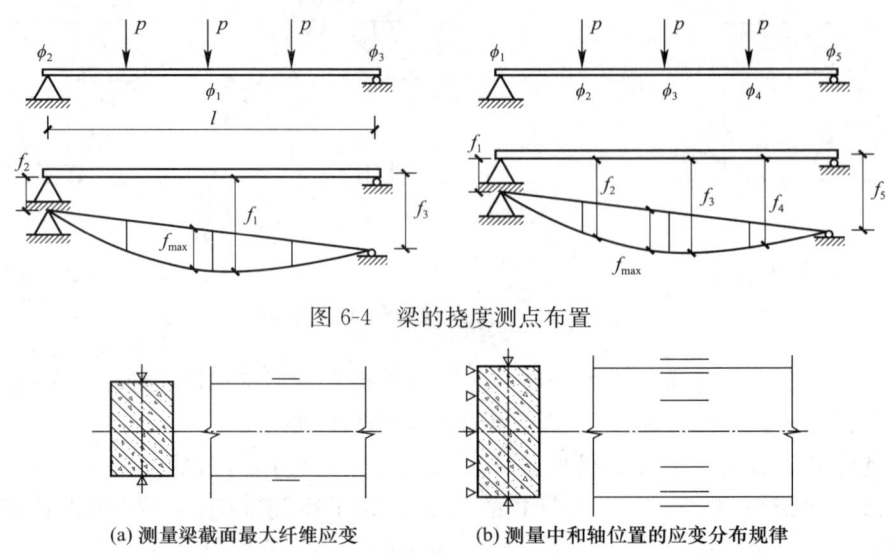

图 6-4 梁的挠度测点布置

(a) 测量梁截面最大纤维应变　　(b) 测量中和轴位置的应变分布规律

图 6-5 测量梁截面应变分布的测点布置

测量梁弯剪区混凝土的主应力（应变）时，可布置适当数量的应变片，并计算主应力的大小和方向，绘制主应力迹线图。

同时，为了校核试验的正确性及便于整理试验结果时进行误差修正，经常在梁的端部凸角上的零应力处设置少量测点，以检验整个量测过程是否正常。

图 6-6 所示为一钢筋混凝土梁测量应变的测点布置图，截面 1-1 为测量纯弯曲区域内正应力的单向应变测点；截面 2-2 为测量剪应力与主应力的应变网格测点；截面 3-3 为梁端零应力区校核测点。

（3）钢筋的应力测量

为探求钢筋混凝土梁板中钢筋的受力情况，需要在钢筋上布置应变测点。抗弯测量布置在控制截面受力主筋上，抗剪测量可布置在弯起钢筋和控制截面箍筋上，如图 6-7 所示。钢筋应变测量可在混凝土浇筑前贴电阻应变计，做好绝缘和防护处理后浇筑混凝土；也可以在浇筑混凝土时在测点处预留孔洞，露出钢筋，在试验前粘贴应变计或试验时用机械式应变测量仪表测量。

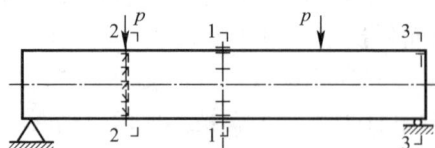

图 6-6 钢筋混凝土梁弯起钢筋和箍筋的应变测点

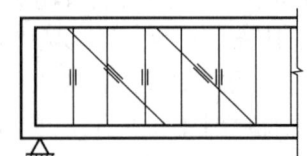

图 6-7 钢筋混凝土梁弯起钢筋和箍筋的应变测点图

测量构件曲率时,可在构件受拉一侧安放曲率计,混凝土构件出现裂缝后曲率计至少要跨过两条裂缝,以测量平均曲率。

(4) 裂缝的测量

开裂荷载测量的关键是及时发现第一条裂缝,因此应事先估计裂缝可能出现的区段。在加载过程中或间隔时间内发现第一条裂缝时,应按前一级荷载确定开裂荷载。由于混凝土抗拉强度离散性较大,事先不易确定裂缝的位置,因此可在梁板受拉边缘连续贴应变计或涂导电涂层等方法判断开裂时间。此外,也可用荷载-挠度曲线判别法判断开裂时刻,以荷载-挠度曲线的斜率首次发生突变时的荷载值为开裂荷载。

测量最大裂缝宽度时,可选 3 条目测最大裂缝测量其宽度,取其中最大值作为最大裂缝宽度。弯曲垂直裂缝宽度应在结构构件的侧面相应于主筋高度处测量,弯剪斜裂缝的宽度应在斜裂缝与箍筋交会处或斜裂缝与弯起钢筋交会处测量。

构件开裂后应立即对裂缝的发生和发展情况进行详细观测,用测量仪器确定各级荷载作用下的主要裂缝宽度、长度、位置、走向、裂缝间距和正常使用荷载作用下的最大裂缝宽度。试验后绘出裂缝展开图,统计出平均裂缝宽度和平均裂缝间距。

当裂缝肉眼可见时,其宽度可用最小刻度为 0.01mm 及 0.05mm 的读数放大镜测量。

3) 安装就位

试件安装就位时,必须注意使构件、加载设备及测量仪表位置准确、方向正确,应避免安装倾斜;否则,将会引起荷载、测量误差,还可能造成安全事故。对于破坏性试验,应事先估计破坏形态,注意加强安全防范措施。

4. 柱的静载试验

土木工程中最重要的承重构件就是柱子,而在实际工程中大多数柱子属于偏心受压构件。

1) 试验装置与加载方案

柱静载试验可采用正位或卧位方案,当采用大型结构试验机时,可在长柱试验机上进行试验,也可以利用静力试验台座上的大型荷载支承设备和液压加载系统配合进行试验。对于安装和观测难度较大的高大的柱子,通常采用卧位试验方案比较安全,但安装就位和加载装置比较复杂,构件的自重也会影响卧位试验结果。对于长细比较大的柱子,重力二阶效应明显,故常用于短柱试验。

柱试验支座通常采用刀口铰支座,以减小支座与柱端的转动摩擦和避免加载过程中受力位置的改变。轴心受压采用双刀口铰支座,偏心受压采用单刀口铰支座。

柱一般按估算破坏荷载的 1/15~1/10 分级加载,接近开裂荷载及破坏荷载时,级距加密至原分级的 1/2 甚至更小。

2) 观测方案

通常情况下,需要观测柱的破坏荷载、各级荷载下的侧向挠度值及变形曲线、控制截面处的应力变化规律以及裂缝开展情况。

试件的挠度采用布置在受拉边的百分表或挠度计进行量测。与受弯构件相似,除了量测中点最大的挠度值外,可用侧向五点布置法量测挠度曲线。对于正位试验的长柱,它的侧移也可用经纬仪观测。

在布置受压区侧面的应变测点时,一般沿该侧面的对称轴线单排布点,或在该侧面的边缘对称布置双排测点。为验证构件平截面变形的性质,通常可沿截面高度布置 5~7 个应变测点。受拉区钢筋应变同样可以用内部电测方法进行。图 6-8 所示为钢筋混凝土柱的测点布置图。

3）安装就位

为保证加载准确，构件端部约束条件及安装时偏心距的准确性要满足相应要求。

安装轴心受压柱时须先将构件进行几何对中。构件在几何对中后再进行物理对中，即加载达试验荷载的 20%～40%时，测量构件中央截面两侧或 4 个面的应变，并调整作用力的轴线，直到各点应变均匀为止。在构件物理对中后即可进行加载试验。对于偏压试件，也应在物理对中后沿加力中线量出偏心距离，再把加载点移至偏心距的位置上进行试验。对钢筋混凝土结构，由于材质的不均匀性，物理对中一般难以实现，因此实际试验中仅需要保证几何对中即可。

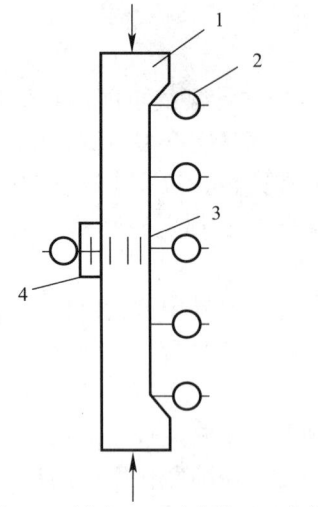

1—试件；2—百分表；3—应变计；4—曲率计

图 6-8　钢筋混凝土柱的测点布置

6.4　数据采集与整理

试验所得到的数据包含着丰富的结构工作信息，只有对试验数据进行计算、表达和分析，找出结构工作的规律，才能对结构工作性能进行评定。试验结果的计算、表达和分析过程，就是资料整理过程。

1. 试验原始资料的整理

静载试验的资料包括：

（1）试验对象的试验记录、图例、现场照片；

（2）试验大纲、材料力学性能试验结果；

（3）仪表的测读数据记录及裂缝记录图；

（4）试验情况记录；

（5）破坏形态描述、图例、现场照片。

试验记录应保持完整性、科学性和严肃性，不得随意更改。

为方便观察、分析规律，试验测读数据应列表计算，算出每个测点在各级荷载下的递增值和累计值，多测点时还要算出平均值。对于最大变形、最大应变等控制性数据，应在现场及时整理、通报，以便指导下一步的试验。

整理资料时，对于异常数据应进行判断，判断其是否是仪器故障或安装不当造成的，如果是，则舍去；如果分析不出原因，则应根据统计学的偶然误差理论来处理这些异常数据。异常数据有时包含着人们尚未认识的客观规律，绝不能轻易舍弃。

2. 试验结果的表达

为了方便分析，试验数据常用表格、图像或函数表达。同一组数据可以同时用这 3 种方法表达，目的就是为了使分析简单、直观。建立函数关系的方法主要有回归分析、系统识别等方法，这里介绍最常用、直观的表格和图像方法。

1) 表格

表格是最基本的数据表达方法，无论绘制图像还是建立函数表达式，都需要数据表。表格分为汇总表格和关系表格两大类。汇总表格把试验结果中的主要内容或试验中的某些重要数据汇集于一个表格中，起着类似于摘要和结论的作用，表中的行与行、列与列之间没有必然的关系；关系表格是把相互有关的数据按一定的格式列于表中，表中的行与行、列与列之间有一定的关系，它的作用是使有一定关系的若干变量的数据更加清楚地表示出变量之间的关系和规律。

表格的形式不拘一格，关键在于完整、清楚地显示数据内容。对于工程检测试验记录表格，表格内容除了记录数据外，还应包括工程名称、委托单位、检测单位、检测日期、气象环境条件、仪器名称、仪器编号及试验、测读、记录、校核、项目负责人的签字等内容。

2) 图像

表格的直观性不强，试验数据经常用图像表达，图像表达方式有曲线图、形态图、直方图和馅饼图等。试验中常用曲线图表达数据关系，用形态图表达试件破坏形态和裂缝扩展形态。

（1）曲线图

对于定性分析和整体分析来说，曲线图是最合适的表达方法，它可以直观地反映数据的最大值、最小值、走势和转折。

① 坐标的选择与试验曲线的绘制。选择适当的坐标系、坐标参数和坐标比例，有时对于反映数据规律是相当重要的。

试验分析中常用直角坐标反映试验参数间的关系。直角坐标系只能反映两个变量间的关系。有时会遇到变量不止两个的情况，这时可采用"无量纲变量"作为坐标来表达。例如，为了验证钢筋混凝土矩形单筋梁的截面承载力公式

$$M_u = A_s \sigma_s \left(h_0 - \frac{A_s \sigma_s}{2 b \alpha_1 f_c} \right)$$

需要进行大量的试验研究，而每一个试件的配筋率 $\rho = \dfrac{A_s}{bh_0}$、混凝土强度等级 f_{cu}、截面形状和尺寸 bh_0 都有差别。若将每一试件的实测极限弯矩 M_u^0 和计算极限弯矩 M_u^c 逐一比较，就无法用曲线表示。但若将纵坐标改为无量纲用 $\dfrac{M_u^0}{M_u^c}$ 来表示，横坐标分别以 ρ 和 f_{cu} 表示，则即使截面相差较大的梁，也能反映其共同的规律。图6-9说明，当配筋率超过某一临界值或混凝土等级低于某一临界值时，则按上述公式算得的极限弯矩将偏于不安全。

上面的例子告诉我们，如何组合试验参数作为坐标轴，应根据分析目标而定，同时还要有专业的知识并仔细琢磨。

不同的坐标比例和坐标原点会使曲线变形、平移，应选择适当的坐标比例和坐标原点使曲线特征突出并占满整个坐标系。

绘制曲线时，运用回归分析的基本概念，使曲线通过较多的试验点，并使曲线两旁的试验点大致相等。

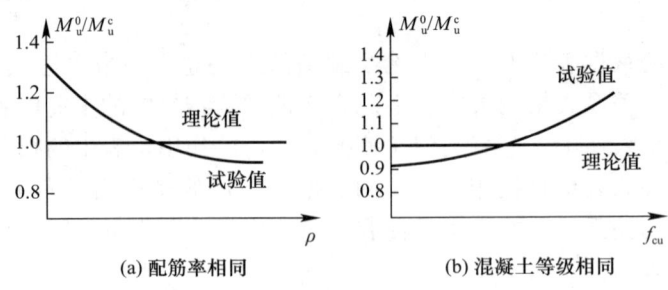

图 6-9　钢筋混凝土梁弯起钢筋和箍筋的应变测点

② 常用的试验曲线有荷载-变形、荷载-应变、荷载-应力曲线等。

荷载变形曲线有很多，诸如结构或构件的整体变形曲线；控制点或最大挠度点的荷载变形曲线；截面的荷载变形（转角）曲线；铰支座与滚动支座的荷载侧移曲线；变形时间曲线、反复荷载作用下的结构构件的延性曲线；滞回曲线等。

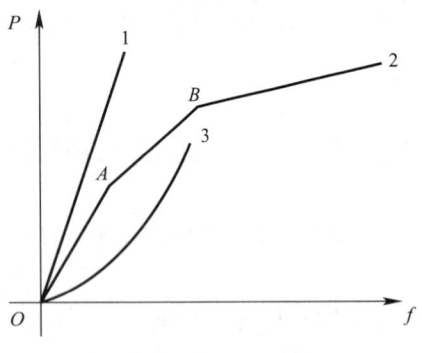

图 6-10　荷载变形曲线特征

图 6-10 是三条荷载挠度曲线。曲线 1 及曲线 2 的 OA 段说明结构处于弹性状态。曲线 2 整体表现出结构的弹性和弹塑性性质，这是钢筋混凝土结构的典型现象。

钢筋混凝土结构由于结构裂缝、钢筋屈服会在曲线上先后出现两个转折点。结构变形曲线反映出的这种特性可以在整体挠曲曲线和支座侧移曲线中得到验证。对于加载过程，曲线 3 属于反常现象，说明试验存在问题。

荷载变形曲线可以反映出结构工作的弹塑性性质；反复荷载下的结构延性曲线可以反映出结构软化性质；滞回曲线可以反映出结构的恢复力性质；变形时间曲线可以反映出结构长期工作性能；等等。这些曲线还包含了什么信息、反映了结构工作的什么问题、什么时候需要绘制，可以从相关专业知识得以了解。

（2）形态图

试验过程中，应在构件上按裂缝展开面和主侧面绘出其开展过程并注上出现裂缝的荷载值及宽度、长度，直至破坏。待试验结束后，用照相或用坐标纸按比例做描绘记录。

此外，结构破坏形态、截面应变图都可以采用绘图的方式记录。

除上述的试验曲线和图形外，根据试验研究的结构类型、荷载性质、变形特点等，还可以绘出一些其他结构特性曲线，如超静定结构的荷载反力曲线、节点局部变形曲线、节点主应力轨迹图等。

第7章
动载试验

结构动载试验目的是通过加载设备，使得结构产生试验规定的运动状态。通常，结构动载试验时施加的荷载类别分两类：一类为实际工作动荷载，如动力机器运转、风浪、地震、风荷载作用等施加在结构上的动荷载，此类荷载为结构服役期间所承受的真实动力荷载。通过此类荷载作用，可获得结构真实的动力工作状态。但有时受条件或试验目的限制，如地震荷载作用，基于试验观测目的和其他因素，其发生时间和过程无法控制，试验数据和现象的取得非常困难。另一类为通过激振设备加载模拟实际荷载的方法；对于实际动力荷载无法获得、无法控制或其他因素限制，则需要通过人工模拟和控制荷载。如结构动力性能试验，通过人工模拟和控制动力荷载，能够突出结构自振频率、阻尼及频响特性等动力参数；通过人工模拟动力荷载，可以消除试验过程中由荷载引起的一些偶然因素的影响。

本章内容主要包括动载试验的准备与现场组织、激振方法与设备、动载试验的方法与程序和数据采集与整理。

7.1 动载试验的准备与现场组织

试验准备阶段是桥梁荷载试验顺利进行的前提和保障，应按照试验方案进行准备工作，其工作包括：

（1）收集桥梁设计文件、施工记录、监理记录、原试验资料、桥梁养护与维修记录等桥梁技术资料。

（2）检查桥梁现状，如桥面系、承重结构构件、支座、基础等部位的表观状况。

（3）检查计算设计荷载和试验拟加荷载作用下理论内力，按实际荷载和截面尺寸预先算出应力、位移、结构自振频率等，以便及时与实测值进行比较。

（4）制定加载和量测方案，选用仪器仪表。

（5）搭设工作脚手架、设置测量仪表支架、测点放样及表面处理、布置测试元件、安装调试测量仪器仪表等。

1. 试验总体领导管理组织

为使试验顺利进行并达到预期目的，应成立试验总体领导管理组织，统一部署、组织和领导整个试验工作。试验总体组织者必须熟悉桥梁荷载试验工作，并具有与试验相关的知识。特别是大型复杂的公路桥梁试验，环节繁多、情况多变，必须精心安排、一丝不苟，做好应对措施。在进行试验组织时，必须做好以下几个方面的工作：

明确试验目的。首先了解本次桥梁动荷载试验要达到的目的以及各项具体要求。如果提出试验要求的不是试验组织者本人，则试验组织者有必要与提出试验要求的人进行讨论，询问提出各项试验要求的前提与背景、通过荷载试验要解决的问题，然后再将试验目标确定下来，最好要能分清各项目的主次。试验时万一不能兼顾各项目标时，可以放弃次要目标而保证完成主要任务。

阅读有关文献。明确试验目的后，应阅读与试验有关的文献资料，包括阅读类似试验的试验报告或情况介绍，弄清可借鉴与改进之处等。

收集设计、计算资料。如果公路桥梁荷载试验对象具有实际工程背景，在组织试验时要向有关部门收集与试验有关的设计资料，以便对试验对象有透彻的了解。

拟定试验方法。在以上几步工作的基础上，可拟定试验方法。拟定试验方法主要是根据试验目的和客观条件，确定动力试验的激振方法，选择合适的测试仪器和观察方法，确定试验程序。

桥梁荷载试验的理论分析和验算。试验前，应模拟试验状态进行必要的分析计算，以便对试验结果有初步的估计。

测试仪器设备的准备和试验人员的组织。在确定了试验方法以后，就可着手测试仪器设备的准备和试验人员的组织。为了保证试验的顺利进行，仪器的规格、数量、测试精度等都应检查或调试，都要能满足试验的要求。对于使用数量大、容易损坏的仪器，还应有一定数量的备件。

对于规模较大的试验，通常需要较多的测试人员，单靠某一个单位的专业测试人员往往是不够的，还需要几个单位的测试人员通力合作；此外，还可能需要非专业测试人员的协助，试验前应做好所有参加试验人员的组织与协调工作。

2. 试验方案的制订

在完成试验组织的基础上，还应制订出详细的试验方案以便照此执行。桥梁荷载试验是一项复杂而细致的工作，应在桥梁检查和验算的基础上确定试验项目。仔细考虑试验的全过程、预计可能出现的问题及其处理方法，以保证所定试验方案的切实可行和试验工作的顺利进行。

3. 动载试验的准备工作

1) 动载试验的项目确定

桥梁结构动载试验的主要项目有：测定桥梁的动力性能，如自振频率、固有振型和阻尼特性等；测定动荷载本身动力特性，如动力荷载的大小、方向、频率及作用规律等；测定桥梁结构在动力荷载下的强迫振动响应，如振幅、动应力（挠度）、冲击系数等。

2) 试验前现场准备工作

(1) 应对所携带的仪器仪表、传感器等进行全面的检查与标定，确保仪器仪表状态良好。此外，要在距离测试部位适当的地方搭设帐篷，以供操作仪器使用；还要接通电源，安装照明设备，检查通信设备的状态等。

(2) 按照试验方案所定的传感器布设位置进行放样定位，布置测试导线，采用合适的方法将传感器固定在被测对象上。此外，根据被测结构的动力特性，确定"跳车试验"进行的位置，并做出标记。

(3) 对于运营中的桥梁，试验准备工作要注意传感器、测试导线的防护，试验开始前应封闭交通，禁止闲杂人员和非试验用车辆进入。

(4) 建立试验领导组织，进行人员分工安排。根据试验的实际情况，一般设指挥一人、试验车辆导引员一人、测试人员数人。配备相应的通信联络工具或明确联络方式，以便统一指挥、统一行动。

(5) 正式试验前要进行预测试，以检查仪器、仪表、测量线路的工作状态，确定测量放大器的放大系数。

3) 动载测试中应特别注意的问题

(1) 动态测试仪器，由于存在频响、阻抗匹配及相位等问题，应至少保证一年整机标定一次。在振动台等条件具备的情况下，则最好是在测试前后各标定一次，以便取得准确的响应；标定内容至少应有频响特性、幅值线性两项试验，并绘成图形。

（2）每次动态测试前，应进行现场的灵敏度对比和相位一致性试验。

（3）振动测量，应尽量测定位移（动位移）值和加速度值。前者反映刚度，后者反映动荷载。因此，尽量采用位移传感器和加速度传感器，尽量少用微积分线路（尤其避免二次微积分），以提高测定值的精度。

（4）振动测量，应包括三维空间值，即桥轴水平向、横桥水平向和横桥垂直向，在记录与分析中亦应明确标明；工况记录要详细、准确。

正式测试前，项目负责人应检查无载状态下应变仪各测点的零状态是否良好，其变化不应超过 $\pm 5\mu\varepsilon$。

7.2 激振方法与设备

每个结构都有其自身的动力特性，动力特性是结构物自身所固有的一种属性。它取决于结构的组成形式，如材料性质、刚度、质量大小及其分布情况等。它与外荷载无关。当结构确定后，其自振特性也就随之确定下来。结构自振特性主要包括三个参数：自振频率、阻尼和振型。

1. 动载试验的激振方法

在进行桥梁动载试验时，首先要设法使桥梁产生一定的振动，然后应用测振仪器进行测试与记录，通过对记录的振动信号分析得到桥梁的动力特性和响应。用于桥梁动载试验的激振方法很多，如自振法、强迫振动法、脉动法等，选用时应根据桥梁的类型和刚度进行选择，以简单易行、便于测试为原则。通常，多将上述一种或两种方法结合起来，以便全面把握桥梁结构的动力特性。

1）自由振动法

自由振动法即借助外荷载使结构产生一初位移（或初速度），使结构由于弹性而自由振动起来，由此记录下它的振动波形，从而得到自振特性。自由振动法可分为突然加载法和突然卸载法。

（1）突然加载法

突然加载法可分为垂直加载和水平加载两类。

① 垂直加载：将重物提高到一定的高度，通过脱钩或断绳索的方法使重物自由落体到结构或构件上，也可用打桩设备施加一冲击荷载使结构或构件产生一初速度而自由振动起来。其优点是可以用一较小的冲击力产生一较大的幅值；其缺点是重物落下后，不可随结构或构件上下一起跳动。若重物较重，附加在结构或构件上，可能会成为附加质量而影响结构自振特性的测定。故一般要求重物的质量不大于试验跨度内结构或构件自重的 0.1%。再者，为防止重物在结构上弹跳或砸损结构或构件，须在结构或构件上垫 $10\sim20\mathrm{cm}$ 砂垫层，并规定落物高度在 2.5m 以下（图 7-1）。

② 水平加载：它是针对质量和刚度不是很大的结构或构件而言的，可采用撞击使其自由振动起来（图 7-2）。

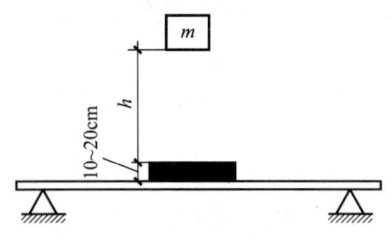

图 7-1 垂直自由落体突然加载法

最简单的方法即是利用重锤敲击结构或构件。如空框架，可在其顶部敲击（图7-3）。

图7-2 水平撞击式突然加载法　　　　图7-3 重锤敲击法

对于中、小型桥梁结构，可用落锤激振器（或枕木）垂直地冲击桥梁，激起桥梁竖直方向的自由振动。如果水平方向冲击桥面缘石，则可激起横向振动。

(2) 突然卸载法

突然卸载法是在结构上预先施加一个作用荷载使结构产生一个初位移，然后突然卸去荷载，使其产生自由振动。为卸落荷载可通过自动脱钩装置或剪断绳索等方法，有时也专门设计断裂装置。即当预施加力达到一定数值时，在绳索中间的断裂装置便突然断裂，由此激发结构的振动。它的优点是不在结构上产生附加质量，因此对测试数据不需要作质量修正；同时，可根据实际需要激起桥梁结构任何方向的振动。但此类方法仅能应用于中小桥梁或结构刚度较小的桥，如钢桁架桥等。图7-4示出了卸载法的激振装置。一般来说，突然卸载法的荷载大小，要根据振动测试系统所需要的最小振幅计算求出。

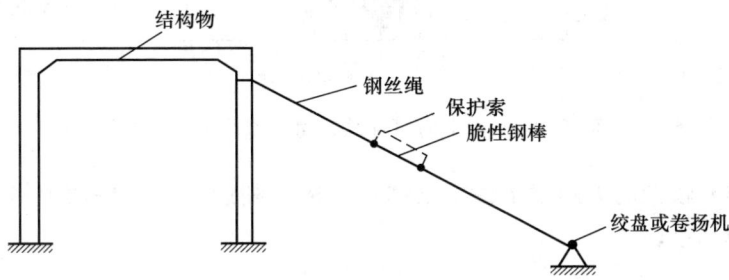

图7-4 突然卸载法试验装置

2) 共振法

共振法即利用专门的激振装置对结构施加一简谐荷载，使结构产生一恒定的强迫简谐振动，借助共振原理来得到结构自振特性的方法。

该方法由激振器产生稳态简谐振动，使被测建筑物发生周期性强迫振动，当激振器的频率由低到高（扫频）时，即可得到一组振幅-频率（A-f）的关系曲线。

强迫振动频率可在激振设备的信号发生器上调节并读取，或由专门的测速、测频仪读取。振幅A由安装在被测结构上的拾振器传感，由测振仪器系统记录。当强迫振动频率与结构自振频率相同时即发生共振。若结构为多自由度体系，则会对应每一阶振型出现多个峰值（图7-5），即第一频率（即基本频率，简称基频）、第二频率、第三频率……由此可得出此建筑物的各次自振频率，并可从共振曲线A-f上得出其他自振参数。

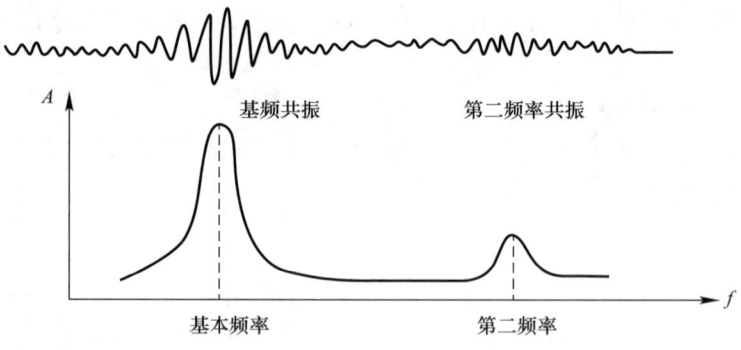

图 7-5　共振时的振动图形和共振曲线

对于原型桥梁结构，常常采用试验车辆以不同的行驶速度通过桥梁，使桥梁产生不齐的振动也是随机的。当试验车辆以某一速度通过时，所产生的激振力频率可能会与桥响应达到最大值；当车辆驶离桥跨后，桥梁做自由衰减振动。这样，就可从记录到的波形曲线中分析得出桥梁的动力特性。在试验时，根据桥梁结构的设计行车速度，常采用 10t 重的试验车辆以 20km/h、40km/h、60km/h、80km/h 的速度进行跑车试验。图 7-6 为一辆 10t 重的试验车辆以 40km/h 的速度驶过跨度 30m 混凝土连续梁桥时，跨中截面加速度时程曲线。

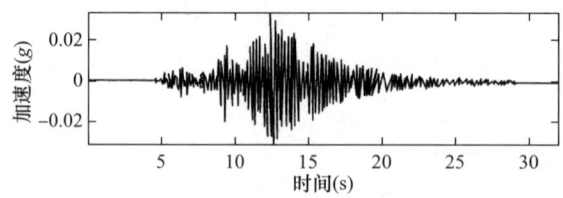

图 7-6　车速为 40km/h 时某连续梁跨中截面加速度时程曲线

对于自振频率较低的大跨度柔性桥梁结构，也可利用人群在桥面上做有规律的运动，使结构发生共振现象。

3）脉动法

脉动法是以被测建筑物周围外界的不规则微弱干扰（如地面脉动、空气流动等等）所产生的微弱振动作为激励来测定建筑物自振特性的一种方法。建筑物的这种脉动是经常存在的。它有一个重要的性质，即能明显反映被测建筑物的固有频率。它的最大优点是不用专门的激振设备，简便易行，且不受结构物大小的限制，因此该方法得到了广泛应用。

脉动法的原理与利用激振设备来作为激励的共振法的原理相似。不难理解，建筑物是坐落在地面上的，地面的脉动对建筑物的作用也类似于激振设备，它也是一种强迫激励。只不过这种激励不再是稳态的简谐振动，而是近似于白噪声的多种频率成分组合的随机振动。当地面各种频率的脉动通过被测建筑物时，与此建筑物自振频率相接近的脉动被放大突出出来；同时，与被测建筑物不相同的频率成分被掩盖住，这样建筑物像个滤波器。因此，实测到的波形的频率即与被测建筑物的自振频率相当。也正因如此，我们实测所看到的脉动波形，常以"拍摄"的形式显现出来。

在应用脉动法分析结构的动力特性时，应注意以下问题：

（1）由于建筑物的脉动是环境随机振动引起的，可能带来各种频率分量，因此为得到具有足够精度的数据，要求记录仪器有足够宽的频带，使所需要的频率不失真。

（2）脉动记录中不应有规则振动的干扰，因此测量时应避免其他有规则振动的影响，以保持记录信号的"纯净"。

（3）为使每次记录的脉动均能够反映建筑物的自振特性，每次观测应持续足够长的时间，且重复几次。

（4）为使高频分量在分析时能满足精度的要求，减小由于时间间隔带来的误差，记录设备应有足够快的记录速度。

（5）布置测点时为得到扭转频率应将结构视为空间体系，应在高度方向和水平方向同时布置传感器。

（6）每次观测时最好能记录当时附近地面振动及天气、风向风速等情况，以便分析误差。

一般来说，脉动法只能找到被测物的基频，而高次频率则很难出现。对于高而跨度大的柔性结构物（其频率较低），有时能测得第二、三次频率，但它们比基频出现的可能性还是要小些。通常在用脉动法实测结构自振特性时，其记录的时间要长些，这样测得高次频率的机会也就大些。

在用脉动法测量结构动力特性时，要求拾振器灵敏度高。测量时，只要将拾振器放在被测物上即可。例如，对于楼房，可将拾振器按层分别放在各层的楼梯间。

以上各种方法中均将拾振器固定在被测结构或构件上，并连线于放大器及记录仪，记录下振动波形；然后，对振动波形进行分析，得出结构的自振频率。

脉动法适用于大跨度悬吊结构等柔性桥梁，如悬索桥、斜拉索桥跨结构、塔墩以及具有分离式拱肋的大跨度下承式或中承式拱桥，不适用于刚构桥。

2. 动载试验的常用仪器设备

结构振动的测试仪器包括测振传感器、信号放大器、光线示波器、磁带记录仪和数字信号处理机。近年来，振动信号分析处理技术发展很快，已开发出多种以 A/D 转换和微机结合的数据采集和分析一体化的智能仪器，可实时进行数据的采集分析和数据存储，有取代磁带记录仪和专用信号处理机的趋势。

1）测振传感器（拾振器）

关于测振传感器的原理在第 4 章已有介绍，下面主要探讨测振传感器选用的五项原则。

（1）灵敏度

传感器灵敏度当然越高越好，但是当灵敏度很高时，与测量无关的噪声也容易混入，并且也同样被放大，这就要求拾振器的信噪比越大越好。要注意与灵敏度密切相关的量程范围，当输入量超出拾振器标定的线性范围时，除非有专门的非线性校正措施，否则拾振器不应进入非线性区域，更不能进入饱和区。当被测量的是一个向量，并且是一维向量时，要求拾振器单向灵敏度越高越好，而横向灵敏度越小越好；如被测量的是二维或是三维的，则要求拾振器的交叉灵敏度越小越好。

（2）线性度

任何拾振器都有一定的线性范围，线性范围宽，工作量程则大。

(3) 稳定性

稳定性包括两方面：一是拾振器受现场环境影响后的使用性能的稳定；二是拾振器使用一段时间后，其性能指标会受各种因素的影响，一般须重新标定。

(4) 精度

拾振器能否真实地反映被测量值大小对整个测试有直接影响，但是也并非要求拾振器的精度越高越好，还应考虑经济性。

(5) 工作方式

拾振器的工作方式首先是要看它的安装方式，是惯性式还是非惯性式，是接触式还是非接触式等；其次，要结合拾振器与被测物的传感关系，选择能使拾振器恰当工作的方式安装测量。

此外，结合桥梁结构的特殊性，提出以下要求：

① 摆式拾振器性能稳定、灵敏度高、使用方便可靠，对一般自振频率在 1Hz 以上的桥梁结构都适用。它的不足是下限可测频率有限制，所以不适合测大跨径柔性桥跨结构的振动。

② 加速度计是振动测试中用得最多的拾振器。从原理上讲，利用它频带宽、体积小的优势，可满足各种振动测试对象的要求。对大跨径桥梁的超低频率（$f<0.5\text{Hz}$）振动，可选用伺服式或大质量压电式加速度计达到目的；对室内模型振动试验，一般压电式、电阻式加速度计都能满足要求。

在桥梁振动测试仪器中，拾振器是关键性的一次仪表，选择的恰当与否是整个振动测试成败之所在，一定要引起注意。

2）测振放大器

测振放大器是动力测试系统中的重要组成部分，一般称为二次仪表。测振传感器输出的信号一般都很微弱，需要经放大器放大之后才能推动记录设备。测振放大器除了对信号有放大作用，一般还具有对信号进行微分、积分和滤波等功能。

测振放大器的种类较多，它们之间的输入和输出特性、频响特性等往往都是根据所配拾振器而定。如磁电式位移计，通常要求匹配带有微积分电路的电压放大器，以便求得速度、加速度等力学量；压电式加速度计，因为它的输出阻抗相当高，一般配电荷放大器，主要是从电学原理出发，达到使拾振器传来的信号真实地放大的目的，输出又能适应各种二次仪表的要求。

在桥梁结构试验中，一般常用的放大器有微积分放大器、电压放大器、电荷放大器、动态电阻应变仪等。

3）滤波器

在测试系统中，拾振器接收放大器送出的信号，有时包含许多与测量无关的信号（噪声）成分，去掉这些噪声信号而获得有用信号的方法之一就是采用滤波器。

滤波器是实现电信号滤波的一种选择装置。它可以使信号中有用的成分通过，滤去不需要的成分。根据它的选频特点，滤波器有低通（通带 $0\sim f_c$）、高通（通带 $f_c\sim\infty$）、带通（通带 $f_{c1}\sim f_{c2}$）、带阻（通带 $0\sim f_{c1}$，$f_{c2}\sim\infty$）四种。桥梁测振中最常用的是低通滤波器，有时也用带通滤波器。

滤波器根据处理信号的不同，分成模拟和数字两类。测试仪器中使用较多的是模拟滤波；目前，数字滤波技术的发展相当快，一些数据处理设备往往带有数字滤波功能。

4) 显示记录仪器

各种显示记录仪器是测振系统人机联系的纽带。一套由拾振器测量到放大器放大的振动信号，必须通过显示记录，才能供人们直接观察和分析及进一步处理。

5) 测试系统的选配

根据常用的一些测振仪器的性能，一般可构成电磁式测试系统、压电式测试系统和电阻应变式测试系统三种测试系统。

(1) 电磁式测试系统

电磁式测试系统在桥梁的动力测试中应用较为普遍。这类系统通过仪器的组合变换，可测位移、速度和加速度等。电磁式测试系统的特点是输出信号强、灵敏度高、稳定性好、传感器输出阻抗低、长导线的影响较小，因此抗干扰性能好。系统的组成为：电磁式传感器→信号放大器→记录装置。

(2) 压电式测试系统

压电式测试系统一般用于测量加速度。由于压电式传感器具有高输出阻抗的特性，要求与输入阻抗很高的放大器相连。因此，放大器输入阻抗的大小，将对测试系统的特性产生重大影响。由于压电式传感器自振频率较高，可测频响较宽，但系统干扰性差。长导线对阻抗影响较大，易受电磁场干扰。配套的前置放大器，有两种基本形式：一种是电压放大器，它的输出电压正比于输入电压；另一种是电荷放大器，它的输出电压正比于压电传感器输出电荷。这两种前置放大器各具特点，电压放大器的输出电压受输出电缆长度的影响，低频特性也受其他输出电阻的影响，由这种放大组配的系统，适用于一般频率范围的动力测试。而电荷放大器不受输出电缆分布电容的影响，低频特性也很少受输入电阻的影响，使用频率可达到零适用于低频或超低频长距离的动力测试。系统的组成为：压电式传感器→电荷或电压放大器→记录装置。

(3) 电阻应变式测试系统

电阻应变式测试系统中传感器的种类较多（如应变计、位移计、加速度计等），需要配套使用的放大器是各类动态电阻应变仪，记录装置为常用的光线振子示波器或磁带机等，系统中各部分仪器具有通用性强、使用方便等特点，在桥梁动载试验中的应用很普遍。

在选配上述三类测试系统时要注意选择测振仪器的技术指标，使传感器、放大器和记录仪器的灵敏度、动态范围、频率响应和幅值范围等技术指标合理配套，以保证测试结构的准确性和可靠性。系统组成为：电阻式传感器→电阻应变仪→记录装置。

6) 测振仪的标定

在桥梁动力测试中为保证测试结果的精确度与可靠性，要求在试验的准备工作阶段，对测试系统各部分的仪器装置进行认真的标定。

(1) 基本的标定内容

测试系统中的传感器、放大器和记录仪等组成部分的内容虽不完全一样，但是标定的主要内容是基本相同的。基本的标定内容有灵敏度标定、频率特性标定和线性度标定。

① 灵敏度标定。单台仪器或整个测试系统的灵敏度标定，一般在振动台上进行。标定频率应取在其频响曲线的平台范围内，并标定三次以上，取其平均值。

② 频率特性标定，包括幅频特性标定和相频特性标定。一般应用较多的是幅频特性标定。幅频特性标定是确定仪器的灵敏度随频率而变化的规律。标定时固定振动台的输入幅值而只改变频率，测出各个工作频率时仪器的输出量。在记录图上读出不同频率时的输出幅值，并除以标定的输入幅值，则可得到不同频率时的灵敏度。用灵敏度作为纵坐标，标定频率作为横坐标，即可得幅频特性曲线。根据曲线可确定仪器的使用频率范围，即可测频率范围。

③ 线性度标定。线性度是表示在一定的频率下仪器灵敏度随输入信号幅值大小而变化的规律。标定时，使振动台的标定频率为一定值，而改变其输入幅值并测出仪器的输出幅值。以输入量为横坐标、输出量为纵坐标作出线性度曲线，由此曲线可确定仪器的线性动态范围，即可测幅值范围。

(2) 常用的标定方法

标定测振仪的常用方法有绝对标定法和相对标定法、分部标定法和系统标定法等。

① 绝对标定法。采用绝对标定法标定时，由标准振动台产生一正弦振动，用相应的手段测出这一振动的振幅和频率，以这两个基本量作为测振仪的输入，再根据测振仪所获得的这一标准振动的记录值，即可计算出测振仪的灵敏度等。该法对振动的振幅和频率要求精确，故多以读数显微镜和激光测振仪来测定。

位移传感器灵敏度标定，是将振动台调至某一固定频率，再调节振幅于某值，测出被标定仪器的输出量，则可算出灵敏度。

速度或加速度传感器标定，是调节振动台位移幅值，使振动速度或加速度为一定值，例如 $v=1\text{cm/s}$ 或 $a=980\text{cm/s}^2$ 时，测出此时传感器的输出量即可求得它们的灵敏度。

频率特性标定，是将固定振动台各参数的幅值，改变其频率，然后测出对应的数据，即可绘成曲线。

线性度标定，是固定振动台频率、改变输入幅值，测出各输出量并绘成曲线，即得线性度曲线。绝对值标定通常由计量单位或生产厂家进行。

② 相对标定法，也称比较标定法。是用一标准的测振仪去校准要标定的仪器。用相对法标定时，传感器或测试系统的灵敏度、频率特性和线性度的标定过程与绝对标定法相同，只是用两套仪器同测一个振动量，以标准仪器的读数为准，去校准被标定的仪器。由于能直接从标准仪器读出振动的幅值、速度和加速度，比绝对法简单、直观。

③ 分部标定法，是将测振传感器、放大器和记录器等构成测试系统，分别测定各部分仪器的灵敏度，然后将其组合起来求得整个测试系统的灵敏度。如分别标定传感器、放大器和记录仪的灵敏度为 K_S、K_F、K_R，则测试系统总的灵敏度为 $K=K_S K_F K_R$。分部标定时，应注意各级仪器间的耦合与匹配关系。

④ 系统标定法，是将传感器、放大器和记录仪配为一体，然后标定整个系统输出量与输入量的关系，以得到系统总的灵敏度和频率特性等指标。

系统标定一般在振动台上进行。标定时要认真记录仪器编号、通道、衰减档等并要注意仪器的配套，使用条件应与实际测试时完全一样。标定后，仪器之间的对应关系不能随意改动，必须更换时需要做补充标定。系统标定法简易、方便，仪器标定时的情况与使用时一样，因此工作可靠。

7.3 动载试验的方法与程序

桥梁结构的动力荷载试验是研究桥梁结构的自振特性与车辆动力荷载和桥梁结构的关系。桥跨结构某振型的振动周期（或频率）与结构的刚度有着确定关系，尤其研究振动源（如风、车辆等）的频率与桥跨结构的自振频率相近，以防引起共振振幅的产生，是整个检测工作的中心环节。这一阶段的工作是在各项准备工作就绪的基础上，按照预定结构受力后的各项性能指标进行。下面，将从试验方案与程序两方面作详细的阐述。

7.3.1 动载试验方案

1. 试验方案的主要内容

(1) 试验目的、试验项目、试验工况编号、仪器设备准备等。

(2) 根据试验目的和要求，确定测试项目、数量、激振安排、设计测点布置，每一测点均应有对应的编号，测点布置应有图表说明。

(3) 根据试验项目和激振仪器设备等，绘制测试系统工作方框图。按照系统配置情况，将测点号、传感器号、放大器号、记录器号、连接导线号等，一一对应列成表格，以便于仪器安装和测试过程中的核对。

(4) 制订试验日程、明确人员分工，使测试过程做到统一指挥、有序进行。

(5) 为保证测试工作的顺利和正常进行，应对联络方法、安全措施和有关注意事项等作出规定。

2. 动力荷载试验项目

(1) 桥梁结构动力响应的试验测定，主要是测定结构在动力荷载作用下的响应，即结构在动荷载作用下强迫振动的特性，包括动位移、动应变、动力系数等。试验时，一般利用汽车以不同的速度通过桥跨所引起的振动来测定上述各种数据。

(2) 测定桥跨结构的自振特性（如自振频率、振型和阻尼特性等），并在结构相互连接部分（如悬臂梁与挂梁、上部结构与下部结构、行车道梁与索塔等的相互连接处）布置测点。

(3) 测定动荷载本身的动力特性时，主要是测定引起桥梁振动的作用力或振源特性，如动力荷载（包括车辆制动力、振动力、撞击力等）的大小、频率及作用规律。动力荷载大小，可通过安装在动力荷载设备底架连接部分的荷重传感器直接量测记录，或以测定荷载运行的加速度与质量的乘积来确定。

(4) 疲劳性能试验，主要测定结构或构件的疲劳性能。

大多数情况下，动力试验项目往往偏重于上述(1)、(2)两项；而疲劳试验一般只针对桥梁构件在试验室内进行。在现场只对准备拆除的桥梁进行疲劳试验，但有时需对现有桥梁营运车辆荷载作用下的疲劳性能进行长期观测。

3. 动力试验的荷载

(1) 检验桥梁受迫振动特性的试验荷载通常采用接近运营条件的汽车、列车或单辆重车以不同车速通过桥梁的方法。要求每次试验时车辆在桥上的行驶速度保持不变，或在桥梁动力效应最大的检测位置进行刹车（或启动）试验。

(2) 只在模拟船舶撞击桥墩、汽车撞击防护构造和弹药爆炸等冲击荷载试验等特殊需要时进行。

(3) 桥梁在风荷载、流水撞击和地震作用等荷载下的动力性能试验，只宜在专门的长期观测中实现。

(4) 测定桥梁自振特性可利用环境激振进行脉动测试。

(5) 进行疲劳荷载试验时，室内试验采用液压脉动装置，现场试验可用特别设计的起振装置。

4. 动载试验的量测仪器

动载试验量测动应变可采用动态电阻应变仪并配以记录仪器；量测振动可选用低频拾振器并配低频测振放大器及记录仪器；量测动挠度可选用光电挠度仪、激光挠度仪或电阻应变位移计并配动态电阻应变仪及记录仪器。

7.3.2 动载试验效率

动载试验效率为：

$$\eta_d = \frac{s_d}{s} \tag{7-1}$$

式中 s_d——动载试验荷载作用下控制截面最大计算内力值；
s——标准汽车荷载作用下控制截面最大计算内力值（不计入汽车荷载冲击系数）；
η_d——一般取为 1。

动载试验的效率，不仅取决于试验车型及车重，而且取决于实际跑车时的车辆间距。因此，在动载试验跑车时，不仅应注意保持试验车辆之间的间距，也应实际测定跑车时的间距，以作为修正动载试验效率即 η_d 的计算依据。

7.3.3 动载试验的测点设置

在桥梁结构动载试验中，应根据现有仪器设备和试验人员的实践经验，按照动载试验的要求和目的及桥梁结构具体形式，来确定拾振器和动应变测点的布置，并选择恰当的激振形式与激振位置。

1. 拾振器的布置

测点拾振器布置，一般按照结构振型形状，在变位较大的部位布置测点，并尽可能避开各阶振型的节点，以免丢失模态。

根据桥梁结构形式与结构体系，可以利用结构动力分析通用程序进行结构动力分析，从而估计结构前几阶振型形状和相应的固有频率，为制定动载试验方案提供理论依据。下面，介绍常见桥梁结构的前几阶振型与相应的固有频率的解析，以及与测点布置的关系。

1) 梁桥的主振型

(1) 简支梁的主振型。均质简支梁桥的前三阶主振型如图 7-7 所示。一阶振型的测点布置在跨中，二阶振型的测点布置在 1/4 跨处。

(2) 固端梁的主振型。均质固端梁的前三阶主振型如图 7-8 所示。前几阶振型的测点布置，类似于简支梁桥。

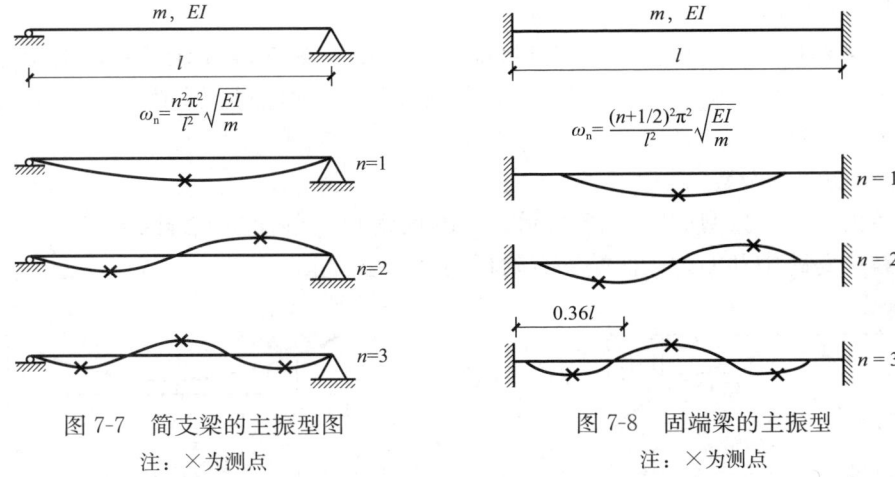

图 7-7 简支梁的主振型图
注：×为测点

图 7-8 固端梁的主振型
注：×为测点

(3) 悬臂梁的主振型。均质悬臂梁的前三阶主振型如图 7-9 所示。

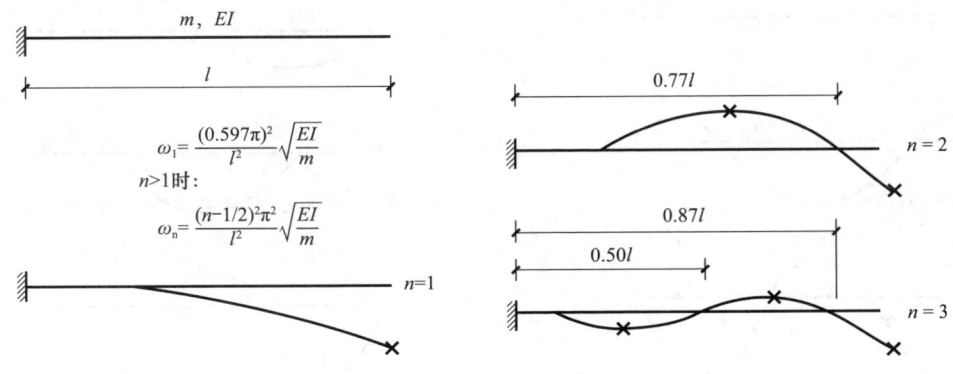

图 7-9 悬臂梁的主振型图

(4) 三跨连续梁的主振型。均质三等跨连续梁的主振型如图 7-10 所示。一阶振型测点布置在三跨的跨中，二阶振型测点布置在两边跨跨中和中跨的两个四分点上。

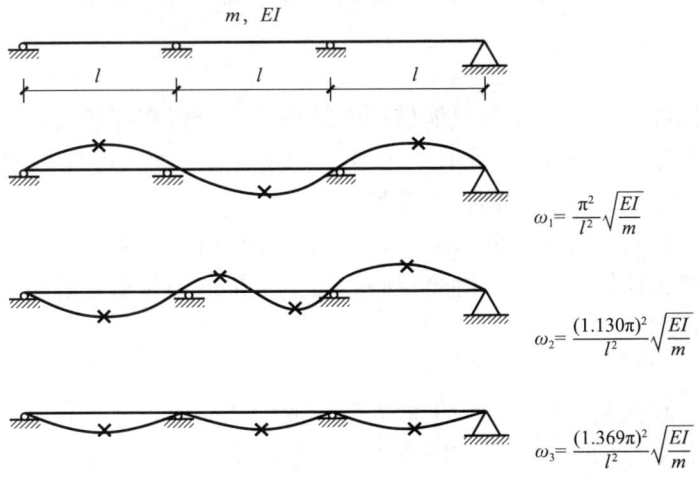

图 7-10 三跨连续梁的主振型

2）拱桥的主振型

拱桥振型形状与测点布置。双铰拱桥前三阶振型如图 7-11 所示。一阶振型测点布置在四分点上，二阶振型测点布置在跨中与两拱脚附近对称位置。注意图 7-11 中二阶振型与三阶振型的判别。

3）悬索桥的主振型

悬索桥的前三阶振型如图 7-12 所示。一阶振型测点布置在中跨四分点上，二阶振型测点布置在中跨跨中和加劲梁两端支点附近的对称位置上。

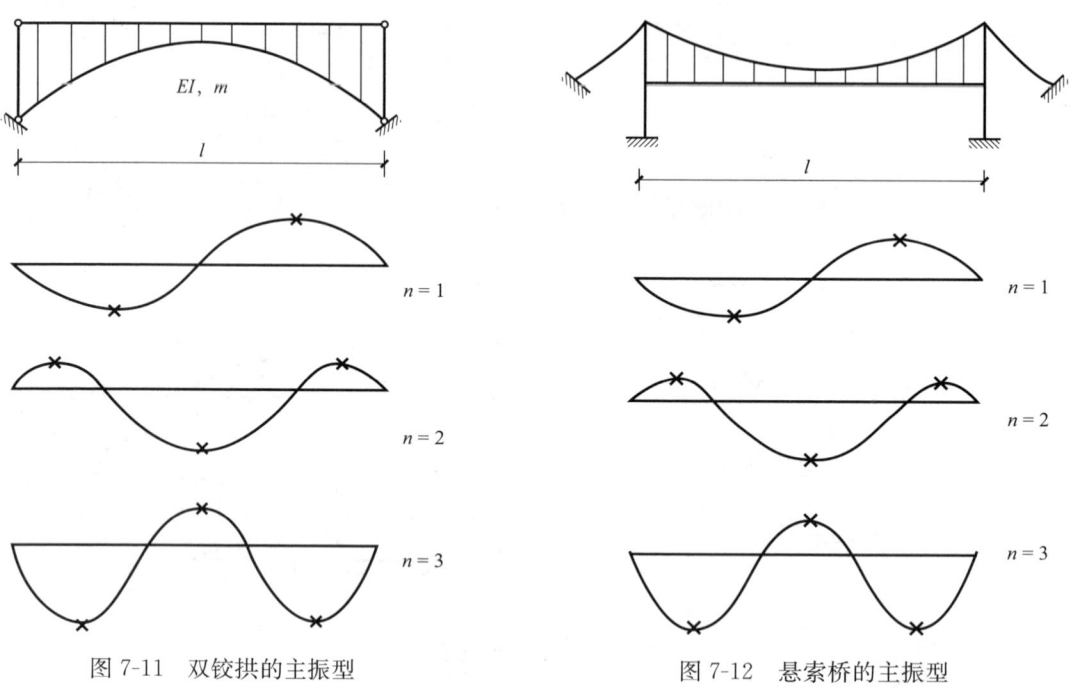

图 7-11　双铰拱的主振型　　　　　　图 7-12　悬索桥的主振型

对于一般形式的大跨径悬索桥，要根据空间结构动力分析程序进行结构动力分析，从而确定结构振型形式，要综合反映索塔、加劲梁和主缆等的振动特性，考虑各测点拾振器的布置方向。

4）斜拉桥的主振型

斜拉桥的结构体系复杂，一般只能借助于结构动力分析程序进行结构动力分析。漂浮斜拉桥的前三阶主振型如图 7-13 所示。其中，一阶振型为面内漂浮振型，二阶振型为面内弯曲振型，三阶振型为一阶对称扭转振型。

斜拉桥抗弯与抗扭刚度的不同，前三阶振型的序列有可能发生变化。相应，斜拉桥各阶振型的测点布置也比较复杂，要综合反映索塔、主梁与斜拉索等的振动特性，考虑各测点拾振器的布置方向。

2. 动应变测点的布置

动应变测点一般应布置在结构产生最大拉应变的截面处，并注意温度补偿。具体布置原则与静应变测点布置相同，只是动应变测点数较静应变测点数少。

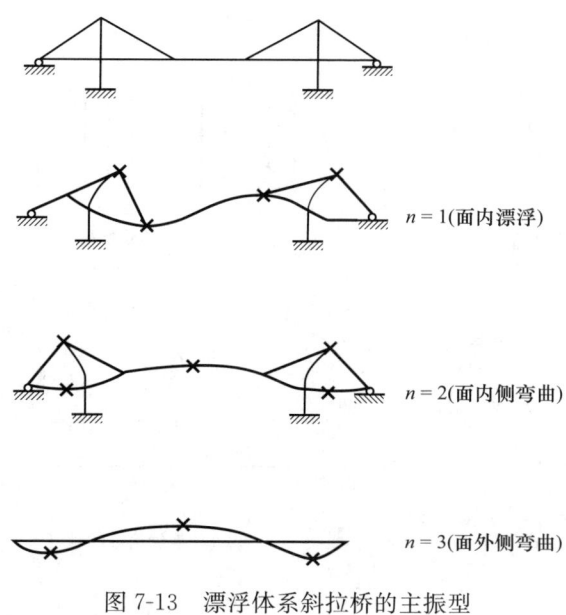

图 7-13 漂浮体系斜拉桥的主振型

7.4 数据采集与整理

7.4.1 数据采集

1. 采样定理与采样频率

所谓采样,就是将连续变化的信号转变为时间域的离散信号。采样的核心问题是信号在时域离散化后会不会丢失信息。即如何选取采样频率,从而保证采样后的离散信号能够准确、不失真地代表原有的连续信号。

如图 7-14 所示,设模拟量信号 $x_a(t)$,采样周期为 t_n,则采样频率为 $f = \dfrac{1}{t_n}$。采样后的时间离散信号为

$$x(t) = x_a(nt_n) \quad (n = -\infty, \cdots, -1, 0, 1, \cdots, \infty) \tag{7-2}$$

现分析信号的频谱,并讨论能复现原模拟量信号的频谱的条件。物理上,采样过程可看成是周期为 t_n 的采样脉冲对模拟信号的调制。周期性单位脉冲序列记为:

$$\delta_s(t) = \sum_{n=-\infty}^{\infty} \delta(t - nt_s) \tag{7-3}$$

单位脉冲序列形同梳子又称梳状函数。当原始连续信号 $x_a(t)$ 按采样频率 f 采样后,采样信号 $x(t)$ 可看成 $x_a(t)$ 和脉冲序列 $\delta_s(t)$ 的乘积,即:

$$x(t) = x_a(t) \cdot \delta_s(t) = x_a(t) \cdot \sum_{n=-\infty}^{\infty} \delta(t - nt_s) \tag{7-4}$$

单位脉冲序列 $\delta_s(t)$ 为周期函数,可按傅里叶级数展开。其傅里叶系数 C_n 为:

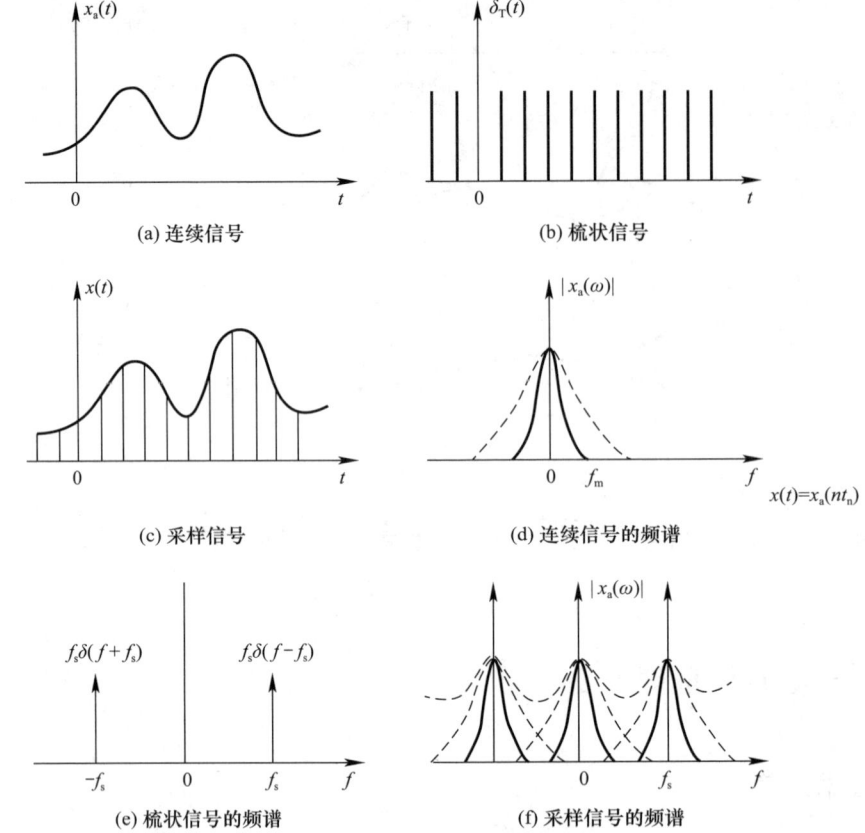

图 7-14 连续信号的离散

$$C_n = \frac{1}{t_s}\int_{-\frac{t_s}{2}}^{\frac{t_s}{2}} \delta_s(t) e^{-j\pi\omega ft} dt = \frac{1}{t_s}\int_{-\frac{t_s}{2}}^{\frac{t_s}{2}} \sum_{n=-\infty}^{\infty} \delta(t-nt_s) e^{-j2\pi n} dt \tag{7-5}$$

在 $|t| \leq \frac{t_s}{2}$ 的积分区间,只有一个脉冲 $\delta(t)$,故

$$C_n = \frac{1}{t_s}\int_{-\frac{t_s}{2}}^{\frac{t_s}{2}} \delta_s(t) e^{-j2\pi n f_x^c} dt = \frac{1}{t_s} = f_s \tag{7-6}$$

由此可得,$\delta_s(t)$ 的傅里叶级数的指数形式为:

$$\delta_s(t) = f_s \sum_{n=-\infty}^{\infty} e^{j2\pi n f_s t} \tag{7-7}$$

根据傅里叶变换的时移定理,可得 $\delta_s(t)$ 的频谱为:

$$F[\delta_s(t)] = f_s \sum_{n=-\infty}^{\infty} \delta(f - nf_s) \tag{7-8}$$

很明显,只有当 $f=nf_s$ 时,$\delta(0)$ 才取值为 1。即频谱的谱线是离散的,谱线间距为 f_s,如图 7-14(e) 所示。将式 (7-7) 代入式 (7-4),采样信号可表示为:

$$x(t) = \sum_{n=-\infty}^{\infty} f_s x_a e^{j2\pi n f_s t} \tag{7-9}$$

其傅里叶变换为

$$x(\omega) = F[x(t)] = F\left[\sum_{n=-\infty}^{\infty} f_s x_a e^{j2\pi n f_s t}\right] = \sum_{n=-\infty}^{\infty} f_s F[x_a(t) e^{j2\pi n f_s t}] \tag{7-10}$$

根据傅里叶变换的频移定理，式（7-10）可写成$\left(\text{注意自由量由 }\omega\text{ 换成 }f = \frac{\omega}{2\pi}\right)$

$$x(f) = \sum_{n=-\infty}^{\infty} f_s X_a(f - n f_s) \tag{7-11}$$

式中　$x(f)$——原始连续信号的频谱。

采样信号的频谱 $x(f)$ 如图 7-14(f) 所示。由此可见，采样信号的频谱，包含着原信号频谱及无限个经过平移的原信号频谱（频谱的幅值均乘以常数 f_s），平移量等于采样频率 f_s 及其各次倍频 $n f_s$。

当连续信号频谱的最大频率 $f_m \leqslant f_s/2$，即 $f_s \geqslant 2 f_m$ 时，在 $0 \leqslant f_m$ 频率范围内，采样信号的频谱 $x(f)$ 与原信号频谱完全一样，即采样信号无失真。但是，当 $f_m > f_s/2$ 或 $f_s < 2 f_m$ 时，平移谱将与原信号谱重叠，使某些频带的幅值与原始频谱不同，这种现象称为频率混叠，如图 7-14(d) 所示。频率混叠使采样信号产生失真而造成误差。其物理概念是采样频率太低，采样点太少，以致不能复现原信号。

不难看出，为了使采样过程不失掉信息，就要求能从采样信号的频谱中取出原信号频谱，以保证能无失真地恢复原信号。这时，采样频率 f_s 与原信号最大频率 f_m 之间必须满足如下关系：

$$f_s \geqslant 2 f_m \tag{7-12}$$

这就是采样定律。满足临界条件，$f_s = 2 f_m$ 的信号最大频率 f_m 称为折叠频率，记为 f_c；当信号频谱超过 $f_c/2$ 时，将会以此为镜像对称轴折叠回来，造成频谱重叠。

实际采样时，在采样前并不知道信号的最大频率 f_m，这时如何确定采样频率 f_s，就成为问题的关键。可以假设 f_m 很大，从而确定 f_s，但是随之带来的问题是由于采样频率太高而产生大量的离散数据，增加所需内存容量；或在进一步进行数字频分析时，由于频线数有限，造成频率分辨率不足。为此，可以根据动态测试任务的需要确定频率范围 f_c，然后对原信号进行低通滤波，限制信号带宽，并由此按采样定律确定采样频率。

2. 量测噪声的抑制

试验中，测量信号常常受到各种电噪声的干扰，这会导致测试精度降低。电噪声可分为静电噪声、电感噪声、射频噪声、电流噪声、接地回路电流噪声等。电噪声的抑制是数据采集系统设计及使用过程中均应注意的问题，虽不可能完全消除电噪声干扰的影响。但是，好的测试系统应在设计中已经考虑噪声的抑制问题。以下从现场测试的环节，简要介绍抑制电噪声的方法：

（1）加接交流稳压电源，减少电源电压波动引起的噪声。各测试仪器电源，都要尽量直接从总电源（稳压电源）的输出端接出，且功率大的电源接入端口应安排在功率小的仪器的电源接入端口之后，这样可以减少共用电源仪器之间由于电流波动造成的相互影响。

（2）测试系统单点接地。接地是一个很重要的抑制噪声的措施，但必须是单点接地。

因为如果采用多点接地，那么由此形成的一个或多个大地回路将引入大地噪声。单点接地有并联和串联两种接法。并联接法是将所有仪器的接地线都并联地安到同一个接地点，这种方法是比较理想的接地方法（高频电路除外），但由于需要连很多根接地线，布线复杂且笨重，在实际测试中不常用。串联接法是将所有仪器的接地线串在一起，然后再接到接地点；这种方法由于各接地线存在一定的阻抗而造成相互之间的影响，不是合理的接地方法。但由于它布线简单，当各电路电平相差不大时仍常采用，此时应注意使低电平的电路接地线最靠近接地点接入。由于测试系统中各仪器电平大小基本一致，一般均采用这种接法。实际操作时，某台关键仪器直接接地，而其他仪器的接地是由仪器间的输入、输出插头间信号线的屏蔽相连接来完成。此外，由于被测物体一般为导体，如果传感器与其直接相接触，而被测物体与大地相连，那么传感器相当于一个接地点，它和测试系统的接地点、信号传输线以及两地点间的大地将形成回路，引入大地噪声。解决的办法是将传感器与被测物体绝缘。最后，尚应注意测试系统接地点与其他接地点严格分开。

（3）所有电源线和信号传输线，应尽可能采用屏蔽线。应注意不要让信号传输线与电源线平行，且尽可能使它们相互远离隔开。

（4）正在测试记录或分析时，应注意不要变动测试系统中任何仪器的任何开关，否则将产生高额噪声和出现瞬时过载现象，甚至损坏仪器。

（5）应尽量使仪器间的阻抗相互匹配，并使振动测试仪器接地电阻不大于4Ω。

7.4.2 试验数据整理

桥梁结构的动力特性（如固有频率、阻尼系数和振型等）只与结构本身的固有性质（如结构的组成形式、刚度、质量分布、支承情况和材料性质等）有关，而与荷载等其他条件无关。它是结构振动系统的基本特征，也是进行结构动力分析所必须的参数。另外，桥梁结构在实际的动荷载作用下，结构各部位的动力响应（如振幅、应力、位移、加速度等）不仅反映了桥梁结构在动荷载作用下的受力状态，也反映了动力作用对司机、乘客舒适性的影响。桥梁结构的动载试验就是要从大量的实测数据信号中，揭示桥梁结构振动的内在规律，综合评价桥梁结构的动力性能。

在动载试验中可获取各种振动量（如位移、应力、加速度等）的时间历程曲线，由于实际桥梁结构的振动往往都是随机的，直接根据这样的信号或数据来分析判断结构振动的性质和规律是困难的，一般都需要通过对实测振动波形进行分析与处理，才能对结构的动态性能做进一步了解。常用的分析处理方法可以分为时域分析和频域分析两种。时域分析是直接对时程曲线进行分析，可以得出诸如振幅、阻尼比、振型、冲击系数等参数；频域分析是把时域信号通过傅里叶变换的数学处理变换为频域信号，揭示信号的频率成分和振动系统的传递特性，以得到振动能量按频率的分布情况，从而确定结构的频率和频率分布特性。得出这些振动参量后，就可以根据有关指标综合评价桥梁结构的动力性能。

1. 结构固有频率的判定

对简单的结构，一般只需结构的一阶频率；对较复杂的结构动力分析，还应考虑第二、第三甚至更高阶的固有频率及相应的振型。按前述激振方法使桥梁产生的自由振动，在由测试系统实测记录的结构衰减振动波形（图7-15）上，可根据时标符号直接计算出结构的固有频率f_0为：

$$f_0 = \frac{Ln}{t_1 s} \tag{7-13}$$

式中 L——两个时标符号间的距离，mm；

n——波数；

s——n 个波长的距离，mm；

t_1——时标的间隔（常用 1s、0.1s、0.01s 这三种标定值）。

计算频率时，为消除冲击荷载的影响，开始的第一、二个波形应舍弃，从第三个波形开始计算分析。

当采用偏心式激振器时，由于激振力的大小与激振器转速的平方成正比，激振器转速不同，激振力大小也不一样。为便于比较，应将振幅折算成单位激振力作用下的振幅。即振幅除以相应的激振力，或者将振幅换算为在相同激振力作用下的振幅，即 A/ω^2。其中，A 为振幅，ω 为激振器的频率。以 A/ω^2 为纵坐标、ω 为横坐标绘出共振曲线，如图 7-16 所示，曲线峰值所对应的频率即为结构的固有频率。

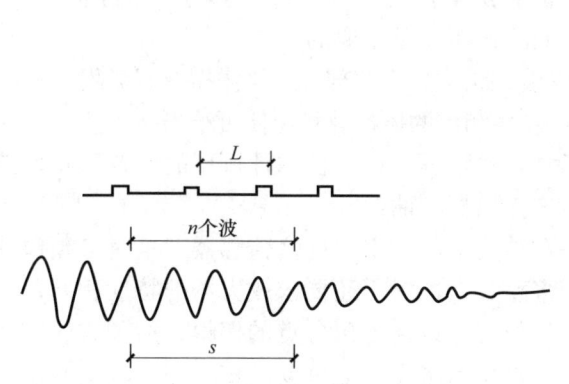

图 7-15 由衰减振动曲线求固有频率

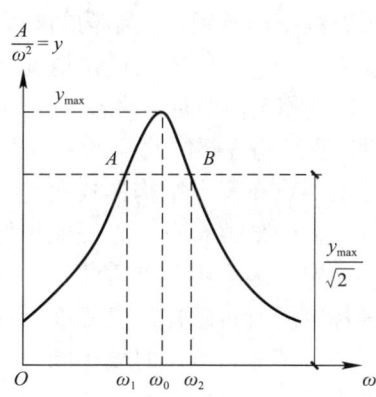

图 7-16 共振曲线

2. 结构阻尼的判定

桥梁结构的阻尼特性一般用对数衰减率 δ 或阻尼比 D 来表示。实测的振动衰减曲线如图 7-15 所示，由振动理论可知，对数衰减率为：

$$\delta = \ln \frac{A_i}{A_{i+1}} \tag{7-14}$$

式中 A_i、A_{i+1}——相邻两个波的振幅值，可直接从衰减曲线上量取。

实践中，常从衰减曲线上量取 m 个波形，求得平均的衰减率为：

$$\delta_a = \frac{1}{m} \ln \frac{A_i}{A_{1+m}} \tag{7-15}$$

由振动理论知，对数衰减率与阻尼比 D 的关系为：

$$\delta = \frac{2\pi D}{\sqrt{1-D^2}} \tag{7-16}$$

由于一般材料的阻尼比都很小，因此：

$$D \approx \frac{\delta}{2\pi} \tag{7-17}$$

在实测的共振曲线上，也可推算阻尼比，见图 7-16。具体做法是取 $y_{max}/\sqrt{2}$ 值作一水平线，同曲线相交于 A、B 两点，其对应的横坐标为 ω_1、ω_2，即：

阻尼系数

$$n = \frac{1}{2}(\omega_1 - \omega_2) \qquad (7\text{-}18)$$

阻尼比

$$D = \frac{n}{\omega_0} = \frac{\omega_2 - \omega_1}{2\omega_0} \qquad (7\text{-}19)$$

式中　ω_0——结构的固有频率。

3. 振型的判定

结构的振型是结构相应于各阶固有频率的振动形式。一个振动系统振型的数目与其自由度数目相等。桥梁结构是一个具有连续分布质量的体系。也就是说，桥梁是一无限多自由度体系，因此其固有频率及相应的振型也有无限多个。如前所述，对于一般的桥梁结构，第一固有频率即基频，对结构的动力分析才是重要的。对于较复杂的动力分析问题，也仅需要前面几个固有频率。通常情况下，低阶振型才是重要的。

采用共振法测定振型时，将若干传感器安装在结构各有关部位。当激振装置激发结构共振时，同时记录结构各部位的振幅和相位，比较各测点的振幅及相位便可绘出振型曲线。

传感器的测点布置视结构形式而定。通常，要根据理论分析估计振型的大致形状；然后，在变位较大的部位布点，以便能较好地连接出振型曲线。

振型的测定一般采用两种方法：一种是在结构上同时安装许多传感器，这时必须保证预先要精确标定所有传感器的灵敏度；在用多路放大器时，还要求放大器的特性相同；另一种只用一个传感器，测试时要不断改变它的位置，以便测出各点的振幅。这种方法需要对传感器多次拆卸和安装，并且还需要有一个作用参考点不能移动的传感器，各次测定值均应同参考点对应比较。

4. 结构动力响应的判定

在动力荷载作用下桥梁结构某些部位的振动参数（如振幅、频率、位移、应力等）的测定可根据试验的具体要求和结构的形式布置测点，采用适当的仪表进行测试。动力荷载作用于结构上产生的动挠度，一般较同样的静荷载所产生的相应静挠度要大。动挠度与静挠度的比值称为活荷载冲击系数 $(1+\mu)$。由于挠度反映了桥跨结构的整体变形，是衡量结构刚度的主要指标，活荷载冲击系数综合反映了荷载对桥梁的动力作用。它与结构的形式、车辆运行速度和桥面的平整度等有关。

为了测定冲击系数，应使车辆荷载以不同的速度驶过桥梁，并逐次记录跨中挠度的时间历程曲线，如图 7-17 所示。按冲击系数的定义有：

$$1 + \mu = \frac{Y_{dmax}}{Y_{smax}} \text{ 或 } 1 + \mu = \frac{\delta_{dmax}}{\delta_{smax}} \qquad (7\text{-}20)$$

式中　Y_{dmax}——最大动挠度值；
　　　Y_{smax}——最大静挠度值。

图 7-18 为 25m 预应力混凝土梁桥的强迫振动记录。其中，图 7-18(a) 为跨中挠度的时间历程曲线；图 7-18(b) 为跨中断面预应力钢丝的应力时间历程曲线。试验采用的动

荷载为载重汽车，速度为 20km/h，桥面为平整度很差的泥结碎石面层。

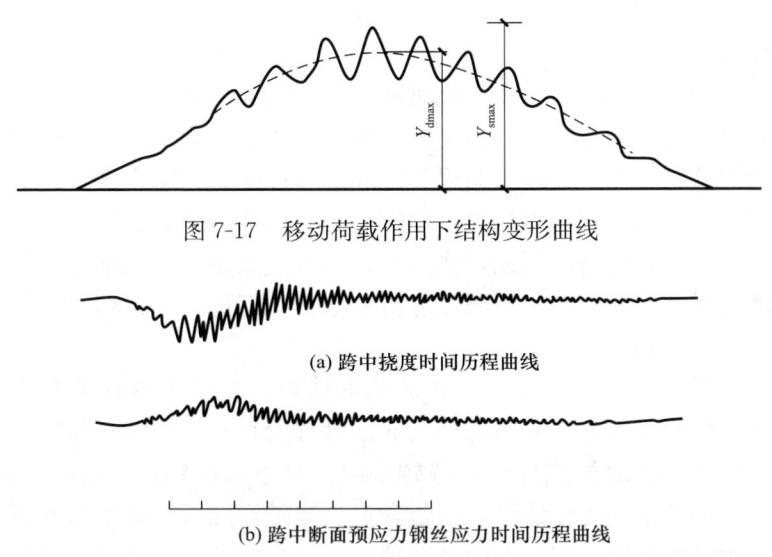

图 7-17　移动荷载作用下结构变形曲线

(a) 跨中挠度时间历程曲线

(b) 跨中断面预应力钢丝应力时间历程曲线

图 7-18　汽车过桥时结构振动图形

在图 7-18 中，可从光线示波器所记录的曲线上直接量取 Y_d 值和 Y_s 的值。

5．桥梁结构动力性能的分析评价

桥梁结构动力性能的一些参量（如固有频率、阻尼比、振型、动力冲击系数以及动力响应的大小）是宏观评价桥梁结构的整体刚度、运营性能的重要指标，也是一些规范评价桥梁安全舒适运营性能的主要尺度。如我国铁路检定规范规定，铁路桥梁的振幅不得大于 $L/(2.5B)$（L 为跨度，B 为桥宽），也有一些行业采用 Sperling 指标、Diekmann 指标或 ISO 2631 指标来评价桥梁结构运营的舒适性。然而，由于桥梁动力响应、动力特性的复杂性，目前国内外规范尚无具体可行的评价尺度。但一般认为，桥梁结构的动力特性，反映了结构的整体刚度、桥面的平整程度及耗散外部振动能量的能力；同时，过大的动力响应会影响车辆的安全行驶，会导致桥梁结构产生疲劳损伤，引起司机、乘客的不舒适，应予以设法避免。实际测试中，通常通过以下四个方面来评价桥梁结构的动力性能。

(1) 比较桥梁结构频率的理论计算值与实测值。如果实测值大于理论计算值，说明桥梁结构的实际刚度较大，整体性能较好；反之，则说明桥梁结构的刚度偏小，可能存在开裂或其他不正常现象。一般由于在理论计算时，常常会做出一些假设，忽略了一些次要因素，故理论计算值要大于实测值。

(2) 根据动力冲击系数的实测值，来评价桥梁结构的行车性能。实测冲击系数较大，则说明桥梁结构的行车性能差、桥面的平整程度不良；反之，亦然。

(3) 根据实测加速度量值的大小，评价桥梁结构行车的舒适性。根据国内外研究资料，一般车辆在桥梁结构行驶时最大竖向加速度不宜超过 $0.065g$（g 为重力加速度）；否则，会引起司乘人员的不适。

(4) 实测阻尼比的大小，可反映桥梁结构耗散外部能量输入的能力。阻尼比大，说明桥梁结构耗散外部能量输入的能力强，振动衰减得快；阻尼比小，说明桥梁结构耗散外部能量输入的能力差，振动衰减慢。但是，过大的阻尼比，则说明桥梁结构可能存在开裂或支座工作状况不正常等现象。

6. 桥梁动载试验非线性问题

在进行桥梁结构动力分析时，建立桥梁有限元动力特性数学模型，通过计算机分析，可得到桥梁的动力参数。由于有限元理论模型在单元类型的确定、单元的划分、节点联结及边界条件的近似性等方面，其计算结果和实际结构往往有一定误差，因此必须进行桥梁结构的试验模态分析，用实测的方法确定结构的动力参数。该参数虽然比较接近实际结构的情况，但由于受到试验设备的限制，测点数目不可能太多，难以细致地反映动力参数的情况。因此，需要用试验结果修正有限元分析的数据，即进行结构的力学模型修改，以得到有较高置信度的动力参数。

钢筋混凝土桥梁在荷载作用下力学参数的非线性，主要表现在抗弯刚度 EI 的非线性。其中，E 是弹性模量，它与受力之间的非线性称为材料非线性；I 是截面模量，它取决于结构的工作状态。当对梁施加的荷载较小时，其下缘的钢筋和混凝土都参与受拉作用，此时荷载与变形关系接近于线性，接近常量。当继续加荷，梁下缘开裂，混凝土逐渐退出抗拉状态，梁的中性轴上移，此时的荷载与变形呈现的非线性称为几何非线性。以上的非线性规律，国内外已有大量的研究。除此之外，结构的动力参数，如固有频率和阻尼等也表现出非线性特征。

动力参数的非线性实际上是由于施加静荷载很大引起的，即对动荷载产生的响应有放大作用。不同的静荷载使结构处于不同的工作状态，从而对应有不同的动力参数。

对于梁结构，静荷载试验的传统加载方法为反力梁加载及重物加载，但在进行动力试验时，前者对结构有附加约束改变了结构的力学体系和刚度；后者增加了结构的参振质量。

对于钢筋混凝土桥，在一般情况下由于车辆的自重比桥梁的自重小，可以把桥梁系统作为受动态力作用的弹性梁来考虑。该力的幅度随时间改变，其作用点也在改变。由于桥面不平整，汽车对桥施加的动荷载是一种非平稳的随机过程。

通常汽车是沿纵轴线对称，如忽略轮胎阻尼，可将汽车荷载简化成单个的轴荷载。其阻尼和刚度可以通过测定轮胎及悬架的弹性，钢板弹簧加载、卸载曲线包围的面积和得出。而且，由于桥面的凹凸不平引起的车辆的随机振动，从而使车辆对桥梁的动荷载包含有随机激励的部分。

7. 桥梁动载试验报告的编写

一般情况下，桥梁荷载试验报告应同时包括静载试验与动载试验两部分内容。在静载试验报告内容的基础上，另外增加动载试验内容，从而形成完整的荷载试验报告。在全部动载试验资料整理与分析处理的基础上，编写桥梁结构动载试验部分报告。其主要内容应该包括下列九项。

1）试验目的

根据试验对象的特点，有针对性地说明结构动载试验所要达到的目的和要求。

2）试验依据

说明结构动载试验所依据的相关规范、规程或技术文件。

3）试验方案

根据动载试验目的，在试验方案设计中要说明以下主要内容：

(1) 测试项目、测试方法、测点布置和仪器配备情况，并附以简图。

(2) 试验荷载的形式（标准车列或汽车荷载）以及选择何种激振方法（试验汽车跳车、跑车或其他激振形式）。

(3) 根据桥梁结构动力分析专用程序，计算动力试验荷载效率 η_d，并通过调整动力试验荷载的布置（如载车重量、车辆间距等），满足 $\eta_d \approx 1.0$ 的要求。

4) 试验过程说明

按照试验计划大纲的内容，简要介绍试验实施概况，如说明具体组织桥梁动载试验的起讫日期、试验准备阶段的情况、整个试验阶段的特殊问题及其解决办法。

5) 各项试验达到的精度

将试验中使用的各种仪器、仪表的类型、参数、检定证书、测量精度（最小读数）、标定情况等列表说明；同时，还要说明试验中可能使用的夹具、传感器等对试验精度的影响程度。

6) 试验成果与分析

依据桥梁结构动载试验项目，对试验成果进行分析与评定，将理论计算值与实测值进行对比，说明理论与实践两者的符合程度，从中得出试验桥梁所具有的实际结构动力特性及桥梁营运状况，以及从试验中所发现的问题。绘制结构振型图、冲击系数与不同车速的关系分析图等。

7) 试验记录摘录

将试验中所实测的控制数据，以列表或曲线的形式表达出来。

8) 技术结论

根据综合分析的结果，得出最后的技术结论。对试验桥梁作出科学的评价，同时根据存在的问题，对新建桥提出改进设计或加强养护方面的建议；对旧桥提出加固方案或维修养护甚至是拆除重建方面的建议。

9) 图表信息

在报告的最后，一般应附上具有代表性的动载记录图表。

7.5 工程实例

某市立交桥工程建成于 1990 年。桥梁主跨为 30m＋50m＋30m 下承载式预应力单箱肋混凝土悬臂梁，跨中设置预应力混凝土挂梁，挂梁跨度为 16m。西侧引跨为 $7 \times 20m ＋ 25m$ 预应力混凝土简支箱梁。东侧引跨为 $6 \times 20m$ 预应力混凝土简支箱梁，下部结构采用独桩、独柱形式。桥面布置为：机动车道宽度 10m（3 车道），人行道 $2 \times 1.5m$，桥梁全宽 13m。设计荷载等级为汽车－15 级，验算荷载为挂－80 级，人群荷载采用 $3.5 kN/m^2$。

(一) 试验检测目的、内容

1. 检测及试验目的

根据相关试验准则、试验依据，确定本次检测及试验目的如下：

(1) 通过检测，对桥梁结构材料的缺损状况、病害成因作出科学明确的判定；

(2) 直接了解大桥的实际结构受力状况，判断实际承载能力，验证设计计算结果，评价大桥在设计使用荷载下的结构性能；

(3) 通过测量桥梁结构在静力试验荷载作用下的变形和内力，确定桥梁结构的实际工作状态与设计期望值是否相符，检验桥梁结构实际性能，如结构的强度、刚度等是否达到设计要求；

(4) 通过动载试验了解桥跨结构的固有振动特性以及在试验荷载作用下的动力性能；

(5) 作为大桥的信息档案，为桥梁运营管理提供基本信息或参考依据；

(6) 通过动静载试验，检验并判断桥梁是否满足设计要求，为桥梁的管理、养护维修，积累技术资料。

2. 检测及试验内容

(1) 该立交桥结构检测，包括技术状况评估、外观检测及荷载试验（动静载试验）等。

(2) 根据西工立交桥的试验目的和结构特点确定荷载试验内容为：西工立交桥横跨沈大电气化铁路跨铁路段的静、动载试验。

(3) 新型检测设备试验测试项目：结构位移检测仪（DIC）、桥梁远距离检测系统。

(二) 检查工作计划

1. 检测人员培训及投入

针对该项目检测的特点、性质、规模，加强对全体检测人员的培训工作，提高全员的质量安全意识，为圆满地完成本次检测任务提供可靠的保障。具体内容如下：

(1) 依据桥梁检测相关的规范、标准，按照定期检测及特殊检测项目的要求，对全体检测人员进行检测前培训，包括外业数据采集、内业数据整理、分析及评定，进行系统的培训。

(2) 加强检测全过程的技术关键环节、主要注意事项的培训工作，抓住检测重点，尽量避免出现原则、方向性的错误，总体控制住检测全过程的技术质量工作。

(3) 外业数据采集应根据不同的结构形式，对典型病害、特殊病害做好系统采集工作，规范标识、清晰记录，便于后期数据处理及病害分析。

(4) 内业数据整理应确保完全按照外业采集数据进行录入，不能擅自修改外业原始数据，确保检测数据的真实性。

(5) 对检测报告编写、审核的技术人员进行集中培训，加强对规范的理解，报告编写人应与报告记录人加强沟通，保证病害录入及描述的准确。

(6) 对外业人员，进行各种检测仪器设备使用培训，了解和掌握检测仪器设备功能及使用注意事项，以确保外业数据采集的真实性、可靠性。

(7) 开工前，对检测人员进行安全教育和安全技能培训，提高职工安全意识，确保安全检测。

拟投入的人员情况（略）。

2. 荷载试验、检测工作安排

该立交桥检测工作将分前期资料调查、方案制定、前期准备（人员及仪器进场）、现场检测试验、检测数据处理及报告编制六个阶段进行，各阶段互有交叉，初步拟定的检测工作流程如表 7-1 所示，检测及荷载试验周期估计共 20 天。暂定 4 月 10 日进行现场信息调查，4 月 22 日至 5 月 1 日进行检测工作及动静载试验。根据检测车使用情况，具体确定下一步的检测时间。

项目实施时间计划表　　　　　　　　　　　表 7-1

	工作内容	时间安排（d）												
		1	2	3	4	5	6	7	...	...	15	16	17	18	19	20
1	资料调查 1															
2	方案制定 3															
3	人员及仪器进场 1															
4	外观检查 4															
5	动静载试验准备及试验 6															
6	数据处理 2															
7	报告编制 3															

为确保桥梁现场检查工作的准确性，要对桥梁进行初步调查，并收集相关资料，主要有以下内容：

（1）设计资料：包括设计计算书、设计图纸（包括变更设计的有关资料）和桥位的地质资料。

（2）施工资料：竣工资料及图纸，各种材料试验资料、竣工验收资料（含隐蔽工程验收记录）、定点观测记录。

（3）工程监理资料：施工监理过程中有无质量事故及纠正过程。

（4）养护、维修加固资料：营运过程中超载情况，桥梁的交通量以及是否有过维修加固以及维修加固设计情况。此外还要向桥位周边的人群及桥梁养护管理人员了解桥梁情况，如：是否有过自然或人为的损坏事件，是否有过大中修等。

（5）检测资料：历次检测报告及常规定期检测中提出的建议，在此基础上，做到有针对性特殊检测。

（6）核对桥梁的基本数据，寻找有关基准点，若没有相关标记，需要设置永久性观测点，测点的编号、位置（距离、标高和地物特征）均应在外业原始记录中标明。

（7）在现场检查前必需尽可能多地收集上述有关资料，并简单进行了解、熟悉和分析桥梁现状资料，以便实施检查时做到心中有数，利于病害原因分析。

（三）主桥动力荷载试验

1. 动力试验测试内容

测试内容分为无障碍行车试验及有障碍行车试验，主要测定桥跨结构控制截面应变的动态增大效应。

2. 动力试验荷载及其作用方式

1）无障碍行车试验

在桥面无任何障碍的情况下，用两辆载重汽车（重量为 350kN）按对称情形，以 20～50km/h 的速度驶过桥跨结构，测定桥跨结构在运行车辆荷载作用下的动载响应（动应变）和冲击系数。如图 7-19 所示。

2）有障碍行车试验

在桥梁主跨跨中截面处设置障碍物（横断面底宽为 30cm、矢高为 5cm 的三角形木板，长 3.5m，图 7-20 和图 7-21）情况下，模拟桥面铺装局部损伤状态，用两辆载重汽车（重量为 400kN）按对称情形驶过桥跨结构，测定桥跨结构在运行车辆荷载作用下的动载响应（动应变）和冲击系数，测定桥跨结构在桥面不良状态时运行车辆荷载作用下的动力响应。

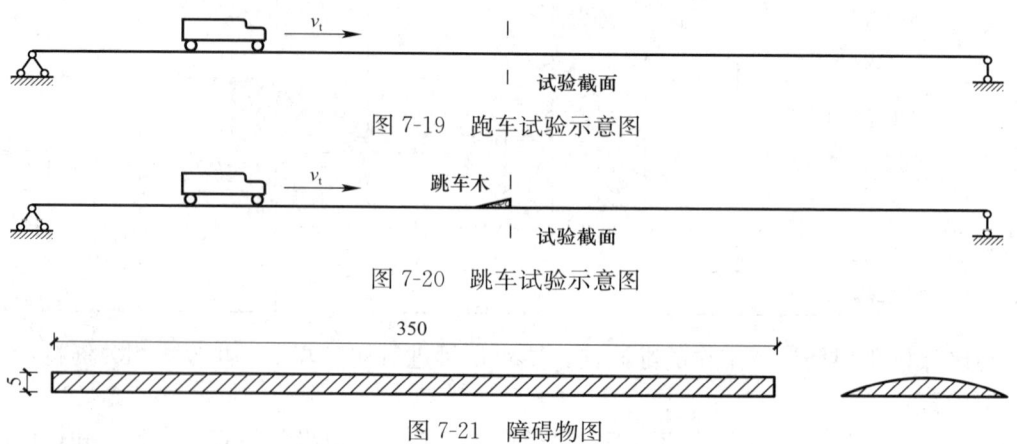

图 7-19　跑车试验示意图

图 7-20　跳车试验示意图

图 7-21　障碍物图

3. 动力试验测记项目及测记方法

桥跨结构的动力响应采用在选定测点上安装拾振器，匹配动应变测试系统，用笔记本电脑采集数据。

4. 测试断面与测点布置

1）测试的项目内容

主要通过测试桥跨结构在动荷载作用下的应变时程曲线，并通过分析得出桥跨结构的最大动应变、冲击系数。

2）测试断面及测点布置

行车（无障碍和有障碍）试验测试断面布置在主桥支点截面（A_1-A_1 断面）箱外底板，每个断面布置 3 个测点。

（四）主桥振动特性试验

脉动试验，在桥面无任何交通荷载以及桥址附近无规则振源的情况下，测定桥跨结构由于桥址处风荷载、地脉动、水流等随机荷载激振而引起的桥跨结构微小振动响应。

主桥振动特性试验方案：

1. 测试内容

振动特性试验测试的主要项目为桥跨结构的自振频率、振型和阻尼比。

2. 测试断面及测点布置

振动特性试验的测试断面布置在桥跨三分点。

3. 测试与分析方法

（1）测试前，对测试系统、拾振传感器等进行调试。

（2）应用环境随机振动法进行桥梁结构的振动试验。通过拾振传感器、放大器、信号采集系统和计算机，拾取并记录桥梁结构的随机振动响应。

（3）联合基于傅里叶变换的谱峰值法、随机子空间法以及随机变量法，进行振动特性参数分析。

第8章
建筑结构检测

建筑结构的检测应根据规范、标准的要求和建筑结构工程质量评定或既有建筑结构性能鉴定的需要合理确定检测项目及检测方案，应为建筑结构工程质量的评定或建筑结构性能的鉴定提供真实、可靠、有效的检测数据和检测结论。按照结构材料的不同，分为混凝土结构检测、砌体结构检测和钢结构检测。下面对此三种结构检测内容进行介绍。

8.1 混凝土结构现场检测技术

混凝土结构现场检测分为工程质量检测和结构性能检测。工程质量检测为评定混凝土结构工程质量与设计要求或施工质量验收规范规定的符合性所实施的现场检测。结构性能检测为评估混凝土结构安全性、适用性、耐久性或抗灾害能力提供数据所实施的现场检测。

混凝土结构检测的内容包括混凝土强度、混凝土构件外观质量与缺陷、尺寸偏差、变形与损伤、钢筋检测等。

1. 混凝土强度检测

混凝土的强度是决定混凝土结构和构件受力性能的关键因素，也是评定混凝土结构和构件性能的主要参数。混凝土的强度检测常用的方法有：回弹法、钻芯法、超声-回弹综合法、超声法后装拔出法等。

1) 回弹法检测混凝土强度

结构现场检测混凝土强度最常用的方法是回弹法，属于非破损检测方法。回弹法检测混凝土指的是使用回弹仪弹击混凝土表面，根据回弹值与抗压强度之间校准的相关关系，用回弹值来推算抗压强度。1948年，瑞士人 E.Schmidt（史密特）发明了回弹仪，该仪器构造简单、操作方便、测试迅速、不破坏原有混凝土，并能较好地反映混凝土的均匀性，该方法在国内外得到了广泛的推广应用。回弹仪构造原理如图8-1所示，主要由弹击杆、重锤、拉簧、压簧及读数标尺等组成。

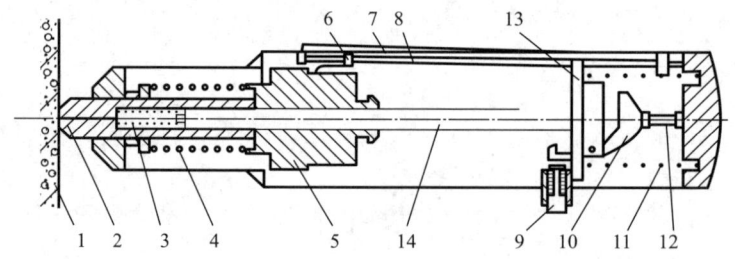

1—结构混凝土表面；2—弹击杆；3—缓冲弹簧；4—拉力弹簧；5—重锤；6—指针；7—刻度尺；
8—指针导杆；9—按钮；10—挂钩；11—压力弹簧；12—顶杆；13—导向法兰；14—导向杆

图 8-1 回弹仪的结构

（1）回弹法的基本原理

回弹法测定混凝土的强度应遵循我国《回弹法检测混凝土抗压强度技术规程》JGJ/T 23—2011 的有关规定。测试时，先轻压一下弹击杆，使按钮松开，让弹击杆徐徐伸出，并使挂钩挂上弹击锤；再将回弹仪对混凝土表面缓慢均匀施压，待弹击锤脱钩。冲击弹击杆后，弹击锤即带动指针向后移动直至达到一定位置，指针块的刻度线即在刻度尺上指示某一回弹值，按下按钮取下仪器，在标尺上读出回弹值。回弹值实际反映的是混凝土的表面硬度，混凝土强度越高，表面硬度也越高，两者之间有一定相关性。因此，使用回弹仪测定混凝土表面硬度，就可以根据测区混凝土强度换算表，推测出混凝土的强度。

(2) 回弹法检测混凝土强度的基本步骤

① 检测准备

检测前，通常需要了解工程名称，设计、施工和建设单位名称，结构名称，外形尺寸、数量及混凝土设计强度等级，水泥品种、安定性、强度等级，砂石种类，外加剂或掺合料品种，结构或构件所处环境条件及存在的问题。其中，以了解水泥的安定性最为重要。若水泥的安定性不合格，则不能采用回弹法检测。

检测前，应对回弹仪在钢砧上进行率定试验（图8-2）。测定回弹值时，取连续向下弹击三次的稳定回弹平均值。

图8-2 回弹仪率定操作

② 测区布置

对于一般构件，原则上测区数目应不少于10个；当一个方向尺寸不大于4.5m，另一方向尺寸不大于0.3m，或者受检构件数量大于30个且不需提供单个构件推定强度时，其测区可适当减少，但不应少于5个。相邻两测区的间距不应大于2m，测区离构件端部或施工缝边缘的距离不宜大于0.5m，且不宜小于0.2m。测区宜选在能使回弹仪处于水平方向的混凝土浇筑侧面。当不能满足这一要求时，也可选在使回弹仪处于非水平方向的混凝土浇筑表面或底面。测区宜布置在构件的两个对称的可测面上，当不能布置在对称的可测面上时，也可布置在同一可测面上，且应均匀分布。在构件的重要部位及薄弱部位应布置测区，并应避开预埋件。测区的面积不宜大于$0.04m^2$。当测区表面应为混凝土原浆面，并应清洁、平整，不应有疏松层、浮浆、油垢、涂层及蜂窝、麻面。

③ 回弹值测量

测量回弹值时，回弹仪的轴线应始终垂直于混凝土检测面，并应缓慢施压、准确读数、快速复位。测点宜在测区范围内均匀分布，相邻两测点的净距离不宜小于20mm；测点距外露钢筋、预埋件的距离不宜小于30mm；气孔或外露石子上不应布置测点，同一测点应只弹击一次。每一测区应读取16个回弹值，每一测点的回弹值读数应精确至1mm。

④ 碳化深度测定

在回弹值测量完毕后，应在有代表性的位置上测量碳化深度值。测点数不应少于构件测区数的30%，取其平均值为该构件每个测区的碳化深度值。当碳化深度值极差大于2.0mm时，应在每一测区测量碳化深度值。试验时，采用电锤或其他合适的工具，在测区表面形成直径为 15mm 的孔洞，吹去洞中粉末（不能用液体冲洗），立即用浓度 1%～2%的酚酞溶液滴在孔洞内壁边缘处，当已碳化（碳化部分不变色）与未碳化（未碳化混凝土变成粉红色）的界限清晰时，应采用碳化深度测试仪测量混凝土表面至变色交界处的垂直距离，即为测试部位的碳化深度，并应测量 3 次，每次读数应精确至 0.25；取三次测量的平均值作为检测结果，数值精确至 0.5mm。

⑤ 回弹值计算

A. 计算测区平均回弹值时，从测区的 16 个回弹值中分别剔除 3 个最大值和 3 个最小值，取余下 10 个有效回弹值的平均值作为该测区的回弹值，即：

$$R_m = \sum_{i=1}^{10} \frac{R_i}{10} \tag{8-1}$$

式中　R_m——测区平均回弹值，精确至 0.1；

　　　R_i——第 i 个测点的回弹值。

B. 当回弹仪测试位置处于非水平方向时（图 8-3），测试角度不同，回弹值应按下式修正：

$$R_m = R_{ma} + R_{m\alpha} \tag{8-2}$$

式中　R_{ma}——非水平方向检测时测区的平均回弹值，精确至 0.1；

　　　$R_{m\alpha}$——非水平方向检测时回弹值修正值，应按本书附录 C 取值。

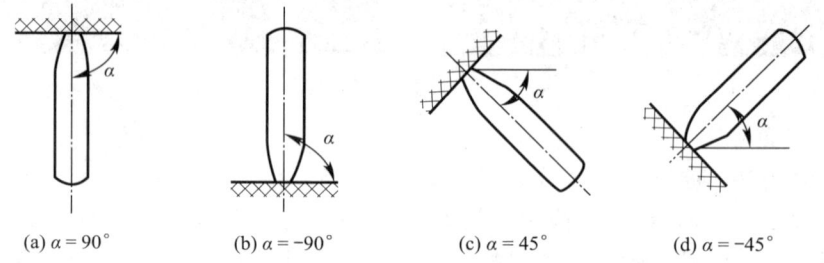

(a) $\alpha = 90°$　　(b) $\alpha = -90°$　　(c) $\alpha = 45°$　　(d) $\alpha = -45°$

图 8-3　测试角度示意图

C. 水平方向检测混凝土浇筑表面或底面时，测得的回弹值按下式修正：

$$R_m = R_m^t + R_a^t \tag{8-3}$$

$$R_m = R_m^b + R_a^b \tag{8-4}$$

式中　R_m^t、R_m^b——水平方向检测混凝土浇筑表面、底面时，测区的平均回弹值，精确至 0.1；

　　　R_a^t、R_a^b——混凝土浇筑表面、底面回弹值的修正值，应按本书附录 D 取值。

当回弹仪为非水平方向且测试面为混凝土的非浇筑侧面时，应先对回弹值进行角度修正，并应对修正后的回弹值进行浇筑面修正。

⑥ 混凝土强度的评定

A. 结构或构件第 i 个测区混凝土强度换算值，可根据修正后的测区平均回弹值（R_m）和平均碳化深度值（d_m）由本书查附录 A、附录 B 或计算得出。

B. 构件的测区混凝土强度平均值可根据各测区的混凝土强度换算值计算。当测区数为 10 个及以上时，应计算强度标准差。平均值及标准差应按式（8-5）和式（8-6）计算：

$$m_{f_{cu}^c} = \frac{\sum_{i=1}^{n} f_{cu,i}^c}{n} \tag{8-5}$$

$$s_{f_{cu}^c} = \sqrt{\frac{\sum_{i=1}^{n}(f_{cu,i}^c)^2 - n(m_{f_{cu}^c})^2}{n-1}} \tag{8-6}$$

式中 $m_{f_{cu}^c}$——构件测区混凝土强度换算值的平均值（MPa），精确至 0.1MPa；

n——对于单个检测的构件，取该构件的测区数；对于批量检测的构件，取所有被抽检构件测区数之和；

$s_{f_{cu}^c}$——结构或构件测区混凝土强度换算值的标准差（MPa），精确至 0.01MPa。

C. 结构或构件的混凝土强度推定值是指相应于强度换算值总体分布中保证率不低于 95%的结构或构件中的混凝土抗压强度值。结构或构件的混凝土强度推定值应按下列方法确定：

a. 当该结构或构件测区数少于 10 个时：

$$f_{cu,e} = f_{cu,\min}^c \tag{8-7}$$

式中 $f_{cu,\min}^c$——构件中最小的测区混凝土强度换算值。

若该结构或构件的测区强度值中出现小于 10.0MPa 的值，则按 $f_{cu,e} < 10.0$MPa 评定。

b. 当该结构或构件测区数不少于 10 个时：

$$f_{cu,e} = m_{f_{cu}^c} - 1.645 s_{f_{cu}^c} \tag{8-8}$$

对按批量检测的构件，当该批构件混凝土强度平均值小于 25MPa、$s_{f_{cu}^c} > 4.5$MPa；或当该批构件混凝土强度平均值不小于 25MPa 且不大于 60MPa、$s_{f_{cu}^c} > 5.5$MPa，则该批构件应全部按单个构件评定。

2）钻芯法检测混凝土强度

钻芯法是采用专用的钻芯机，在结构混凝土构件上直接钻取标准芯样，由芯样的抗压强度推定混凝土的立方体抗压强度，利用此方法测得的混凝土抗压强度值可以直观地反映结构混凝土的质量。由于钻芯取样对结构混凝土造成局部损伤，因此也是一种局部破损的检测手段。

钻芯法可以检测混凝土的强度、裂缝、接缝、分层、孔洞、离析等缺陷，具有直观、精度高等特点，因此广泛应用于工业与民用建筑、水利工程、公路桥梁、机场跑道等混凝土结构或构筑物的质量检测。钻芯法已经在混凝土质量检测中得到普遍的应用。

钻芯法的主要设备机具有钻芯机和芯样切割机。

钻芯法检测混凝土强度的基本步骤为：

（1）钻芯机选取

钻芯机应具有足够的刚度、操作灵活固定和移动方便，还有水冷却系统。钻取芯样时，宜采用人造金刚石薄壁钻头。

（2）钻取芯样位置的确定及数量

取芯位置为结构或构件受力较小的部位；混凝土强度质量具有代表性的部位；便于钻芯机安放与操作的部位；避开主筋、预埋件和管线的位置。对于检测单个构件的混凝土强度时，有效芯样数量一般不少于 3 个；钻芯对构件工作性能影响较大的小尺寸构件，芯样试件的数量不得少于 2 个。

（3）芯样钻取

钻芯机就位并安放平稳后，将钻芯机固定；芯样应进行标记，当所取芯样高度和质量不能满足要求时，则应重新钻取芯样；钻芯后留下的孔洞需要及时修补，钻取芯样时需要控制进钻的速度；钻芯工作完毕后，应对钻芯机和芯样加工设备进行维修保养。

（4）芯样加工

在试验室进行芯样试件制作及芯样试件的抗压强度试验等各环节应遵循《钻芯法检测混凝土强度技术规程》JGJ/T 384—2016 的有关规定。芯样端面必须进行加工磨平，也可以用硫磺胶泥或环氧胶泥在专用补平装置上补平。但需要注意：抗压强度低于 30MPa 的芯样试件，不宜采用磨平端面的处理方法；抗压强度高于 60MPa 的芯样试件，不宜采用硫磺胶泥或环氧胶泥补平的处理方法。

（5）芯样强度检测

芯样试件应在自然干燥状态下进行抗压试验。如结构工作条件比较潮湿，芯样试件应在 (20±5)℃的清水中浸泡 40~48h，从水中取出后立即进行抗压试验。

芯样试件的抗压强度值可按式（8-9）计算：

$$f_{cu,cor} = \beta_c F_c / A_c \tag{8-9}$$

式中　$f_{cu,cor}$——芯样试件抗压强度值（MPa），精确至 0.1MPa；

　　　F_c——芯样试件抗压试验的破坏荷载（N）；

　　　A_c——芯样试件抗压截面面积（mm）；

　　　β_c——芯样试件强度换算系数，取 1.0。

标准芯样的抗压强度与同条件养护同龄期 150mm 立方体试块的抗压强度基本相当。批量检测的混凝土强度的推定值可按《钻芯法检测混凝土强度技术规程》JGJ/T 384—2016 的方法进行计算；单个构件的混凝土强度推定值不再进行数据的舍弃，而应按有效芯样混凝土抗压强度值中的最小值确定。

3）超声波法检测混凝土强度

超声法就是通过测出超声波在混凝土中传播的时间和距离，算出超声波在混凝土中的传播速度，然后依据测定的声速来推断混凝土强度的一种检测方法。超声波在混凝土中的传播速度能反映混凝土的密实度，而混凝土的密实度又与混凝土的强度有关，因此超声波在混凝土中的声速与混凝土的强度之间存在相关关系。混凝土越密实，声波在混凝土中的传播时间越短，声速越大，混凝土强度就越高；反之，混凝土越疏松，声波在混凝土中的传播时间越长，声速越小，混凝土强度也就越低。

超声法是一种非破坏性检测混凝土强度的方法，不会影响混凝土的性能。测量精度高，测试速度快，可以测定较大深度的混凝土。由于混凝土是一种非均匀介质，其骨料品种、骨料粒径、水泥品种、混凝土龄期、钢筋种类及配筋率等影响强度与声速之间的定量关系，尚未建立起统一的声速与混凝土强度的定量关系曲线（测强曲线）。单一地采用超声法测定混凝土强度，误差往往也比较大，目前较好的做法是用较多的综合指标来测定混凝土强度。

4）超声-回弹综合法检测混凝土强度

超声-回弹法是指采用超声仪和回弹仪，在混凝土同一测区分别测量超声波传播速度及回弹值，再利用已建立的测强公式，推算该测区混凝土强度的方法。该方法测试精度高、操作较简便，可以不受混凝土龄期的限制，因而在国内外得到普遍推广应用。

采用超声-回弹综合法检测混凝土强度的步骤，应遵照《超声回弹综合法检测混凝土抗压强度技术规程》T/CECS 02—2020 的要求进行。结构或构件的每个测区内所测得的回弹值和声速值作为推算混凝土强度的综合参数。

在进行超声-回弹综合检测时，结构或构件上每个测区的混凝土强度是根据该区实测的超声波波速及回弹平均值按事先建立的 $f_{cu}^c - v - R_m$ 关系曲线推定的，常用的经验关系曲线如下。

粗骨料为卵石时：
$$f_{cu,i}^c = 0.038(v_{ai})^{1.23}(R_{ai})^{1.95} \tag{8-10}$$

粗骨料为碎石时：
$$f_{cu,i}^c = 0.008(v_{ai})^{1.72}(R_{ai})^{1.57} \tag{8-11}$$

式中 $f_{cu,i}^c$——第 i 个测区混凝土强度换算值，精确至 0.1MPa；

v_{ai}——第 i 个测区修正后的超声波波速值，精确至 0.01km/s；

R_{ai}——第 i 个测区修正后的回弹值，精确至 0.1。

按照规定，得到每个测区的混凝土强度换算值后，就可以根据相应的评定规则推定混凝土的强度性能。

应当指出的是，与单一的回弹法或超声法相比，超声-回弹综合法可以在一定程度上提高测试精度，但同时也增加了检测工作量。特别是与单一的回弹法相比，超声-回弹综合法不再具有简便、快速的优势。

5) 拔出法检测混凝土强度

拔出法是在浇筑混凝土之前预埋金属锚固件（预埋拔出法），或是在已经硬化的混凝土构件上钻孔埋入金属锚固件（后装拔出法），然后采用拔出仪测试锚固件从硬化混凝土中被拔出时的极限拔出力，根据预先建立的拔出力与混凝土强度之间的相关关系推算混凝土的抗压强度。由于拔出法对混凝土局部造成破损，因此是一种局部破损检测混凝土强度的试验方法，检测结果可靠性较高，被检测混凝土抗压强度不应低于 10MPa。

拔出法在我国起步较晚，但引入后发展较为迅速，自 20 世纪 80 年代以来，国内众多科研院所和检测公司对此进行了大量的试验研究，1994 年《后装拔出法检测混凝土强度技术规程》CECS 69：94 正式发布，后于 2011 年修订为《拔出法检测混凝土强度技术规程》CECS 69：2011。混凝土强度常用的几种检测方法的比较见表 8-1。

混凝土强度常用的几种检测方法　　　　　表 8-1

种类	测定内容	适用范围	特点	缺点
回弹法	测定混凝土表面硬度值	混凝土抗压强度	测试简单快捷	测定部位仅为混凝土表面，同一处只能测试一次
钻芯法	从混凝土中钻取一定尺寸的芯样	混凝土的抗压强度及劈裂强度、内部缺陷	测强精度较高	成本较高，对混凝土有损伤，需要修补
超声-回弹综合法	混凝土表面硬度值和超声传播速度	混凝土抗压强度	测试简单，测试精度比单一法高	比单一法复杂
拔出法	测其拔出力	混凝土抗压强度	测强精度较高	对混凝土有一定的损伤，检测后要进行修补

2. 混凝土缺陷检测

混凝土构件的缺陷检测可分为蜂窝、麻面、孔洞、夹渣、露筋、裂缝、疏松区和不同时间浇筑混凝土结合面质量等项目。混凝土外部缺陷，可通过目测、敲击、卡尺及放大镜等方式进行测量。混凝土内部缺陷则主要指由于技术管理不善和施工疏忽，在结构施工过程中因浇捣不密实造成的内部空洞、裂缝、表层损伤的检测等，可采用超声法、冲击反射法等非破损检测方法，必要时可采用局部破损的方法对非破损的检测结果进行验证。混凝土的破损及缺陷对构件的承载能力与耐久性均有显著的影响，因此在工程验收、事故处理及既有结构的可靠性鉴定中属重要检测项目。

超声法检测混凝土缺陷是指采用低频超声波检测仪，测量超声脉冲纵波在结构混凝土中的传播速度（声速）、接收波形的振幅和频率等声学参数，并根据这些参数的相对变化和波形，来判定混凝土中的缺陷。超声法检测混凝土缺陷的基本原理是利用超声波在介质中传播时，遇到缺陷产生绕射使传播速度降低，声时变长；在缺陷界面产生反射，使波幅和频率明显降低，接收波形发生畸变。综合波速、波幅、频率等参数的相对变化和接收波形的变化，对比相同条件下无缺陷混凝土的参数和波形，即可判断和评定混凝土的缺陷及损伤情况。

1) 裂缝检测

(1) 浅裂缝检测：

对于结构混凝土开裂深度小于或等于 500mm 的裂缝，可用平测法或斜测法进行检测。

平测法适用于结构的裂缝部位只有一个可测表面的情况。将仪器的发射换能器和接收换能器对称布置在裂缝两侧（图 8-4），其距离为 l，超声波传播所需时间为 t_c。再将换能器以相同距离 l 平置在完好的混凝土表面，测得传播时间为 t，则裂缝的深度可按式（8-12）进行计算：

$$d_c = \frac{l}{2}\sqrt{\left(\frac{t_c}{t}\right)^2 - 1} \tag{8-12}$$

式中 d_c——裂缝深度，mm；

t、t_c——测距为 l 时不跨缝、跨缝平测的声时值，μs；

l——平测时的超声传播距离，mm。

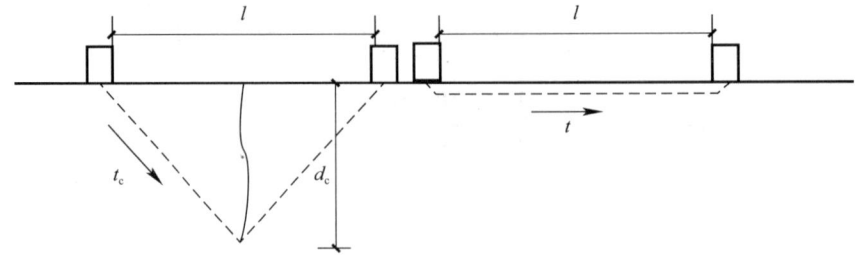

图 8-4 单面平测法检测裂缝深度

实际检测时，可进行不同测距的多次测量，取平均值作为该裂缝的深度值。当结构的裂缝部位有两个相互平行的测试表面时，可采用斜测法检测。将两个换能器分别置于对应测点 1，2，3，…的位置（图 8-5），读取相应声时值 t_i、波幅值 A_i 和频率值 f_i。当两换能器连线通过裂缝时，则接收信号的波幅和频率明显降低。对比各测点信号，根据波幅和频率的突变，可以判定裂缝的深度以及是否在平面方向贯通。

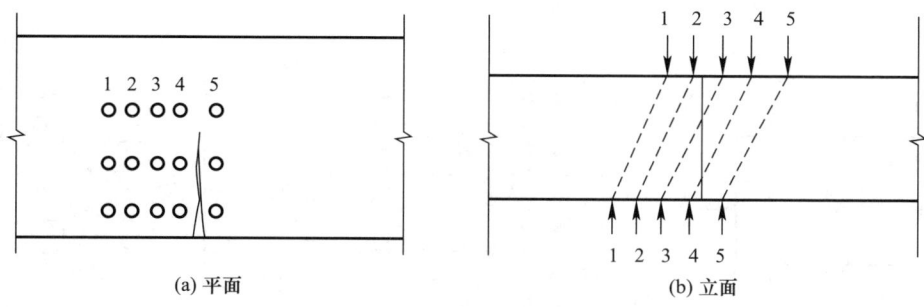

图 8-5　斜测法检测裂缝示意图

按上述方法检测时，在裂缝中不应有积水或泥浆。另外，当结构或构件中有主钢筋穿过裂缝且与两换能器连线大致平行时，测点布置时应使两换能器连线与钢筋轴线至少相距 1.5 倍的裂缝预计深度，以减少量测误差。

（2）深裂缝检测：

对于大体积混凝土，预计深度在 500mm 以上的深裂缝，采用平测法和斜测法有困难时，可采用钻孔检测（图 8-6）。在被测裂缝两侧钻取测试孔，两个对应测试孔的间距宜为 2m，其轴线应保持平行。测试前，应先向测孔中灌注清水，作为耦合介质，将 T 和 R 换能器分别置于裂缝两侧的对应孔中，以相同高程等间距地自上而下同步移动，在不同的深度 d 上进行对测，逐点读取声时和波幅数据。绘制换能器的深度和对应波幅值的 $d\text{-}A$ 坐标图（图 8-7）。波幅值随换能器下降的深度逐渐增大，当波幅达到最大且基本稳定时对应的深度便是裂缝深度 d。测试时，可在混凝土裂缝测孔的一侧另钻一个深度较浅的比较孔（图 8-6 中孔），测试同样测距无缝混凝土的声学参数，与裂缝部位的混凝土对比，进行判别。

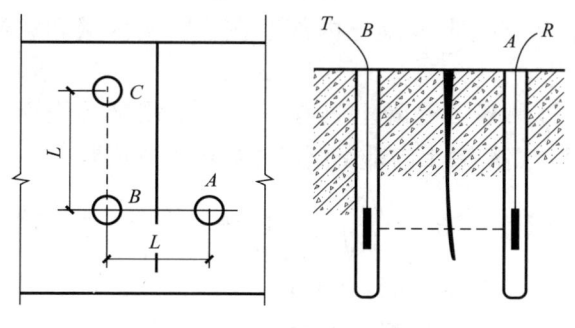

图 8-6　钻孔检测裂缝深度图

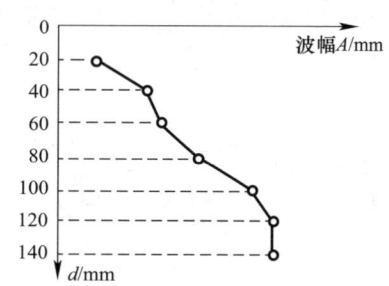

图 8-7　裂缝深度和波幅值的 $d\text{-}A$ 坐标图

2）内部缺陷检测

超声检测混凝土内部的不密实区域或空洞是根据各测点的声时（或声速）、波幅或频率值的相对变化，确定异常测点的坐标位置，从而判定缺陷的范围。其方法有对测法、斜测法、钻孔法。

当结构具有两互相平行的测面时可采用对测法。在测区的两对相互平行的测试面上，分别画间距为 200～300mm 的网格，确定测点的位置（图 8-8）。

当被测结构只有一对相互平行的侧面时可采用斜测法，即在测区的两个相互平行的测试面上，分别画出交叉测试的两组测点位置（图 8-9）。

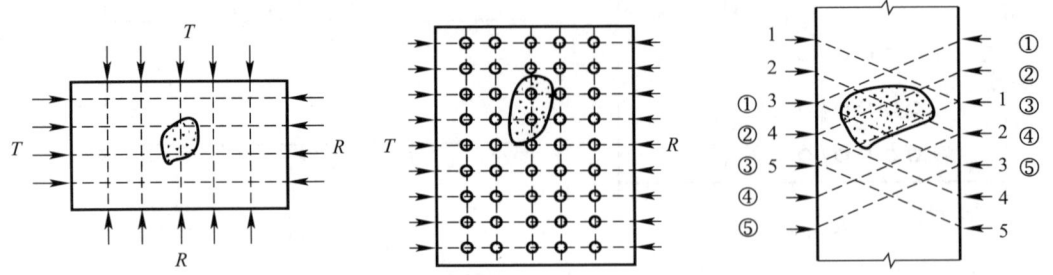

图 8-8　混凝土缺陷对测法测点位置　　　　图 8-9　混凝土缺陷斜测法测点位置

当被测结构采用对测法测试的距离较大时，可在测区的适当部位钻出平行于结构侧面的孔洞，直径为 45～50mm，其深度视测试需要决定。换能器的测点布置如图 8-10 所示。

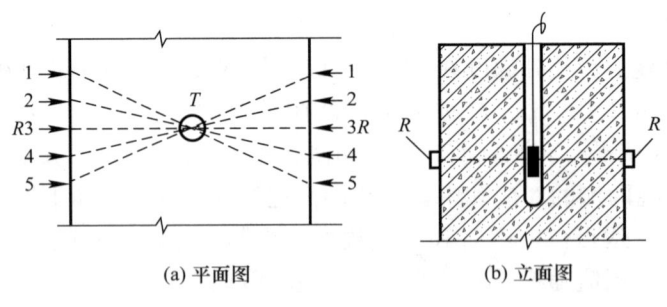

(a) 平面图　　　　(b) 立面图

图 8-10　换能器测点布置

测试时，记录每个测点的声时、波幅、频率和测距，当某些测点出现声时延长，声能被吸收或散射，波幅降低，高频部分明显衰减的异常情况时，通过对比同条件混凝土的声学参数，结合异常点的分布及波形状态确定混凝土内部存在不密实区域和空洞的范围。

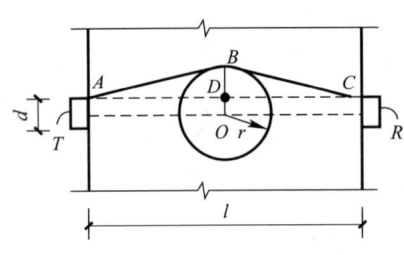

图 8-11　混凝土内部空洞尺寸估算

当被测部位混凝土只有一对可供测试的表面时（图 8-11），混凝土内部空洞尺寸可按下式估算：

$$r = \frac{l}{2}\sqrt{\left(\frac{t_h}{t_{ma}}\right)^2 - 1} \qquad (8\text{-}13)$$

式中　r——空洞半径，mm；

l——检测距离，mm；

t_h——缺陷处的最大声时值；

t_{ma}——无缺陷区域的平均声时值，μs。

3. 钢筋检测

混凝土结构中的钢筋是决定和影响承载能力的关键因素，因此对钢筋进行检测是十分重要的。检测的内容主要包括钢筋的配置、钢筋的材质和钢筋的锈蚀。

1) 钢筋配置的检测

钢筋配置的检测可分为钢筋位置、保护层厚度、直径、数量等项目。钢筋位置、保护层厚度和钢筋数量,宜采用非破损的雷达法或电磁感应法进行检测,必要时可凿开混凝土进行钢筋直径或保护层厚度的验证。

对已建混凝土结构进行施工质量诊断及可靠性鉴定时,要求确定钢筋位置、布筋情况,正确测量混凝土保护层厚度和估测钢筋的直径。

实际工程中常用的是钢筋探测仪,其基本操作如下:

(1) 钢筋探测仪开机检查;

(2) 确定检测区域,粘贴检测坐标纸,钢筋探测仪预设一个钢筋直径,将探头在检测面上移动,找到钢筋位置及走向并做标记;

(3) 将探头放置于钢筋的正上方,探头轴向与钢筋走向一致,测出钢筋的直径;

(4) 重新输入钢筋直径,同样将探头置于钢筋的正上方,轴向与钢筋平行,便可以准确测出保护层的厚度。

2) 钢筋材质的检测

对已埋置在混凝土中的钢筋,目前还不能用非破损检测方法来测定材料性能,也不能从构件的外观形态来推断。当原始资料能充分证明所使用的钢筋力学性能及化学成分合格时,方可据此给出处理意见。当无原始资料或原始资料不足时,则需要在构件内截取试样试验。取样应特别注意尽量在受力较小的部位或具有代表性的次要构件上截取试样,必要时采取临时支护措施,取样完毕立即按原样修复。

3) 钢筋锈蚀的检测

锈蚀的混凝土钢筋不仅会对混凝土结构的安全性、稳定性造成不良影响,也会使得建筑外观的美观性受到损坏,科学检测混凝土钢筋的锈蚀情况,不仅在于了解并把握混凝土钢筋结构的质量性能情况,也为建筑物的安全性和稳固性提供了必要保障。

检测钢筋的锈蚀常用的一种方法是半电池电位法。其测试原理是根据电化学原理,当混凝土中的钢筋一旦被腐蚀,钢筋中已腐蚀与未腐蚀层的界面之间,因分子所处的电位不同,形成了电位差。检测时采用有铜-硫酸铜作为参考电极的半电池探头的钢筋锈蚀探测仪,用半电池电位法测量钢筋表面与探头之间的电位差,利用钢筋锈蚀程度与测量电位间建立的一定关系,由电位高低变化的规律判断钢筋锈蚀的可能性及其锈蚀程度。表 8-2 所示为钢筋锈蚀状况的判别标准。

钢筋锈蚀状况的判别标准 表 8-2

电位水平/mV	钢筋状态
0~−100	未锈蚀
−100~−200	发生锈蚀的概率<10%,可能有锈斑
−200~−300	锈蚀不确定,可能有坑蚀
−300~−400	发生锈蚀的概率>90%,可能大面积锈蚀
<−400	肯定锈蚀,严重锈蚀

注:如果某处相邻两测点值大于 150mV,则电位更低的测值处判为锈蚀。

8.2 砌体结构现场检测技术

1. 砌体结构检测的内容和检测方法的分类
1) 砌体结构检测的内容

由块体和砂浆砌筑而成的墙、柱作为建筑物主要受力构件的结构,称为砌体结构。施工质量的变异较大,强度相对较低,使用过程中易出现开裂现象。因此,砌体结构的检测主要为强度和施工质量,其中强度包括砌筑块材强度、砂浆强度及砌体强度;施工质量包括组砌方式、灰缝砂浆饱满度、灰缝厚度、截面尺寸、垂直度及裂缝等。具体的检测项目应根据施工质量验收、鉴定工作的需要和现场的检测条件等具体情况确定。

2) 砌体结构现场检测方法的分类

(1) 按对砌体结构的损伤程度分为下列几类:

① 非破损检测方法,在检测过程中对砌体结构的既有力学性能没有影响。

② 局部破损检测方法,在检测过程中对砌体结构的既有力学性能有局部的、暂时的影响,但可修复。

(2) 按测试内容分为下列几类:

① 检测砌体抗压强度可采用原位轴压法、扁顶法、切制抗压试件法。

② 检测砌体工作应力、弹性模量可采用扁顶法。

③ 检测砌体抗剪强度可采用原位单剪法、原位双剪法。

④ 检测砌筑砂浆强度可采用推出法、筒压法、砂浆片剪切法、回弹法、点荷法、射钉法。

根据检测目的、设备及环境条件,可按照表 8-3 选择检测方法。

砌体工程现场检测方法一览表　　　　表 8-3

序号	检测方法	特点	用途	使用条件
1	原位轴压法	①属原位检测,直接在墙体上测试,测试结果综合反映了材料质量和施工质量;②直观性、可比性强;③设备较重;④检测部位局部破损	检测普通砖砌体的抗压强度	①槽间砌体每侧的墙体宽度应不小于1.5m;②同一墙体上的测点数量不宜多于1个,测点数量不宜太多;③限用于240mm砖墙
2	扁顶法	①属原位检测,直接在墙体上测试,测试结果综合反映了材料质量和施工质量;②直观性、可比性较强;③扁顶(扁式液压千斤顶)重复使用率较低;④砌体强度较高或轴向变形较大时,难以测出抗压强度;⑤设备较轻;⑥检测部位局部破损	①检测普通砖砌体的抗压强度;②测试古建筑和重要建筑的实际应力;③测试具体工程的砌体弹性模量	①槽间砌体每侧的墙体宽度不应小于1.5m;②同一墙体上的测点数量不宜多于1个,测点数量不宜太多
3	原位单剪法	①属原位检测,直接在墙体上测试,测试结果综合反映了施工质量和砂浆质量;②直观性强;③检测部位局部破损	检测各种砌体的抗剪强度	①测点选在窗下墙部位,且承受反作用力的墙体应有足够长度;②测点数量不宜太多
4	原位单砖双剪法	①属原位检测,直接在墙体上测试,测试结果综合反映了施工质量和砂浆质量;②直观性较强;③设备较轻便;④检测部位局部破损	检测烧结普通砖砌体的抗剪强度,其他墙体应经试验确定有关换算系数	当砂浆强度小于5MPa时,误差较大

续表

序号	检测方法	特点	用途	使用条件
5	推出法	①属原位检测,直接在墙体上测试,测试结果综合反映了施工质量和砂浆质量;②设备较轻便;③检测部位局部破损	检测普通砖墙体的砂浆强度	当水平灰缝的砂浆饱满度低于65%时,不宜选用
6	筒压法	①属取样检测;②仅须利用一般混凝土试验室的常用设备;③取样部位局部损伤	检测烧结普通砖墙体中的砂浆强度	测点数量不宜太多
7	砂浆片剪切法	①属取样检测;②专用的砂浆测强仪和其标定仪,较为轻便;③试验工作较简便;④取样部位局部损伤	检测烧结普通砖墙体中的砂浆强度	
8	回弹法	①属原位无损检测,测区选择不受限制;②回弹仪有定型产品,性能较稳定,操作简便;③检测部位的装修面层仅局部损伤	①检测烧结普通砖墙体中的砂浆强度;②适宜于砂浆强度均质性普查	砂浆强度不应小于2MPa
9	点荷法	①属取样检测;②试验工作较简便;③取样部位局部损伤	检测烧结普通砖墙体中的砂浆强度	砂浆强度不应小于2MPa
10	射钉法	①属原位无损检测,测区选择不受限制;②射钉枪、子弹、射钉有配套定型产品,设备较轻便;③墙体装修面层仅局部损伤	适宜于烧结普通砖和多孔砖砌体中,砂浆强度均质性普查	①定量推定砂浆强度,宜与其他检测方法配合使用;②砂浆强度不应小于2MPa;③检测前,需要用标准靶检校

2. 砌体结构现场取样检测的步骤

(1) 收集被检测工程的原设计图纸、施工验收资料、砖与砂浆的品种及有关原材料的试验资料;现场调查工程的结构形式、环境条件、使用期间的变更情况、砌体质量及存在问题;进一步明确检测原因和委托方的具体要求。

(2) 应根据调查结果和确定的检测目的、内容和范围,选择一种或数种检测方法。

(3) 计算分析过程中若发现测试数据不足或出现异常情况,应组织补充测试。检测工作完毕,应及时提出符合检测目的的检测报告。

(4) 对被检测工程划分检测单元,并确定测区和测点数。当检测对象为整栋建筑物或建筑物的一部分时,应将其划分为一个或若干个可以独立进行分析的结构单元,每个结构单元划分为若干个检测单元。每个检测单元内,应随机选择6个构件(单片墙体、柱)作为6个测区。当一个检测单元不足6个构件时,应将每个构件作为一个测区。每个测区应随机布置若干个测点,各种检测方法的测点数:原位轴压法、扁顶法、原位单剪法、筒压法的测点数不应少于1个;原位单砖双剪法、推出法、砂浆片剪切法、回弹法、点荷法、射钉法的测点数不应少于5个。

3. 砌体结构检测的依据

《砌体工程现场检测技术标准》GB/T 50315—2011;

《贯入法检测砌筑砂浆抗压强度技术规程》JGJ/T 136—2017;

《建筑结构检测技术标准》GB/T 50344—2019;

《砌体基本力学性能试验方法标准》GB/T 50129—2011。

4. 砌体强度检测

砌体强度检测的方法有取样法、现场原位法。取样法是从砌体中截取试件,在试验室测定试件的强度。原位法是在现场测试砌体的强度。

砌体强度检测可分为砌体抗压强度检测和砌体抗剪强度检测。砌体抗压强度检测方法主要有：扁顶法、原位轴压法和切制抗压试件法；砌体抗剪强度检测法主要有：原位单剪法、原位双剪法等。

1）原位轴压法

原位轴压法适用于推定 240mm 厚普通砖砌体的抗压强度。测试装置如图 8-12 所示。检测时，在墙体上开凿两条水平槽孔，安装原位压力机。原位压力机由手动油泵、扁式千斤顶、反力平衡架等组成。

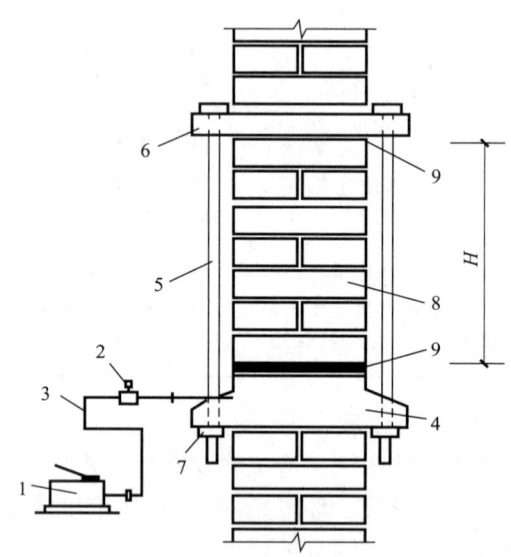

1—手动油泵；2—压力表；3—高压油管；4—扁式千斤顶；5—钢拉杆(共4根)；
6—传力板；7—螺母；8—槽间砌体；9—砂层；H—槽间砌体高度

图 8-12 原位轴压法测试装置

测点选取要具有代表性：检测部位宜选在墙体中部距楼、地面 1m 左右的高度处；槽间砌体每侧的墙体宽度不应小于 1.5m；同一墙体上，测点不宜多于 1 个，且宜选在沿墙体长度的中间部位；多于 1 个时，其水平净距不得小于 2.0m；测试部位不得选在挑梁下、应力集中部位以及墙梁的墙体计算高度范围内。

2）扁顶法

扁顶法适用于推定普通砖砌体的受压弹性模量、抗压强度、受压工作应力。扁顶法试验装置（图 8-13）是由扁式液压千斤顶（扁顶）、手动液压泵等组成的。试验时，将所检墙体的水平灰缝处砂浆掏空，形成两条水平空槽，然后把扁顶放入空槽内，手动液压泵加压，由压力表测定施加压力的大小，在被测试砌体部位布置应变测点进行检测。它也可测量墙体的受压工作应力和砌体的弹性模量，首先在砖墙内开凿水平灰缝槽并在槽内装入扁顶，然后通过扁顶对墙体加载，使墙体的变形恢复到开槽之前的状态。加载系统压力表显示的压力就是墙体的受压工作应力。

扁顶法与原位轴压法在原理上是完全相同的，都是在砌体内直接抽样加载，测得破坏荷载，并按式（8-14）计算砌体轴心抗压强度。

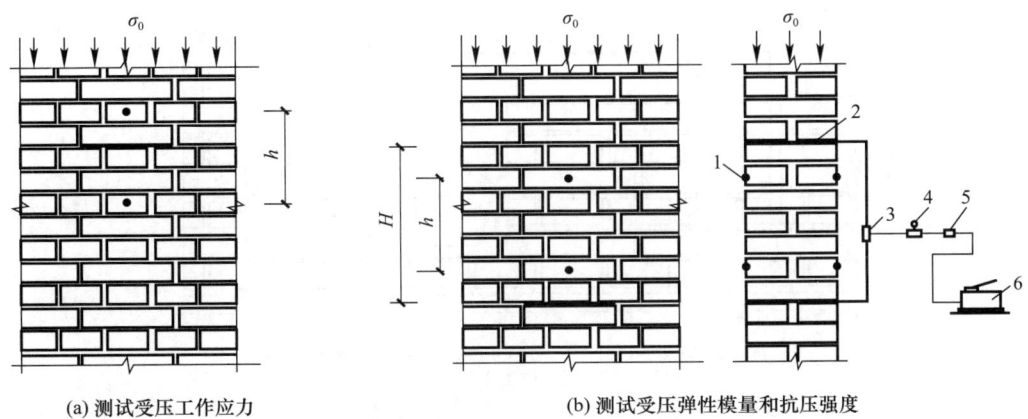

(a) 测试受压工作应力　　　　(b) 测试受压弹性模量和抗压强度

1—变形量测脚标(两对)；2—扁式液压千斤顶；3—三通接头；4—压力表；5—溢流阀；6—手动液压泵；
H—槽间砌体高度；h—脚标之间的距离

图 8-13　扁顶法试验装置与变形测点布置

$$f = \frac{F}{A \cdot K} \tag{8-14}$$

式中　f——砌体轴心抗压强度，MPa；

　　　F——试样的破坏荷载，N；

　　　A——试样的截面尺寸，mm^2；

　　　K——对应于标准试件的强度换算系数。

3）原位单剪法

原位单剪法适用于推定砖砌体沿通缝截面的抗剪强度。为了便于检测时设备的安放以及降低试验对砌体半破损造成的影响，测试部位选在窗洞口或其他洞口以下三皮砖范围内。试件的具体尺寸如图 8-14 所示。检测装置如图 8-15 所示，测试设备包括螺旋千斤顶或卧式液压千斤顶、荷载传感器等。试件的预估破坏荷载值应在千斤顶、传感器最大测量值的 20%～80%。检测前，应标定荷载传感器及数字荷载表，其示值相对误差不应大于 2%。

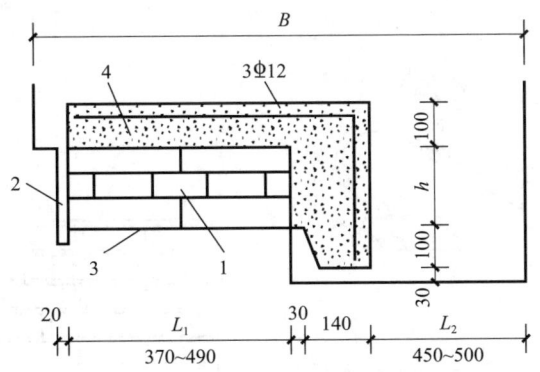

1—被测砌体；2—切口；3—受灰缝；4—现浇混凝土传力件；h—三皮砖的高度；
B—洞口宽度；L_1—切面长度；L_2—设备长度预留空间

图 8-14　原位单剪试件大样

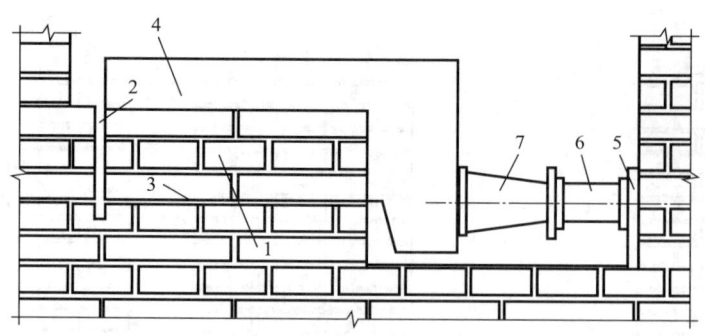

1—被测砌体；2—切口；3—受剪灰缝；4—现浇混凝土传力件；
5—垫板；6—传感器；7—千斤顶

图 8-15 原位单剪法测试装置

现场检测时，在选定墙体上采用振动较小的工具加工切口，并现浇混凝土传力件（混凝土强度等级不应低于 C15），测量被测灰缝的受剪面尺寸（精确至 1mm）；安装千斤顶及测试仪表，千斤顶的加力轴线与被测灰缝顶面应对齐；应匀速施加水平荷载，并控制试件在 2～5min 内破坏，当试件沿受剪面滑动、千斤顶开始卸荷时，即判定试件达到破坏状态，记录破坏荷载值，结束试验；在预定剪切面（灰缝）破坏，此次试验有效；加荷试验结束后，翻转已破坏的试件，检查剪切面破坏特征及砌体砌筑质量，并详细记录。

按下式计算被测件沿通缝截面的抗剪强度：

$$f_{vij} = \frac{N_{vij}}{A_{vij}} \tag{8-15}$$

式中 f_{vij}——第 i 个测区第 j 个测点的砌体沿通缝截面的抗剪强度，MPa；

A_{vij}——第 i 个测区第 j 个测点单个受剪截面的面积，mm²；

N_{vij}——第 i 个测区第 j 个测点的抗剪破坏荷载，N。

4）原位单砖双剪法

原位单砖双剪法是采用原位剪切仪在墙体上对单块顺砖进行双面受剪试验，适用于推定烧结普通砖砌体的抗剪强度的方法。原位剪切仪如图 8-16 所示，检测示意图如图 8-17 所示。

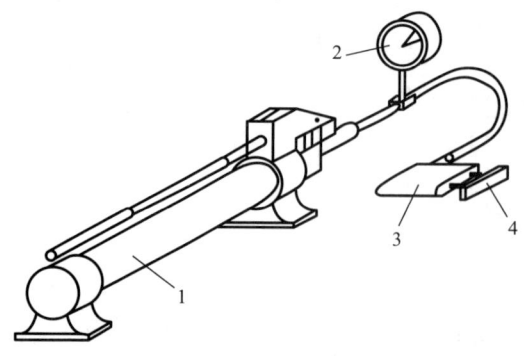

1—油泵；2—压力表；3—剪切仪主机；4—承钢板

图 8-16 成套原位剪切仪示意图

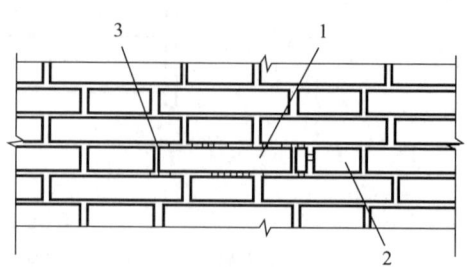

1—剪切被测件；2—剪切仪主机；3—掏空的竖缝

图 8-17 原位单砖双剪法检测示意图

原位单砖双剪法宜选用释放受剪面上部压应力 σ_0 作用下的检测方案；当能准确计算上部压应力 σ_0 时，也可选用在上部压应力作用下的检测方案。当采用释放上部压应力 σ_0 的检测方案时，应按图 8-18 进行检测。掏空水平灰缝，掏空范围由剪切被测件的两端向上按 45°扩散至掏空的水平缝，掏空长度应小于 620mm 且大于 240mm。将剪切仪主机放入开凿好的孔洞中，使仪器的承压板与被测件的砖块顶面重合，仪器轴线与砖块轴线吻合。若开凿孔洞过长，在仪器尾部应另加垫块。操作剪切仪，匀速施加水平荷载，直至被测件和砌体之间发生相对位移，被测件达到破坏状态。加荷的全过程宜为 1～3min。

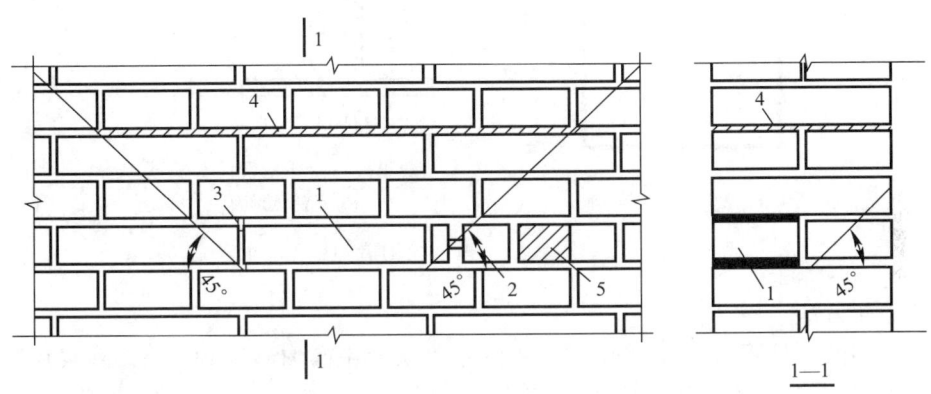

1—试样；2—剪切仪主机；3—掏空的竖缝；4—掏空的水平缝；5—垫块

图 8-18 原位单砖双剪法方案示意图

按下式计算被测试件的抗剪强度：

$$f_{vij} = \frac{0.32 N_{vij}}{A_{vij}} - 0.70 \sigma_{0ij} \tag{8-16}$$

式中 A_{vij}——第 i 个测区第 j 个测点单个灰缝受剪截面的面积，mm^2；

σ_{0ij}——该测点上部墙体的压应力（MPa），当忽略上部压应力作用或释放上部压应力时，取为 0。

5. 砂浆强度检测

砌筑砂浆的检测项目可分为砂浆强度、品种、抗冻性和有害元素含量检测等。测定砖砌体砂浆强度的方法可以分为取样法和原位法。取样法属于间接检测，又分为筒压法、推出法、砂浆片剪切法、点荷法和抗折法等。原位法属于直接法检测，包括回弹法、压入法和粘结法。下面介绍几个常用的检测方法：

1) 筒压法

筒压法是指检测时从砖墙中抽取砂浆试样，将取样砂浆破碎、烘干并筛分成符合一定级配要求的颗粒，装入承压筒并施加筒压荷载后，检测其破损程度，用筒压比表示，以此推定其抗压强度。

（1）适用范围

筒压法适用于推定烧结普通砖墙中的砌筑砂浆强度，不适用于推定高温、长期浸水、遭受火灾、环境侵蚀等砌筑砂浆的强度。

（2）检测设备

筒压法的主要检测设备有：承压筒（图 8-19），可用普通碳素钢或合金钢自行制作，也可用测定轻集料筒压强度的承压筒代替；50～100kN 压力试验机或万能试验机；砂摇筛机；干燥箱；孔径为 5mm、10mm、15mm 的标准砂石筛（包括筛盖和底盘）；水泥电动跳桌；称量为 1000g、感量为 0.1g 的托盘天平。

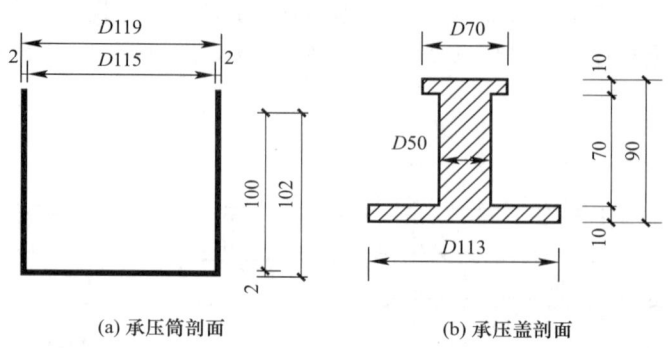

(a) 承压筒剖面　　(b) 承压盖剖面

图 8-19　承压筒构造

（3）检测方法

在每个测区，从距墙表面 20mm 以内的水平灰缝中凿取砂浆约 4kg，砂浆片（块）的最小厚度不得小于 5mm。使用手锤击碎样品，筛取粒径为 5～10mm 的砂浆颗粒约 3kg，在 (105±5)℃ 的温度下烘干至恒重，待冷却至室温后备用。

每次取烘干样品约 1kg，置于孔径为 5mm、10mm、15mm 的标准筛所组成的套筛中，机械摇筛 2min 或手工摇筛 1.5min。称取粒径为 5～10mm 和 10～15mm 的砂浆颗粒各 250g，混合均匀后即为一个试样。共制备三个试样。每个试样应分两次装入承压筒。每次约装 1/2，在水泥跳桌上跳振 5 次。第二次装料并跳振后，整平表面，安上承压盖。

将装料的承压筒置于试验机上，盖上承压盖，开动压力试验机，应于 20～40s 内均匀加荷至规定的筒压荷载值后，立即卸荷。不同品种砂浆的筒压荷载值不同：水泥砂浆、石灰砂浆为 20kN；水泥石灰混合砂浆、粉煤灰砂浆为 10kN。将施压后的试样倒入由孔径为 5mm 和 10mm 标准筛组成的套筛中，装入摇筛机摇筛 2min 或人工摇筛 1.5min，筛至每隔 5s 的筛出量基本相等。

称量各筛筛余试样的重量（精确至 0.1g）、各筛的分计筛余量和底盘剩余量的总和，与筛分前的试样重量相比，相对差值不得超过试样重量的 0.5%；否则，应重新进行试验。

2）回弹法

回弹法指的是用砂浆回弹仪测试砂浆表面硬度，用酚酞酒精溶液测试砂浆碳化深度，将此两项指标换算为砂浆强度。

（1）适用范围

本方法适用于推定烧结普通砖砌体中的砌筑砂浆强度，不适用于推定高温、长期浸水、化学侵蚀、火灾等情况下的砂浆抗压强度。

（2）设备的技术要求

砂浆回弹仪的主要技术性能指标应符合表 8-4 的要求，其示值系统为指针。

砂浆回弹仪技术性能指标 表8-4

项目	指标	项目	指标
冲击动能（J）	0.196	弹击球面曲率半径（mm）	25
弹击锤冲程（mm）	75	钢砧上率定平均回弹值	$R74\pm2$
指针滑块的静摩擦力（N）	0.5 ± 0.1	外形尺寸（mm）	60×280

（3）检测方法

测位宜选在承重墙的可测面上，并避开门窗洞口及预埋件等附近的墙体，墙面上每个测位的面积宜大于$0.3m^2$。

测位处的粉刷层、勾缝砂浆、污物等应清除干净；弹击点处的砂浆表面，应仔细打磨平整，并除去浮灰；每个测位内均匀布置12个弹击点，选定弹击点应避开砖的边缘、气孔或松动的砂浆，相邻两弹击点的间距不应小于20mm；在每个弹击点上，使用回弹仪连续弹击3次，第1次、第2次不读数，仅记读第3次回弹值，精确至1个刻度。测试过程中，回弹仪应始终处于水平状态，其轴线应垂直于砂浆表面，且不得移位。在每个测位内，选择1~3处灰缝，用游标卡尺和浓度为1%的酚酞试剂测量砂浆碳化深度，读数应精确至0.5mm。

从每个测位的12个回弹值中，分别剔除最大值、最小值，将余下的10个回弹值计算算术平均值，以R表示。每个测位的平均碳化深度，应取该测位各次测量值的算术平均值，以d表示，精确至0.5mm。平均碳化深度大于3mm时，取3.0mm。第i个测区第j个测位的砂浆强度换算值，应根据该测位的平均回弹值和平均碳化深度值，分别按下列各式计算：

$d\leqslant1.0mm$时：

$$f_{2ij}=13.97\times10^{-5}R^{2.57} \tag{8-17}$$

$1.0mm<d<3.0mm$时：

$$f_{2ij}=4.85\times10^{-4}R^{3.04} \tag{8-18}$$

$d\geqslant3.0mm$时：

$$f_{2ij}=6.34\times10^{-5}R^{3.60} \tag{8-19}$$

式中 f_{2ij}——第i个测区第j个测位的砂浆强度值，MPa；

d——第i个测区第j个测位的平均碳化深度，mm；

R——第i个测区第j个测位的平均回弹值。

测区的砂浆抗压强度平均值应按式（8-20）计算：

$$f_{2i}=\frac{1}{n_1}\sum_{j=1}^{n_i}f_{2ij} \tag{8-20}$$

3）推出法

推出法是采用推出仪从墙体上水平推出单块丁砖，测得水平推力及推出砖下的砂浆饱满度，以此推定砌筑砂浆抗压强度的方法。

（1）适用范围

本方法适用于推定240mm厚普通砖墙中的砌筑砂浆强度，所测砂浆的强度等级宜为M1~M15。

(2) 检测设备

推出仪由钢制部件、传感器、推出力峰值测定仪等组成（图 8-20）。检测时，将推出仪安放在墙体的孔洞内。测点宜均匀布置在墙上，并应避开施工中的预留洞口；被推丁砖的承压面可采用砂轮磨平，并应清理干净；被推丁砖下的水平灰缝厚度应为 8～12mm；测试前，被推丁砖应编号，并详细记录墙体的外观情况。

(3) 检测方法

取出被推丁砖上部的两块顺砖，应遵守下列规定：

① 试件准备。使用冲击钻在图 8-21 中 A 点打出直径约 40mm 的孔洞；用锯条自 A 至 B 点锯开灰缝；将扁铲打入上一层灰缝，取出两块顺砖；用锯条锯切被推丁砖两侧的竖向灰缝，直至下皮砖顶面；开洞及清缝时，不得扰动被推丁砖。

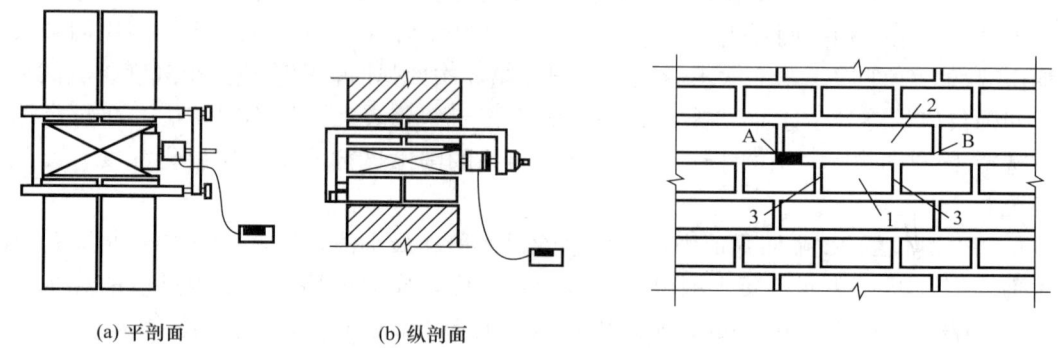

图 8-20 推出仪及测试安装示意图　　图 8-21 试件加工步骤示意图

② 安装推出仪。用尺测量前梁两端与墙面距离，使其误差小于 3mm。传感器的作用点，在水平方向应位于被推丁砖中间，铅垂方向应距被推丁砖下表面之上 15mm 处。

③ 加载试验。旋转加荷螺杆对试件施加荷载，加荷速度宜控制在 5kN/min。当被推丁砖和砌体之间发生相对位移，试件达到破坏状态。记录推出力 N_{ij}。取下被推丁砖，用百格网测试砂浆饱满度 B_{ij}。

A. 单个测区的推出力平均值，应按式（8-21）计算：

$$N_i = \xi_{2i} \frac{1}{n_1} \sum_{j=1}^{n_1} N_{ij} \tag{8-21}$$

式中　N_i——第 i 个测区的推出力平均值（kN），精确至 0.01kN；

N_{ij}——第 i 个测区第 j 块测试砖的推出力峰值，kN；

ξ_{2i}——砖品种的修正系数，对烧结普通砖，取 1.00；对蒸压（养）灰砂砖，取 1.14。

B. 测区的砂浆饱满度平均值，应按式（8-22）计算：

$$B_i = \frac{1}{n_1} \sum_{j=1}^{n_1} B_{ij} \tag{8-22}$$

式中　B_i——第 i 个测区的砂浆饱满度平均值，以小数计；

B_{ij}——第 i 个测区第 j 块测试砖下的砂浆饱满度实测值，以小数计。

C. 测区的砂浆强度平均值，应按式（8-23）和式（8-24）计算：

$$f_{2i} = 0.3 (N_i / \xi_{3i})^{1.19} \tag{8-23}$$

$$\xi_{3i} = 0.45B_i^2 + 0.9B_i \tag{8-24}$$

式中 f_{2i}——第 i 个测区的砂浆强度平均值，MPa；

　　　ξ_{3i}——推出法的砂浆强度饱满度修正系数，以小数计。

当测区的砂浆饱满度平均值小于 0.65 时，宜选用其他方法推定砂浆强度。

8.3　钢结构现场检测技术

钢结构的检测是指钢结构与钢构件质量或性能的检测。可分为钢结构材料性能、连接、构件的尺寸与偏差、变形与损伤、构造以及涂装等项的检测工作。必要时，可进行结构或构件性能的实际荷载检验或结构的动力测试。钢结构的检测为钢结构的质量评定、钢结构性能的鉴定提供真实、可靠、有效的检测数据和检测结论。下面具体介绍几种常用的检测方法。

1. 钢材力学性能检测

结构构件钢材的力学性能检测可分为屈服强度、抗拉强度、伸长率、冷弯和冲击功等项目。对已建钢结构鉴定时，当工程尚有与结构同批的钢材时，可以将其加工成试件，进行钢材力学性能检验；当工程没有与结构同批的钢材时，可在构件上截取试样，但应确保结构构件的安全。

钢材力学性能检验试件的取样数量、取样方法、试验方法和评定标准应符合表 8-5 的规定。当被检验钢材的屈服点或抗拉强度不满足要求时，应补充取样进行拉伸试验。补充试验应将同类构件同一规格的钢材划为一批，每批抽样 3 个。

材料力学性能检验项目和方法　　　　　　　　　　　　　　　　表 8-5

检验项目	取样数量 /(个/批)	取样方法	试验方法	评定标准
屈服点、抗拉强度、伸长率	1	《钢及钢产品　力学性能试验取样位置及试样制备》GB/T 2975—2018	《金属材料　拉伸试验　第 1 部分：室温试验方法》GB/T 228.1—2021	《碳素结构钢》GB/T 700—2006； 《低合金高强度结构钢》GB/T 1591—2018； 其他钢材产品标准
冷弯	1		《金属材料　弯曲试验方法》GB/T 232—2024	
冲击功	3		《金属材料　夏比摆锤冲击试验方法》GB/T 229—2020	

既有钢结构钢材的抗拉强度，可采用检测表面硬度的方法检测抗拉强度，应用表面硬度法检测钢结构钢材抗拉强度时，应有取样检验钢材抗拉强度的验证。

2. 外观质量检测

钢材外观质量检测可分为均匀性，是否有夹层、裂纹、非金属夹杂和明显的偏析等检测项目。当对钢材的质量有怀疑时，应对钢材原材料进行力学性能检验或化学成分分析。

（1）钢材裂纹，可采用观察的方法和渗透法检测。采用渗透法检测时，应用砂轮和砂纸将检测部位的表面及其周围 20mm 范围内打磨光滑，不得有氧化皮、焊渣、飞溅、污垢等；用清洗剂将打磨表面清洗干净，干燥后喷涂渗透剂，渗透时间不应少于 10min；然后，再用清洗剂将表面多余的渗透剂清除；最后，喷涂显示剂，停留 10～30min 后观察是否有裂纹显示。

（2）杆件的弯曲变形和板件凹凸等变形情况，可用观察和尺量的方法检测，量测出变形的程度；变形评定，应按现行《钢结构工程施工质量验收标准》GB 50205—2020 的规定执行。

（3）螺栓和铆钉的松动或断裂，可采用观察或锤击的方法检测。

（4）结构构件的锈蚀，可按《涂覆涂料前钢材表面处理　表面清洁度的目视评定　第1部分：未涂覆过的钢材表面和全面清除原有涂层后的钢材表面的锈蚀等级和处理等级》GB/T 8923.1—2011 确定锈蚀等级。对 D 级锈蚀，还应量测钢板厚度的削弱程度。

（5）钢结构构件的挠度、倾斜等变形与位移和基础沉降等，可采用经纬仪、激光定位仪、三轴定位仪或吊坠的方法检测，宜区分倾斜中施工偏差造成的倾斜、变形造成的倾斜、灾害造成的倾斜等。基础不均匀沉降，可用水准仪检测；当需要确定基础沉降的发展情况时，应在结构上布置测点进行观测，观测操作应遵守《建筑变形测量规范》JGJ 8—2016 的规定。结构的基础累计沉降差，可参照首层的基准线推算。

3. 尺寸偏差检测

尺寸检测的范围，应检测所抽样构件的全部尺寸，每个尺寸在构件的 3 个部位量测，取 3 处测试值的平均值作为该尺寸的代表值；尺寸量测的方法，可按相关产品标准的规定量测，其中钢材的厚度可用超声测厚仪测定；构件尺寸偏差的评定指标，应按相应的产品标准确定。

钢构件的尺寸偏差，应以设计图纸规定的尺寸为基准，计算尺寸偏差。偏差的允许值，应按《钢结构工程施工质量验收标准》GB 50205—2020 确定。

钢构件安装偏差的检测项目和检测方法，同样应按上述规范确定。

4. 变形检测

变形检测可分为结构整体垂直度、整体平面弯曲以及检件垂直度、弯曲变形、跨中挠度等项目。在对钢结构或构件变形进行检测前，宜先清除饰面层。当构件各测试点饰面层厚度接近，且不明显影响评定结果时，可不清除饰面层。

钢结构或构件变形的测量可采用水准仪、经纬仪、激光垂准仪或全站仪等仪器。仪器应架设在与倾斜方向成正交的方向线上，且宜距被测目标 1~2 倍目标高度的位置。当用全站仪检测，且现场光线不佳、起灰尘、有振动时，应用其他仪器对全站仪的测量结果进行对比判断。

检测时，采用设置辅助基准线的方法，测量结构或构件的变形；对变截面构件和有预起拱的结构或构件，尚应考虑其初始位置时影响。测量尺寸不大于 6m 的钢构件变形，可用拉线、吊线坠的方法；测量跨度大于 6m 的钢构件挠度，宜采用全站仪或水准仪；尺寸大于 6m 的钢构件垂直度、侧向弯曲矢高以及钢结构整体垂直度与整体平面弯曲采用全站仪或经纬仪检测，可用计算测点间的相对位置差的方法来计算垂直度或弯曲度，也可采用通过仪器引出基准线，放置量尺直接读取数值的方法。

8.4　工程实例应用

【混凝土结构检测报告】

1. 工程概况

该工程为三层（局部四层）框架结构，建于 2022 年，建筑面积为 4632.68m²。抗震设防烈度为 6 度（第三组），设计基本地震加速度为 0.05g，建筑物设计使用年限为 50 年，工程场地类别为Ⅱ1 类，该工程框架结构抗震等级为三级。该工程梁、板、柱均为现浇，梁、板、柱混凝土设计强度等级均为 C30。该建筑物采用独立基础，基础混凝土强度等级为 C30。

2．检测鉴定原因

受甲方委托，乙方对该工程现有结构工作状态进行结构工程质量检测及安全性评估，以评定该工程的结构工程质量，并确保其工程结构在安全、可靠的状态下进行工作。

3．检测鉴定依据

（1）甲乙双方签订的本工程技术服务合同书
（2）《工业建筑可靠性鉴定标准》GB 50144—2019
（3）《建筑结构荷载规范》GB 50009—2012
（4）《建筑地基基础设计规范》GB 50007—2011
（5）《建筑抗震设计标准》GB/T 50011—2010（2024 年版）
（6）《建筑抗震鉴定标准》GB 50023—2009
（7）《建筑工程抗震设防分类标准》GB 50223—2008
（8）《混凝土结构现场检测技术标准》GB/T 50784—2013
（9）《混凝土结构工程施工质量验收规范》GB 50204—2015
（10）《混凝土结构设计标准》GB/T 50010—2010（2024 年版）
（11）《回弹法检测混凝土抗压强度技术规程》JGJ/T 23—2011
（12）《工程结构通用规范》GB 55001—2021
（13）《混凝土结构通用规范》GB 55008—2021
（14）《既有建筑鉴定与加固通用规范》GB 55021—2021
（15）《建筑与市政工程抗震通用规范》GB 55002—2021
（16）甲方提供的建筑结构设计图纸，设计号 TBSJ 210306-01-G
（17）设计公司提供的设备平面布置图及设备荷载

4．现场检测仪器设备

（1）HILTI 钢筋探测仪
（2）激光测距仪
（3）游标卡尺
（4）钢卷尺
（5）碳化深度测试尺
（6）混凝土回弹仪
（7）全站仪
（8）非金属板测厚仪

5．检测内容

1）查阅施工资料

经查阅该工程设计图纸及相关施工资料：该工程所用材料有进场验收记录、材料产品合格证及复检报告。

2）建筑物外观调查

对该结构进行现场外观调查，该工程结构布置、轴线尺寸与设计图纸相符；钢筋混凝土框架梁、柱、现浇板未发现结构受力裂缝，现浇构件外形平整、表面整洁，构件表面未发现明显裂缝。现浇构件未发现有露筋、蜂窝、孔洞、夹渣、疏松等缺陷；该工程结构宏观质量基本良好。

3）地基基础检测

该工程基础采用独立基础，该工程检查过程中未发现因基础不均匀沉降造成的主体结构构件变形、围护墙体开裂等，建筑物无明显倾斜、变位等异常现象，该工程地基基础工作正常。

4）构件截面尺寸

依据《混凝土结构工程施工质量验收规范》GB 50204—2015，构件截面尺寸检测属一般项目，依据《混凝土结构现场检测技术标准》GB/T 50784—2013 的要求，现场对框架柱、框架梁、板构件尺寸进行抽样检测。检测结果表明，抽样检测的框架柱、框架梁、楼板截面尺寸满足设计图纸及《混凝土结构工程施工质量验收规范》GB 50204—2015 对柱、梁、板截面尺寸+10mm，-5mm 的要求。具体检测结果见表 8-6～表 8-8。按照计数抽样检测一般项目正常一次抽样的判定标准，判为合格（表 8-9）。

框架柱截面尺寸检测结果表 表 8-6

序号	楼层	轴线号	检测尺寸（mm）	设计尺寸（mm）	允许尺寸偏差（mm）
1	一层	②～Ⓒ	498×601	500×600	+10，-5
2		⑧～Ⓒ	501×603	500×600	
3		⑨～Ⓒ	504×602	500×600	

框架梁截面尺寸检测结果表 表 8-7

序号	楼层	轴线号	检测尺寸（mm）	设计尺寸（mm）	允许尺寸偏差（mm）
1	一层	①—②～Ⓒ	251×502	250×500	+10，-5
2		②～Ⓒ—Ⓓ	248×703	250×700	
3		⑦—⑧～Ⓒ	250×498	250×500	

楼板构件截面尺寸抽样检测结果表 表 8-8

序号	构件名称	楼层	轴线号	检测尺寸（mm）	设计尺寸（mm）	允许尺寸偏差（mm）
1	楼板	一层顶	①—②～Ⓒ—Ⓓ	118	120	+10，-5
2			⑨—⑩～Ⓒ—Ⓓ	117	120	
3		二层顶	⑨—⑩～Ⓒ—Ⓓ	121	120	

构件截面尺寸抽样判定结果表 表 8-9

序号	构件名称	检测批容量	最小样本	抽样数量	不合格数	合格判定数合格	判定
1	框架柱	204	13	13	0	3	合格
2	框架梁	335	20	20	0	5	合格
3	楼板	抽检 5 处，抽检结果符合设计图纸及《混凝土结构工程施工质量验收规范》GB 50204—2015 尺寸偏差要求					

5）现浇构件钢筋配置情况检测

依据《混凝土结构现场检测技术标准》GB/T 50784—2013 的要求，现场采用钢筋保护层探测仪并结合局部凿开法探测混凝土现浇构件的钢筋配置及保护层厚度，对框架柱、框架梁及现浇板钢筋配置及保护层厚度进行抽样检测。检测结果表明，抽样检测的框架柱、框架梁及现浇板的主筋及保护层厚度满足设计图纸及《混凝土结构工程施工质量验收规范》GB 50204—2015 对柱、梁主筋保护层＋10mm，－7mm，箍筋间距±20mm，板类主筋保护层＋8mm，－5mm，板类钢筋间距±10mm 的要求。检测结果见表 8-10～表 8-12。按照计数抽样检测一般项目正常一次抽样的判定标准，判为合格（表 8-13）。

框架柱钢筋配置情况检测一览表　　表 8-10

序号	构件楼层	轴线编号	主筋数量 实测值	主筋数量 设计值	加密区箍筋间距（mm）实测平均值	加密区箍筋间距（mm）设计值	非加密区箍筋间距（mm）实测平均值	非加密区箍筋间距（mm）设计值	钢筋保护层厚度（mm）实测平均值	钢筋保护层厚度（mm）设计值
1	一层	②～ⓒ	一侧4根 一侧4根	一侧4根 一侧4根	89	100	187	200	27	28
2	一层	⑫～ⓒ	一侧4根 一侧4根	一侧4根 一侧4根	93	100	185	200	29	28
3	一层	⑮～ⓒ	一侧4根 一侧4根	一侧4根 一侧4根	95	100	—	—	30	30

注：检测钢筋间距虽均超出验收规范偏差要求，但考虑均为正误差，安全系数得到提高，可以判定满足设计要求。

框架梁钢筋配置情况检测一览表　　表 8-11

序号	构件楼层	轴线编号	主筋数量 实测值	主筋数量 设计值	加密区箍筋间距（mm）实测平均值	加密区箍筋间距（mm）设计值	非加密区箍筋间距（mm）实测平均值	非加密区箍筋间距（mm）设计值	钢筋保护层厚度（mm）实测平均值	钢筋保护层厚度（mm）设计值
1	一层	①—②～ⓒ	3	3	89	100	193	200	30	28
2	一层	①—②～Ⓑ	4	4	92	100	187	200	27	28
3	一层	⑦～ⓒ—Ⓓ	2/3	2/3	90	100	192	200	30	28

楼板钢筋配置情况检测一览表　　表 8-12

序号	楼层	轴线编号	沿数字轴方向板底钢筋间距（mm）实测平均值	沿数字轴方向板底钢筋间距（mm）设计值	沿字母轴方向板底钢筋间距（mm）实测平均值	沿字母轴方向板底钢筋间距（mm）设计值	钢筋保护层厚度（mm）实测平均值	钢筋保护层厚度（mm）设计值
1	一层	①—②～ⓒ—Ⓓ	189	200	192	200	16	15
2	一层	⑨—⑩～ⓒ—Ⓓ	192	200	195	200	18	15
3	一层	⑪—⑫～ⓒ—Ⓓ	194	200	197	200	20	15

混凝土构件钢筋配置及保护层厚度情况抽样判定结果表　　表 8-13

序号	构件名称	检测批容量	最小样本	抽样数量	不合格数	合格判定数标准	判定
1	框架柱	204	13	13	1	3	合格
2	框架梁	335	20	20	0	5	合格
3	楼板	126	8	8	0	2	合格

6) 框架柱、框架梁及抗爆墙混凝土现龄期强度检测

依据《混凝土结构现场检测技术标准》GB/T 50784—2013 及《回弹法检测混凝土抗压强度技术规程》JGJ/T 23—2011 要求，现场采用回弹法对框架柱、梁混凝土构件现龄期强度进行抽样检测；检测及评定结果见表 8-14。

框架柱、梁混凝土现龄期强度检测结果表　　　　表 8-14

序号	构件			混凝土抗压强度换算值（MPa）				设计强度	碳化深度值（mm）
	名称	楼层	位置编号	n	$m_{f_{cu}^c}$	$s_{f_{cu}^c}$	f_{cu}^c		
1	框架柱	一层	②～Ⓓ	10	32.7	1.33	30.5	C30	3.5
2			⑦～Ⓒ	10	32.6	0.93	31.1		4.0
3			⑧～Ⓒ	10	35.8	0.90	34.3		3.0

序号	构件			混凝土抗压强度换算值（MPa）				设计强度	碳化深度值（mm）
	名称	楼层	位置编号	n	$m_{f_{cu}^c}$	$s_{f_{cu}^c}$	f_{cu}^c		
14	框架梁	一层	①—②～Ⓒ	10	34.6	1.11	32.8	C30	3.0
15			①—②～Ⓓ	10	33.0	1.61	30.4		3.5
16			②—Ⓒ～Ⓓ	10	34.5	1.33	32.3		3.0

检测结果表明，该工程框架柱混凝土现龄期强度抽检值在 30.5～34.3MPa 之间，框架梁混凝土现龄期强度抽检值在 30.4～32.8MPa 之间，抽检结果均满足设计图纸 C30 的要求。同时，对框架梁、柱混凝土碳化深度进行抽检。抽检结果表明，混凝土碳化深度小于钢筋保护层厚度，混凝土尚能对钢筋起到保护作用，能够满足耐久性要求。

7) 主体结构的整体垂直度检测

依据《工业建筑可靠性鉴定标准》GB 50144—2019 及《混凝土结构工程施工质量验收规范》GB 50204—2015 的有关规定，现场利用全站仪对该工程主体结构的整体垂直度进行了量测，检测结果见表 8-15。

主体结构的整体垂直度检测结果表　　　　表 8-15

构件位置	检测值（mm）	A 级允许偏差（mm）≤H/1000，且≤30	允许偏差（H/30000+20mm）
①～Ⓐ	偏南 10.0	12.6	20.4
	偏东 5.0		
⑯～Ⓐ	偏南 9.0		
	偏东 6.0		

8) 现场检测

抽取两种规格 ⌀22、⌀18 同批剩余钢筋进行机械性能试验。试验结果表明，抽检钢筋机械性能符合国家有关标准规范要求。

6. 抗震性能鉴定

该工程为乙类建筑，依据《建筑抗震鉴定标准》GB 50023—2009，按本地区设防烈度提高一度的要求核查抗震措施，对该工程进行抗震鉴定。该工程建于 2022 年，考虑到该工程的实际情况，该工程后续使用年限宜采用 50 年，属 C 类建筑，应按现行国家标准《建筑抗

震设计标准》GB/T 50011—2010（2024 年版）的要求进行抗震鉴定，鉴定结果如下：

1）抗震措施鉴定

现场对框架结构体系、结构布置、抗震构造措施检测、鉴定，结果详见表 8-16。

框架结构体系、结构布置、抗震构造措施检测结果 表 8-16

序号	项目	规范、标准要求	实测情况	满足性
1	薄弱部位检查	《建筑抗震鉴定标准》GB 50023—2009 第 6.1.2 条、第 6.1.7 条	易掉落伤人的构件、部件及非结构构件连接可靠出入口或人流通道处的女儿墙和门脸等有锚固	满足
2	外观和内在质量要求	《建筑抗震鉴定标准》GB 50023—2009 第 6.1.3 条	梁、柱及节点未发现有结构受力裂缝，钢筋无露筋、锈蚀等损伤和腐蚀现象，填充墙无明显的开裂或与框架脱开，主体结构构件无明显变形、倾斜或歪扭	满足
3	最大高度	《建筑抗震设计标准》GB/T 50011—2010（2024 年版）：60m（按 6 度考虑）	本工程主体结构 12.6m	满足

该工程平面、立面无突出与缩进，刚度均匀，结构体系合理；其他抗震构造措施等符合《建筑抗震设计标准》GB/T 50011—2010（2024 年版）的要求。

经检查，该工程局部易掉落伤人的构件（如雨篷、女儿墙等）均有可靠的连接，其他非结构构件的连接构造符合《建筑抗震设计标准》GB/T 50011—2010（2024 年版）的要求。

综上，该工程抗震构造措施满足《建筑抗震设计标准》GB/T 50011—2010（2024 年版）的要求。

2）抗震承载力验算

根据该工程现场检测情况，依据设计公司提供的设备平面布置图及设备荷载，采用 PKPM 结构程序并按《建筑抗震设计标准》GB/T 50011—2010（2024 年版）的要求进行构件抗震承载力验算，主要参数如下：

地震作用：抗震设防烈度为 6 度，设计基本地震加速度值为 0.05g，设计地震分组为第三组；经计算，该工程结构构件抗震承载力验算满足规范要求，抗力 R 与构件的作用效应 S 之比 $R/(\gamma_0 S)$ 均大于 1.0。

综上所述，该工程抗震性能符合《建筑抗震设计标准》GB/T 50011—2010（2024 年版）的要求。

7. 结构承载力验算

根据该工程现场检测情况，依据设计公司提供的设备平面布置图及设备荷载，按现行规范标准对该工程进行承载力验算，主要参数如下：

安全等级：一级；

环境类别：一类；

建筑类别：乙类；

场地类别：Ⅰ1 类；

基本风压：0.50kN/m²；

基本雪压：0.30kN/m²；

化验室、试验室、资料室活荷载：3.0kN/m²；

办公室、更衣室、会议室活荷载：2.5kN/m²；

走廊、前厅活荷载：3.5kN/m²；

卫生间活荷载：2.5kN/m²；

楼梯活荷载：3.5kN/m²；

不上人屋面活荷载：0.5kN/m²；

框架结构混凝土强度：梁、柱、板按设计值取用。

验算结果表明，该工程构件结构承载力满足国家现行标准要求，抗力 R 与构件的作用效应 S 之比 $R/(\gamma_0 S)$ 均大于 1.0。

8. 安全性评定

该工程安全性鉴定整体为一个鉴定单元，鉴定结果如下：

1) 构件鉴定评级

① 承载能力：经计算，该工程框架柱、框架梁、现浇板承载能力抗力与作用效应之比 $R/(\gamma_0 S) > 1.0$，承载力满足国家现行标准要求，评定为 a 级。

② 构造和连接：混凝土结构构造和连接合理，符合国家现行标准要求，评定为 a 级。

综上两项，该工程混凝土构件的安全性等级为 a 级。

2) 结构系统鉴定评级

(1) 地基基础

检查过程中未发现基础不均匀沉降造成的主体结构构件变形，围护墙体开裂等现象，工业建筑使用状况良好，建筑物无明显倾斜、变位等异常现象，无沉降裂缝，地基基础工作正常，评为 A 级。

(2) 上部承重结构

① 结构的整体性等级

结构布置和构造、支撑系统布置：

结构布置和构造：该工程结构布置基本合理，连接方式正确，形成完整的体系；传力路径明确，结构形式与构件选型、整体性构造和连接符合国家现行标准的规定，满足安全要求。该项目评定为 A 级。

支撑系统：该工程支撑系统布置合理，形成完整的支撑系统；节点构造符合现行国家标准要求，无明显的缺陷和损伤。该项目评定为 A 级。

综上，该工程上部承重结构的结构整体性项目评定为 A 级。

② 承载功能

由构件评级结果可知，该工程结构构件及承载功能等级均评定为 A 级。

则上部承重结构系统安全性评级为 A 级。

(3) 围护结构系统

① 承重围护结构的承载功能

由构件评级结果可知，该工程承重围护结构的承载功能评为 A 级。

② 非承重围护结构的构造连接

构造：经检查，该工程非承重围护结构构造合理，符合国家现行标准规范要求，该项目评为 A 级。

连接：经检查，该工程非承重围护结构连接方式正确，连接与构造符合国家现行标准规范要求，工作无异常。该项目评为 A 级。

对主体结构安全的影响：经检查，该工程非承重围护结构构件选型及布置合理，对主体结构的安全没有影响，该项目评为 A 级。

该工程非承重围护结构的构造连接评为 A 级。

则该工程围护结构系统安全性等级为 A 级。

3）综合鉴定评级

该工程的综合鉴定评级应包括地基基础、上部承重结构和围护结构三个结构系统。

三部分的安全性等级分别为：

地基基础：A 级。

上部承重结构系统：A 级。

围护结构系统：A 级。

根据上述结构系统的评定等级结果，并结合该工程的实际使用状态等的综合判定，该工程结构的安全性综合鉴定评级为一级。

9. 鉴定结论

1）检测结论

（1）查阅施工资料

经查阅该工程设计图纸及相关施工资料：该工程所用材料有进场验收记录、材料产品合格证及复检报告。

（2）建筑物外观调查

对该结构进行现场外观调查，该工程结构布置、轴线尺寸与设计图纸相符；钢筋混凝土框架梁、柱、现浇板未发现结构受力裂缝，现浇构件外形平整、表面整洁，构件表面未发现明显裂缝。现浇构件未发现有露筋、蜂窝、孔洞、夹渣、疏松等缺陷；该工程结构宏观质量基本良好。

（3）地基基础检测

该工程基础采用独立基础，该工程检查过程中未发现因基础不均匀沉降造成的主体结构构件变形、围护墙体开裂等，建筑物无明显倾斜、变位等异常现象，该工程地基基础工作正常。

（4）构件截面尺寸检测结果表明，该工程抽样检测的框架柱、框架梁、楼板截面尺寸满足设计图纸及《混凝土结构工程施工质量验收规范》GB 50204—2015 对柱、梁、板截面尺寸＋10mm，－5mm 的要求。检测结果详见表 8-6～表 8-8。按照计数抽样检测一般项目正常一次抽样的判定标准，判定为合格（表 8-9）。

（5）现浇构件钢筋配置检测结果表明，该工程抽样检测的框架柱、框架梁、现浇板的主筋及保护层厚度满足设计图纸以及《混凝土结构工程施工质量验收规范》GB 50204—2015 对柱、梁主筋保护层＋10mm，－7mm，箍筋间距±20mm，板类主筋保护层＋8mm，－5mm，板类钢筋间距±10 的要求。检测结果详见表 8-10～表 8-12。按照计数抽样检测一般项目正常一次抽样的判定标准，判定为合格（表 8-13）。

（6）框架柱、框架梁混凝土现龄期强度检测结果表明，该工程框架柱混凝土现龄期强度抽检值在 30.5～34.3MPa 之间，框架梁混凝土现龄期强度抽检值在 30.4～32.8MPa 之间，抽检结果均满足设计图纸 C30 的要求。检测结果详见表 8-14。

（7）对框架柱、梁混凝土碳化深度进行抽检。抽检结果表明，混凝土碳化深度小于钢筋保护层厚度，混凝土尚能对钢筋起到保护作用，能够满足耐久性要求。

（8）该工程抽检的主体结构的整体垂直度满足《混凝土结构工程施工质量验收规范》GB 50204—2015 中的有关规定要求，检测结果详见表 8-15。

（9）现场检测时抽取两种规格：Φ22、Φ18 同批剩余钢筋进行机械性能试验。试验结果表明，抽检钢筋机械性能符合国家有关标准规范要求。

综上所述，该工程主体结构施工质量满足设计图纸以及《混凝土结构工程施工质量验收规范》GB 50204—2015 的要求。

2）鉴定结论

（1）安全性鉴定结论

① 该工程的目标使用年限为 50 年。

② 该工程的结构安全性综合鉴定评级为一级。安全性符合国家现行标准的要求，不影响整体安全，可以安全使用。

（2）抗震鉴定结论

① 该工程主体结构抗震鉴定后续工作年限为 50 年。

② 该工程主体结构抗震性能满足《建筑抗震设计标准》GB/T 50011—2010（2024 年版）的要求。

【砌体结构工程实例检测报告】
一、工程概况

该工程为一层砖混结构，建筑面积为 $100.95m^2$。该工程抗震设防烈度为 7 度（第一组），设计基本地震加速度为 $0.10g$，工程场地类别为 Ⅱ 类，地面粗糙度为 B 类。

二、检测鉴定原因

受甲方委托，乙方对该工程现有结构工作状态进行安全性评估，确保其工程结构在安全可靠的状态下进行工作。

三、检测鉴定依据

1. 甲乙双方签订的本工程技术服务合同书
2. 《工业建筑可靠性鉴定标准》GB 50144—2019
3. 《建筑结构荷载规范》GB 50009—2012
4. 《建筑地基基础设计规范》GB 50007—2011
5. 《建筑抗震设计标准》GB/T 50011—2010，2024 年版
6. 《建筑抗震鉴定标准》GB 50023—2009
7. 《建筑工程抗震设防分类标准》GB 50223—2008
8. 《建筑结构可靠性设计统一标准》GB 50068—2018
9. 《贯入法检测砌筑砂浆抗压强度技术规程》JGJ/T 136—2017
10. 《砌体结构设计规范》GB 50003—2011
11. 《砌体工程现场检测技术标准》GB/T 50315—2011

四、现场检测仪器设备

1. HILTI（喜利德）钢筋探测仪
2. 激光测距仪
3. 钢卷尺
4. 贯入式砂浆强度检测仪
5. 砖回弹仪
6. 全站仪

五、检测内容

1. 建筑物外观调查

（1）现场对该工程进行了外观调查及测绘，该工程平面为矩形，长约 13.59m，宽约 7.16m。该工程为一层砖混结构，层高为 3.3m，外墙均采用 370mm 厚标准砖，水泥砂浆砌筑，屋面板为预制板；经检测该工程各构件之间的连接部位无明显滑移、错动等异常现象，墙体无明显的开裂，主体结构构件无明显变形、倾斜或歪扭；屋面未发现有明显的变形及漏水现象。该工程结构宏观质量良好。

现场对该工程进行了平面测绘。

（2）墙体砌筑质量检测。对该工程墙体砂浆贯入检测部位进行现场勘查，墙体灰缝横平竖直，未发现通缝及游丁走缝现象，灰缝厚薄均匀，砌筑质量良好。

2. 地基基础检测

该工程检查过程中没有发现因基础不均匀沉降造成的主体结构构件变形、围护墙体开裂等，建筑物无明显倾斜、变位等异常现象，该工程地基基础工作正常。

3. 墙体砌筑砂浆抗压强度检测

现场采用贯入法检测了本工程砌体部分承重墙体砌筑砂浆抗压强度，依照《贯入法检测砌筑砂浆抗压强度技术规程》JGJ/T 136—2017 的检测及评定要求，抽检墙体砌筑砂浆的抗压强度，对于墙体现场在一层抽取两片墙体进行砌筑砂浆抗压强度检测，详见表 8-17。

墙体砌筑砂浆抗压强度检测结果表　　　　表 8-17

序号	楼层	构件轴线位置	贯入深度平均值 m_{dj}（mm）	砂浆抗压强度换算值 $f_{2,j}^c$（MPa）	砂浆抗压强度推定值 f_{2e}^c（MPa）
1	一层	①～Ⓐ—Ⓑ	4.22	8.3	7.6
2		①—②～Ⓑ	4.13	8.8	8.0

检测结果表明，该工程抽检墙体的砂浆抗压强度推定值在 7.6～8.0MPa 之间。

4. 墙体块材检测

该工程砌筑用砖的抗压强度采用回弹法进行检测。依据《砌体工程现场检测技术标准》GB/T 50315—2011 的有关规定，现场在砂浆贯入检查处抽取砖表面，作为试样进行回弹检测。试验结果表明，砖的抗压强度达到 MU10 强度等级要求，详见表 8-18。

砖抗压强度检测结果　　　　表 8-18

层数	构件名称	砖样数	砖样抗压强度平均值 $f_{1,m}$（MPa）	砖样计算强度标准差 s	砖样抗压强度标准值 f_{1k}（MPa）	变异系数 δ	结论
一层	墙	10	13.1	0.51	12.2	0.04<0.21	MU10 等级

5. 结构侧向位移的检测

依据《工业建筑可靠性鉴定标准》GB 50144—2019 的有关规定，现场利用全站仪对该工程墙体水平位移进行了现场量测，检测结果见表 8-19。

墙体水平位移检查结果表　　　　表 8-19

构件位置	检测值（mm）	A 级允许偏差（mm）：≤10
②～Ⓑ	偏北 4.5	10
	偏东 3.0	

六、抗震性能鉴定

该工程为丙类建筑，依据《建筑抗震鉴定标准》GB 50023—2009，对该工程进行抗震鉴定。该工程建于 2020 年，属 C 类建筑，应按照现行国家标准《建筑抗震设计标准》GB/T 50011—2010（2024 年版）的要求进行抗震鉴定。考虑到该工程的实际情况，该工程后续使用年限宜采用 50 年，具体鉴定结果如下：

1. 抗震措施鉴定

现场对砌体部分结构体系、整体布置、抗震构造措施检测、鉴定，结果如下：

（1）墙体不空鼓，无严重酥碱和明显歪闪，承重墙未发现明显竖向裂缝，符合《建筑抗震鉴定标准》GB 50023—2009 的关于砌体房屋的外观和内在质量要求。

（2）经检查，该工程整体连接可靠，符合《建筑抗震设计标准》GB/T 50011—2010（2024 年版）的要求。

（3）该工程房屋高度为3.3m，层数为一层，房屋高宽比为0.46，承重外墙采用厚度370mm的标准砖，其均满足《建筑抗震设计标准》GB/T 50011—2010（2024年版）的要求。

综上所述，该工程抗震鉴定符合《建筑抗震设计标准》GB/T 50011—2010（2024年版）的要求。

2. 抗震承载力验算

根据该工程现场检测情况，采用PKPM结构程序并按《建筑抗震设计标准》GB/T 50011—2010（2024年版）要求进行构件抗震承载力验算，主要参数如下：

地震荷载：抗震设防烈度为7度，设计基本地震加速度值为$0.10g$，设计地震分组为第一组；

经计算，该工程砌体部分构件抗震承载力均满足国家现行规范要求，抗力R与构件的作用效应S之比$R/(\gamma_0 S)$均大于1.0。

综上所述，该工程抗震性能符合《建筑抗震设计标准》GB/T 50011—2010（2024年版）的要求。

七、结构承载力验算

根据该工程现场检测情况，按现行规范对该结构进行承载力验算，主要参数见表8-20。

承载力验算主要参数表　　　　　　　　表8-20

安全等级	环境类别	建筑类别	场地类别	基本风压	基本雪压	不上人屋面
二级	一类	丙类	Ⅱ类	$0.55kN/m^2$	$0.5kN/m^2$	$0.5kN/m^2$

验算结果表明，该工程构件结构承载力满足国家现行规范要求，抗力R与构件的作用效应S之比$R/(\gamma_0 S)$均大于1.0。

八、安全性鉴定

该工程安全性鉴定整体为一个鉴定单元，鉴定结果如下：

1. 构件鉴定评级

（1）承载能力：根据计算结果，该工程承重砖墙承载能力满足国家现行标准规范要求，构件抗力与作用效应之比$R/(\gamma_0 S)>1.0$，评定为a级。

（2）构造和连接：该工程承重砖墙构造和连接合理，满足国家现行标准要求，评定为a级。

（3）承重砖墙安全性等级：该工程承重砖墙安全性等级评定为a级。

2. 结构系统鉴定评级

1）地基基础

检查过程中没有发现基础不均匀沉降造成的主体结构构件变形，围护墙体局部开裂，建筑物无明显倾斜、变位等异常现象，地基基础工作正常，评定为A级。

2）上部承重结构

（1）结构的整体性等级

该工程结构布置合理，形成完整的体系；传力路径明确，结构形式与构件选型、整体性构造和连接基本符合国家现行标准的规定，满足安全要求。该项目评定为A级。

支撑系统：

该工程支撑布置合理，连接方式正确，形成完整的支撑系统，杆件的长细比及节点构造基本符合国家现行标准的要求，无明显的缺陷和损伤。该项目评定为 A 级。

综上所述，该工程上部承重结构的结构整体性项目评定为 A 级。

（2）承载功能

由构件评级结果可知，该工程结构构件及承载功能等级均评定为 A 级。

则上部承重结构系统安全性评级为 A 级。

3）围护结构系统

（1）承重围护结构的承载功能

由构件评级结果可知，该工程承重围护结构的承载功能评定为 A 级。

（2）非承重围护结构的构造连接

构造：经检查，该工程非承重围护结构构造合理，符合国家现行标准要求，该项目评为 A 级。

连接：经检查，该工程非承重围护结构连接方式正确，连接与构造符合国家现行标准要求，工作无异常，该项目评定为 A 级。

对主体结构安全的影响：经检查，该工程非承重围护结构构件选型及布置合理，对主体结构的安全没有影响，该项目评定为 A 级。

该工程非承重围护结构的构造连接评定为 A 级。

则该工程围护结构系统安全性等级为 A 级。

3. 综合鉴定评级

该工程的综合鉴定评级应包括地基基础、上部承重结构和围护结构三个结构系统。

三部分的安全性等级分别为：

地基基础：A 级。

上部承重结构系统：A 级。

围护结构系统：A 级。

根据上述结构系统的评定等级结果，并结合该工程的实际使用状态等的综合判定，该工程的安全性综合鉴定评级为一级。

九、鉴定结论

1. 安全性鉴定结论

（1）该项目安全性评级应包括地基基础、上部承重结构和围护结构三个结构系统。三个结构系统的安全性等级分别为：

地基基础：A 级，符合国家现行标准的安全性要求，不影响整体安全。

上部承重结构系统：A 级，符合国家现行标准的安全性要求，不影响整体安全。

围护结构系统：A 级，符合国家现行标准的安全性要求，不影响整体安全。

（2）根据上述结构系统的评定等级结果，该项目变电室的结构安全性综合鉴定评级为一级。安全性符合国家现行标准的要求，不影响整体安全。

2. 抗震鉴定结论

（1）该项目变电室抗震鉴定后续使用年限为 50 年。

（2）该项目变电室抗震性能满足《建筑抗震设计标准》GB/T 50011—2010（2024 年版）的要求。

【钢结构工程实例检测报告】

一、工程概况

该工程为三层钢结构厂房，建筑面积为4906.5m²，建于2020年，该工程抗震设防烈度为7度（第一组），设计基本地震加速度为0.10g，工程场地类别为Ⅱ类，地面粗糙度为B类，结构抗震等级为四级，抗震设防类别为乙类。该工程原设计屋面采用100mm厚彩钢岩棉夹芯板，墙面板采用泄爆板，钢柱采用箱形柱，钢梁采用焊接H型钢，钢柱、钢梁均采用Q235B钢，支撑、隅撑等均采用Q235级钢，地脚螺栓采用Q355B级钢，钢柱柱脚应采用高强灌浆料二次浇筑；刚架构件节点连接均采用10.9s级摩擦型高强度螺栓。该工程钢柱基础采用钢筋混凝土独立基础，局部位置采用钢筋混凝土筏形基础，该工程基础、基础梁及短柱等均为现浇，混凝土设计强度等级均为C30；该工程钢结构构件防火涂装：除锈等级按Sa2，底漆：涂刷环氧富锌底漆2道，涂层厚度70μm；中间漆：涂刷环氧云铁中间漆2道，涂层厚度110μm；面漆：涂刷适用于烃类火灾的室内型防火涂料。钢结构构件防腐涂装：除锈等级按Sa2，底漆：涂刷环氧富锌底漆2道，涂层厚度70μm；中间漆：涂刷环氧云铁中间漆1道，涂层厚度70μm；面漆：涂刷氯磺化聚乙烯面涂料3道，涂层厚度100μm。

二、检测鉴定原因

受甲方委托，乙方对该工程已建成部分进行结构工程质量检测，以评定该工程的结构工程质量。

三、检测鉴定依据

1. 甲乙双方签订的本工程技术服务合同书
2. 甲方提供设计图纸及其他资料
3. 《混凝土结构现场检测技术标准》GB/T 50784—2013
4. 《建筑结构检测技术标准》GB/T 50344—2019
5. 《混凝土结构工程施工质量验收规范》GB 50204—2015
6. 《回弹法检测混凝土抗压强度技术规程》JGJ/T 23—2011
7. 《钢结构现场检测技术标准》GB/T 50621—2010
8. 《钢结构设计标准》GB 50017—2017
9. 《钢结构工程施工质量验收标准》GB 50205—2020
10. 《钢结构超声波探伤及质量分级法》JG/T 203—2007
11. 《焊缝无损检测　超声检测　技术、检测等级和评定》GB/T 11345—2023
12. 《钢结构焊接规范》GB 50661—2011

四、现场检测仪器设备

1. HILTI钢筋探测仪
2. 激光测距仪
3. 游标卡尺
4. 钢卷尺
5. 碳化深度测试尺
6. 混凝土回弹仪
7. 覆层测厚仪
8. 焊接检测尺

9. 超声波测厚仪

10. 全数字智能超声波探伤仪

11. TOPCON 脉冲全站仪

五、检测内容

1. 查阅设计图纸及相关施工资料

经查阅该工程设计图纸及相关施工资料，该工程已建成部分的施工资料尚不齐全，并未形成完整的竣工资料。

2. 建筑物外观调查

经检测并查阅该工程设计图纸，该工程已建成部分的结构布置、轴线尺寸及支撑系统设置等与设计相符，基础梁、短柱等现浇构件无结构性缺陷及损伤，未发现结构受力裂缝，未发现有露筋、蜂窝、孔洞、夹渣、疏松等缺陷，现浇构件外形平整、表面整洁。主要钢结构构件节点构造、焊接连接及螺栓连接形式与原设计相符；钢结构各构件之间的连接部位无明显滑移、错动、焊缝开裂等异常现象，螺栓连接牢固、可靠，无松动现象，对焊缝宏观检查中未发现焊缝表面有裂纹、焊瘤、夹渣、咬边、电弧擦伤及表面气孔等缺陷，未发现腐蚀现象，焊缝外观质量良好。检查中发现地脚底板、地脚螺栓、螺母、垫片以及地脚底板往上约600mm范围内钢柱均未做防腐涂装，存在锈蚀现象。

3. 地基基础检测

该工程基础采用独立基础，局部位置采用筏形基础，检测工程中未发现有因基础不均匀沉降引起的上部结构变形，地基基础工作正常。

4. 钢构件截面尺寸

对照设计图纸，依据《钢结构现场检测技术标准》GB/T 50621—2010 的 A 类抽样检测最小样本容量要求，现场采用钢卷尺、游标卡尺、超声波测厚仪等对钢柱、钢梁截面尺寸进行抽样检测，将该工程整体作为一个检测批。检测结果表明，该工程钢柱、钢梁构件截面尺寸满足设计图纸及《钢结构工程施工质量验收标准》GB 50205—2020 中要求，检测结果详见表 8-21、表 8-22。按照计数抽样检测一般项目正常一次抽样的判定标准，判为合格（表 8-23）。

钢柱截面尺寸检测结果表　　　　　　　　　　　　　　　　表 8-21

序号	楼层	构件位置	检测值 $h \times b \times t$(mm)	设计值 $h \times b \times t$(mm)	允许偏差（mm）
1	一层	④~Ⓑ	501×402×17.30	500×400×18	连接处±3，非连接处±4；壁厚±10%t；
2		⑥~Ⓐ	498×401×17.50	500×400×18	
3		⑥~Ⓔ	500×398×17.25	500×400×18	

钢梁截面尺寸检测结果表　　　　　　　　　　　　　　　　表 8-22

序号	楼层	构件位置	检测值 $H \times B \times t_w \times t$(mm)	设计值 $H \times B \times t_w \times t$(mm)	允许偏差（mm）
1	一层	④—⑤~Ⓐ	H701×298×13×24	H700×300×13×24	h±3；b±3
2		④—⑤~Ⓑ	H699×300×13×24	H700×300×13×24	h±3；b±3
3		⑤—⑥~Ⓐ	H702×301×13×24	H700×300×13×24	h±3；b±3

构件截面尺寸抽样判定结果表 表 8-23

序号	构件名称	检测批容量	最小样本	抽样数量	不合格数	判定
1	钢柱	181	13	13	0	合格
2	钢梁	282	20	20	0	合格

5. 短柱截面尺寸

对照设计图纸，依据《混凝土结构现场检测技术标准》GB/T 50784—2013 的 A 类检测抽样最小样本容量的要求，对短柱混凝土构件尺寸进行抽样检测，将该工程整体作为一个检测批。检测结果表明，该工程短柱构件截面尺寸满足设计图纸及《混凝土结构工程施工质量验收规范》GB 50204—2015 中的要求，检测结果详见表 8-24。按照计数抽样检测一般项目正常一次抽样的判定标准，判为合格（表 8-25）。

短柱混凝土构件截面尺寸检测结果表 表 8-24

序号	构件名称	楼层	轴线号	检测尺寸（mm）	设计尺寸（mm）	允许尺寸偏差（mm）
1	短柱	地下	①～Ⓑ	1103×1105	1100×1100	+10，−5
2			④～Ⓒ	1098×1103	1100×1100	
3			⑤～Ⓑ	1102×1104	1100×1100	

短柱混凝土构件截面尺寸抽样判定结果表 表 8-25

序号	构件名称	检测批容量	最小样本	抽样数量	不合格数	判定
1	短柱	63	5	5	0	合格

6. 钢构件材料强度检测

依据《建筑结构检测技术标准》GB/T 50344—2019 的要求，检测现场采用里氏硬度检测法原位用里氏硬度计对钢柱、钢梁材料强度进行抽样验证性测试。检测结果详见表 8-26、表 8-27。

钢柱抗拉强度检测结果表 表 8-26

序号	名称	楼层	位置编号	抗拉强度换算值（N/mm²）						构件抗拉强度推定值（N/mm²）	设计抗拉强度 f_u（N/mm²）
				n	HL_m	HL_a	HL_t	HL_{dm}	$f_{b,min}$	$f_{b,max}$		
1	钢柱	一层	①～Ⓒ	01	376	−11	0	365	364	514	$m_{f_{b,min}}=365$	375
				02	377	−11	0	366	365	515	$m_{f_{b,max}}=515$	
				03	378	−11	0	367	366	516	$m_{f_{b,cu}}=440$	
2			③～Ⓓ	01	382	−11	0	371	370	520	$m_{f_{b,min}}=367$	
				02	377	−11	0	366	365	515	$m_{f_{b,max}}=517$	
				03	379	−11	0	368	367	517	$m_{f_{b,cu}}=442$	

钢梁抗拉强度检测结果表　　　　　　　　　　　　　　　　表 8-27

序号	楼层		抗拉强度换算值（N/mm²）						构件抗拉强度推定值（N/mm²）	设计抗拉强度 f_u（N/mm²）
	名称	楼层	位置编号	n	HL_m	HL_a	HL_t	HL_{dm}	$f_{b,min}$	$f_{b,max}$		
1	钢梁	一层	①～Ⓑ—Ⓒ	01	370	0	0	370	368	519	$m_{f_{b,min}}$=365 $m_{f_{b,max}}$=515 $m_{f_{b,cu}}$=440	375
				02	366	0	0	366	365	515		
				03	364	0	0	364	362	512		
2			①—③～Ⓓ	01	369	0	0	369	368	518	$m_{f_{b,min}}$=374 $m_{f_{b,max}}$=524 $m_{f_{b,cu}}$=449	
				02	379	0	0	379	380	530		
				03	375	0	0	375	375	525		

检测结果表明，该工程钢柱抗拉强度抽检值在 429～445N/mm² 之间，抽检结果满足设计图纸 Q235B 级钢 f_u=375N/mm² 的要求；该工程钢梁抗拉强度抽检值在 427～449N/mm² 之间，抽检结果满足设计图纸 Q235B 级钢 f_u=375N/mm² 的要求。

7. 钢筋配置情况及混凝土保护层厚度检测

依据《混凝土结构现场检测技术标准》GB/T 50784—2013 中 A 类检测抽样最小样本容量的要求，现场采用钢筋保护层探测仪并结合局部凿开法探测基础梁构件的钢筋配置及保护层厚度，将该工程整体作为一个检测批进行检测。检测结果表明基础梁主筋及保护层厚度满足设计图纸《混凝土结构工程施工质量验收规范》GB 50204—2015 对梁主筋保护层+10mm，-7mm，箍筋间距±20mm 的要求，按照计数抽样检测一般项目正常一次性抽样的判定标准，判为合格（表 8-29），详见表 8-28。

基础梁钢筋配置情况检测一览表　　　　　　　　　　　　　　　　表 8-28

序号	构件楼层	轴线编号	梁顶主筋数量		加密区箍筋间距（mm）		非加密区箍筋间距（mm）		钢筋保护层厚度（mm）	
			实测值	设计值	实测平均值	设计值	实测平均值	设计值	实测平均值	设计值
1	地下	④～Ⓐ—Ⓑ	3	3	84	100	180	200	34	25
2		⑧～Ⓒ—Ⓓ	4	4	89	100	178	200	33	25
3		⑩—⑪～Ⓓ	3	3	89	100	173	200	34	25

注：箍筋间距均属于正误差。

基础梁构件钢筋配置及保护层厚度情况抽样判定结果表　　　　　表 8-29

构件名称	检测批容量	最小样本	抽样数量	不合格数	判定
基础梁	76	5	5	0	合格

8. 检测及评定结果

依据《混凝土结构现场检测技术标准》GB/T 50784—2013 及《回弹法检测混凝土抗压强度技术规程》JGJ/T 23—2011 的要求，现场采用回弹法对现浇短柱、基础梁混凝土构件现龄期强度进行检测；检测及评定结果见表 8-30、表 8-31。

短柱混凝土现龄期强度检测结果表 表8-30

序号	构件名称	楼层	轴线位置	测区强度（MPa）					推定区间	设计强度	碳化深度值（mm）
1	短柱	地下	①~Ⓑ	36.9	39.1	37.0	38.6	38.6	$n=65$ $m_{f_{cu}^c}=38.7$ $s_{f_{cu}^c}=0.98$ $k_{0.05,u}=1.36388$ $k_{0.05,l}=2.006015$ $f_{cu,u}=37.3$ $f_{cu,l}=36.7$	C30	3.0
2			④~Ⓐ	39.4	39.0	38.6	38.4	40.0			3.5
3			④~Ⓒ	38.0	38.5	37.8	38.6	39.4			2.5

注：根据《混凝土结构现场检测技术标准》GB/T 50784—2013分层计量抽样法确定的受检构件数量如下：短柱检验批容量：63个；受检构件数量：13个（B类），每个受检构件抽取5个测区，共计65个测区进行批量评定。

检测结果表明，该工程短柱混凝土现龄期强度推定区间在36.7~37.3MPa之间，短柱检测批推定区间上、下限值之差未超过5.0MPa和$0.1m_{\Delta f}$（推定区间上限与下限的均值的10%）两者中的较大者，满足规范规定推定区间的上、下限值差值的限制要求，以$f_{cu,u}=37.3$MPa值作为检测批混凝土强度的推定值，混凝土设计强度未超过$f_{cu,u}$值，可判定该工程短柱混凝土现龄期强度满足设计图纸C30的要求。同时，对短柱混凝土碳化深度进行抽检。抽检结果表明，混凝土碳化深度小于钢筋保护层厚度，混凝土尚能对钢筋起到保护作用。

基础梁混凝土现龄期强度检测结果表 表8-31

序号	构件名称	楼层	轴线位置	测区强度（MPa）					推定区间	设计强度	碳化深度值（mm）
1	基础梁	地下	③~Ⓐ—Ⓑ	37.6	38.6	37.9	36.7	38.8	$n=65$ $m_{f_{cu}^c}=38.0$ $s_{f_{cu}^c}=0.91$ $k_{0.05,u}=1.36388$ $k_{0.05,l}=2.006015$ $f_{cu,u}=36.7$ $f_{cu,l}=36.1$	C30	3.0
2			①—③~Ⓒ	37.2	37.6	36.0	37.7	37.3			3.0
3			④~Ⓐ—Ⓑ	36.1	38.0	38.4	37.9	37.2			2.5

注：根据《混凝土结构现场检测技术标准》GB/T 50784—2013分层计量抽样法确定的受检构件数量如下：基础梁检验批容量：76个；受检构件数量：13个（B类），每个受检构件抽取5个测区，共计65个测区进行批量评定。

检测结果表明，该工程基础梁混凝土现龄期强度推定区间在36.1~36.7MPa之间，基础梁检测批推定区间上、下限值之差未超过5.0MPa和$0.1m_{\Delta f}$（推定区间上限与下限的均值的10%）两者中的较大者，满足规范规定推定区间的上、下限值差值的限制要求，以$f_{cu,u}=36.7$MPa值作为检测批混凝土强度的推定值，混凝土设计强度未超过$f_{cu,u}$值，可判定该工程基础梁混凝土现龄期强度满足设计图纸C30的要求。同时，对短柱混凝土碳化深度进行抽检。抽检结果表明，混凝土碳化深度小于钢筋保护层厚度，混凝土尚能对钢筋起到保护作用。

9. 各层钢柱垂直度检测

依据《钢结构工程施工质量验收标准》GB 50205—2020的有关规定，现场利用全站仪对该工程钢柱各层垂直度进行了抽样检测，检测结果详见表8-32。

各层钢柱垂直度检测结果表 表 8-32

序号	楼层	构件位置	检测值（mm）	允许偏差（H/1000，且不大于 10.0mm）	备注
1	一层	①~Ⓐ	8.0（向东偏移）	8.2	
			6.0（向南偏移）		
2		③~Ⓐ	3.0（向东偏移）		
			8.0（向北偏移）		

检测结果表明，该工程抽检的各层钢柱垂直度的允许偏差满足《钢结构工程施工质量验收标准》GB 50205—2020 中的有关规定要求。

10. 钢柱整体垂直度检测

依据《钢结构工程施工质量验收标准》GB 50205—2020 的有关规定，现场利用全站仪对该工程钢柱整体垂直度进行了抽样检测，检测结果详见表 8-33。

钢柱整体垂直度检测结果表 表 8-33

序号	构件位置	检测值（mm）	允许偏差 35.0mm	备注
1	①~Ⓐ	11.0（向东偏移）	35.0	
		13.0（向南偏移）		
2	③~Ⓐ	3.0（向东偏移）		
		12.0（向北偏移）		

检测结果表明，该工程抽检的钢柱整体垂直度的允许偏差满足《钢结构工程施工质量验收标准》GB 50205—2020 中的有关规定要求。

11. 钢梁的侧向弯曲矢高检测

依据《钢结构工程施工质量验收标准》GB 50205—2020 的有关规定，现场利用全站仪对该工程钢梁的侧向弯曲矢高进行了抽样检测，检测结果详见表 8-34。

钢梁的侧向弯曲矢高检测结果表 表 8-34

序号	楼层	构件位置	检测值（mm）	允许偏差（L/1000，且不大于 10.0mm）	备注
1	一层	①~Ⓐ—Ⓑ	2.0	7.0	
2		①~Ⓒ—Ⓓ	2.0	6.0	

检测结果表明，该工程抽检钢梁的侧向弯曲矢高的允许偏差满足《钢结构工程施工质量验收标准》GB 50205—2020 中的有关规定要求。

12. 主体结构的整体平面弯曲检测

依据《钢结构工程施工质量验收标准》GB 50205—2020 的有关规定，现场利用全站仪对该工程主体结构的整体平面弯曲进行了抽样检测，检测结果详见表 8-35。

主体结构的整体平面弯曲检测结果表 表 8-35

序号	楼层	构件位置	检测值（mm）	允许偏差（L/1500，且不大于 50.0mm）	备注
1	一层	Ⓐ轴	14.0	40.0	
2		Ⓔ轴	14.0	40.0	
3	二层	Ⓐ轴	36.0	40.0	
4		Ⓔ轴	36.0	40.0	

检测结果表明，该工程抽检的主体结构的整体平面弯曲的允许偏差满足《钢结构工程施工质量验收标准》GB 50205—2020 中的有关规定要求。

13. 主体结构整体立面偏移检测

依据《钢结构工程施工质量验收标准》GB 50205—2020 的有关规定，现场利用全站仪对该工程主体结构整体立面偏移进行了抽样检测，检测结果详见表 8-36。

主体结构整体立面偏移检测结果表   表 8-36

序号	构件位置	检测值（mm）	允许偏差（$H/2500+10$，且不大于 30.0mm）	备注
1	①轴	12.0	18.9	
2	⑮轴	16.0	18.9	

检测结果表明，该工程抽检的主体结构整体立面偏移的允许偏差满足《钢结构工程施工质量验收标准》GB 50205—2020 中的有关规定要求。

14. 钢构件防腐涂装涂料涂层厚度抽检

依据《建筑结构检测技术标准》GB/T 50344—2019 等国家标准要求，现场采用覆层测厚仪对该工程钢柱、钢梁的防腐涂装涂料涂层厚度进行了抽样检测，检测结果详见表 8-37、表 8-38。

钢柱防腐涂装涂料涂层厚度抽检结果表   表 8-37

序号	楼层	构件位置	检测结果（μm）					平均值（μm）	设计值（mm）	允许偏差（μm）
1		③~Ⓒ	252	223	300	240	351	273	240	−25
2	一层	⑤~Ⓐ	253	243	276	224	262	252	240	−25
3		⑩~Ⓐ	267	350	250	311	241	284	240	−25

钢梁防腐涂装涂料涂层厚度抽检结果表   表 8-38

序号	楼层	构件位置	检测结果（μm）					平均值（μm）	设计值（mm）	允许偏差（μm）
1		④—⑤~Ⓐ	301	265	289	245	239	268	240	−25
2	一层	④—⑤~Ⓑ	265	245	310	298	256	275	240	−25
3		⑤—⑥~Ⓐ	243	242	256	289	227	251	240	−25

经现场检测，该工程钢柱、钢梁防腐涂装涂料涂层厚度抽检结果均符合设计图纸及《钢结构工程施工质量验收标准》GB 50205—2020 的有关规定要求。

15. 现场检测时抽取两种规格Φ20、Φ18 同批剩余钢筋进行机械性能试验；试验结果表明，抽检钢筋机械性能符合国家有关标准要求。

16. 钢柱与钢梁 T 形焊缝、钢梁与钢梁对接焊缝质量无损检测

依据《建筑结构检测技术标准》GB/T 50344—2019 及《钢结构工程施工质量验收标准》GB 50205—2020 附录 F 钢结构工程有关安全及功能的检验和见证检测项目的要求，现场采用 PXUT-350B+全数字智能超声波探伤仪对钢柱与钢梁 T 形焊缝、钢梁与钢梁对接焊缝质量进行抽样检测，探伤比例≥5%。

检测结果表明：该工程钢柱与钢梁 T 形焊缝、钢梁与钢梁对接焊缝内部缺陷超声波无损探伤检测按《焊缝无损检测　超声检测　技术、检测等级和评定》GB/T 11345—

2023，符合《钢结构工程施工质量验收标准》GB 50205—2020 二级焊缝验收等级 2 级要求。

六、检测结论及建议

（一）鉴定结论

（1）经检测并查阅该工程设计图纸及相关资料，该工程已建成部分的施工资料尚不齐全，并未形成完整的竣工资料。

（2）经检测并查阅该工程设计图纸及相关资料，该工程已建成部分的结构布置、轴线尺寸及支撑系统设置等与设计相符，基础梁、短柱等现浇构件无结构性缺陷及损伤，未发现结构受力裂缝，未发现有露筋、蜂窝、孔洞、夹渣、疏松等缺陷，现浇构件外形平整、表面整洁。主要钢结构构件节点构造、焊接连接及螺栓连接形式与原设计相符；钢结构各构件之间的连接部位无明显滑移、错动、焊缝开裂等异常现象，螺栓连接牢固、可靠，无松动现象，对焊缝宏观检查中未发现焊缝表面有裂纹、焊瘤、夹渣、咬边、电弧擦伤以及表面气孔等缺陷，未发现腐蚀现象，焊缝外观质量良好。检查中发现地脚底板、地脚螺栓、螺母、垫片以及地脚底板往上约 600mm 范围内钢柱均未做防腐涂装，存在锈蚀现象。

（3）该工程基础采用独立基础，局部位置采用筏形基础，检测工程中未发现有因基础不均匀沉降引起的上部结构变形，地基基础工作正常。

（4）该工程钢梁、钢柱构件截面尺寸检测结果表明：抽样检测的钢梁、钢柱截面尺寸符合设计图纸及《钢结构工程施工质量验收标准》GB 50205—2020 的有关规定要求；检测结果见表 8-21、表 8-22。

（5）该工程短柱截面尺寸检测结果表明，抽样检测的短柱截面尺寸满足设计图纸及《混凝土结构工程施工质量验收规范》GB 50204—2015 的有关规定要求；检测结果见表 8-24。

（6）依据《建筑结构检测技术标准》GB/T 50344—2019 要求，检测现场采用里氏硬度检测法原位用里氏硬度计对钢柱、钢梁材料强度进行抽样检测。经现场检测，该工程已建成部分所用钢材抗拉强度符合设计图纸及相关规范标准的要求；检测结果见表 8-26、表 8-27。

（7）该工程钢筋配置及钢筋保护层厚度的检测结果表明，抽检的基础梁构件的钢筋配置情况及钢筋保护层厚度满足设计及《混凝土结构工程施工质量验收规范》GB 50204—2015 的要求；检测结果见表 8-28 和表 8-29。

（8）该工程短柱、基础梁现浇构件混凝土现龄期强度均满足设计图纸的要求，同时对短柱、基础梁混凝土碳化深度进行抽检，抽检结果表明，混凝土碳化深度小于钢筋保护层厚度，混凝土尚能对钢筋起到保护作用。具体检测结果见表 8-30、表 8-31。具体结果如下：

短柱混凝土强度推定区间为 36.7～37.3MPa；设计值小于推定上限，可判定为该工程短柱混凝土现龄期强度符合设计图纸 C30 的要求。

基础梁混凝土强度推定区间为 36.1～36.7MPa；设计值小于推定上限，可判定为该工程基础梁混凝土现龄期强度符合设计图纸 C30 的要求。

（9）该工程抽检的各层钢柱垂直度的允许偏差满足《钢结构工程施工质量验收标准》GB 50205—2020 中的规定要求；检测结果见表 8-32。

（10）该工程抽检的钢柱的整体垂直度的允许偏差满足《钢结构工程施工质量验收标准》GB 50205—2020 中的规定要求；检测结果见表 8-33。

(11) 该工程抽检钢梁的侧向弯曲矢高的允许偏差满足《钢结构工程施工质量验收标准》GB 50205—2020 中的有关规定要求；检测结果见表 8-34。

(12) 该工程抽检的主体结构的整体平面弯曲的允许偏差满足《钢结构工程施工质量验收标准》GB 50205—2020 中的有关规定要求；检测结果见表 8-35。

(13) 该工程抽检的主体结构整体立面偏移的允许偏差满足《钢结构工程施工质量验收标准》GB 50205—2020 中的有关规定要求；检测结果见表 8-36。

(14) 经现场检测，该工程钢柱、钢梁防腐涂装涂料涂层厚度抽检结果均符合设计图纸及《钢结构工程施工质量验收标准》GB 50205—2020 的有关规定要求。检测结果见表 8-37、表 8-38。

(15) 现场检测时抽取两种规格 ⌀20、⌀18 同批剩余钢筋进行机械性能试验；试验结果表明，抽检钢筋机械性能符合国家有关标准规范要求。

(16) 经现场检测，该工程钢柱与钢梁 T 型焊缝、钢梁与钢梁对接焊缝内部缺陷超声波无损探伤检测按《焊缝无损检测　超声检测　技术、检测等级和评定》GB/T 11345—2023，符合《钢结构工程施工质量验收标准》GB 50205—2020 二级焊缝验收等级 2 级要求。

(二) 处理建议

(1) 建议施工单位对该工程已建成部分提供完整的施工资料，形成完整的竣工资料。

(2) 建议对存在锈蚀现象的地脚底板、地脚螺栓、螺母、垫片以及地脚底板往上约 600mm 范围内的钢柱进行除锈处理后，重新进行防腐涂装。

思考题

1. 混凝土结构检测包括哪些内容？
2. 回弹仪的工作原理是什么？回弹仪如何进行标定？
3. 回弹法检测单元、测区和测点概念上有何区别？
4. 混凝土强度检测方法有哪几种？各自的原理、优点及缺点是什么？
5. 如何进行混凝土结构裂缝的检测？
6. 混凝土内部缺陷如何检测？请举例说明。
7. 混凝土中钢筋检测主要有哪些内容？分别采用哪些方法？
8. 砌体结构检测包括哪几项内容？试比较它们的相同点和不同点。
9. 如何用扁顶法检测既有砌体的抗压强度？
10. 简述钢结构外观质量的检测方法。
11. 简述超声法检测钢材和焊缝缺陷的工作原理及方法。

第9章
桥梁结构检测

桥梁工程是公路、铁路工程中特殊的部分，桥梁承载能力和施工质量在保证公路、铁路通行能力上起着至关重要的作用，但在实际的使用过程中，由于环境、荷载作用、腐蚀效应和材料老化等原因，会对桥梁结构产生不可逆转的损伤，甚至发生事故，因此桥梁工程中的试验检测尤为重要。对于桥梁的检测，不仅要在建造期间控制好材料质量，对于成桥整体的结构性检测试验也是尤为重要的。桥梁结构性能检测分析和评价已经成为国内外工程界研究的热点。通过桥梁现场检测，可以客观地了解桥梁的工作状态、评估桥梁的承载性能、为桥梁的正常运营提供指导，根据桥梁荷载作用的性质，桥梁结构荷载试验可分为静载试验和动载试验。

9.1 桥梁静荷载试验

桥梁结构荷载试验中，静载试验是在桥梁上的指定位置作用一定静力荷载，用以测试结构的静力位移、静力应变、裂缝等参数的试验项目，从而推断桥梁结构在荷载作用下的工作性能及使用能力。静载试验广泛应用于桥梁结构试验中，是使用最多、最常见的基本试验。本节主要从桥梁工程静载试验的方案设计、加载、测试设备及加载试验方法等各项程序加以阐述。

桥梁结构的动载试验是研究桥梁结构的自振特性和车辆动力荷载与桥梁结构的联合振动特性。根据桥梁结构或构件的自振频率的变化可以判断出桥梁结构病害的原因。因此，桥梁新建、运营一定年限后的桥梁及对其结构承载能力有疑问的桥梁均需进行动载试验。动载试验利用某种激振方法激起桥梁结构的振动，然后测定其自振频率、阻尼比、振型和动力冲击系数等参数，从而判断桥梁结构的整体刚度和行车性能。

1. 桥梁静载试验方案设计

静载试验方案设计包括实桥调查、加载方案、观测方案的设计和准备。实桥调查的主要内容包括：结构物的实际技术状况（内容包括结构总体尺寸、杆件截面尺寸、各部分的高程、行车道路面的平整度、墩台顶面标高和平面位置、支座位置、材料的实际物理力学性能等）；上、下部结构物的缺陷（例如，裂缝、损坏和钢筋锈蚀状况，并在试验过程中随时注意观察以上位置的变化，检查支座有无锈蚀和损害状况）；在加载试验过程中和试验结束后，受加载影响较大的部位要着重进行详细的检查。桥址调查主要包括桥上和两端线路的不同技术状况，如线路容许车速、桥下净空、水深和通航情况、线路交通量、供电情况、可能选择的加载方式、有无标准荷载车辆等。如果经检查发现结构的尺寸超过规定的误差，或材料质量没有达到设计要求，须按照结构的实际状况重新进行静力或动力分析，计算在试验荷载作用下检测部位的变形和应力（或应变）数值。

2. 加载方案

加载方案主要包括：确定控制截面；加载时截面内力的控制；加载设备的选择；加载轮位的确定；静向加载分级与控制；加载分级的计算。

1) 确定控制截面

通常，桥梁静载试验控制截面不宜过多。在满足承载能力的前提下，要抓住重点问题，主要有以下几个位置：

(1) 最大正弯矩截面；

(2) 最大负弯矩截面;
(3) 最大偏载作用下结构的受力状态或横向分布系数;
(4) 最大剪力截面;
(5) 最大挠度、梁端转角及支座沉降;
(6) 梁体裂缝检查、制动力、地基基础的观察等。

不同的桥型内力控制截面也不同,详见表 9-1。

主要桥型的内力控制截面　　　　　　　　　表 9-1

桥型	主要控制截面	附加控制截面
简支梁	跨中挠度和截面应力(或应变)	跨径四分点的挠度、支点斜截面应力
连续梁	跨中挠度、跨中和支点截面应力(或应变)、支点截面转角和支点沉降	跨径 1/4 处的挠度和截面应力(或应变)、支点斜截面应力
悬臂梁(包括 T 形刚构的悬臂部分)	悬臂端的挠度、固端根部或支点截面的应力和转角,墩顶的变形(水平或垂直位移、转角),T 形刚构墩身控制截面的应力	悬臂跨中挠度,牛腿部分局部应力
拱桥	跨中、跨径 1/4 和 3/8 截面的挠度和应力,拱脚截面的应力、墩台顶的变形和转角	跨径 1/8 截面的挠度和应力,拱上建筑控制截面的变形和应力
刚架桥(包括框架、斜腿刚架和刚架-拱式组合体系)	跨中截面的挠度和应力,节点附近截面的应力、变形和转角,墩台顶的变形和转角	柱脚截面的应力、变形和转角
悬索结构(包括斜拉桥和悬索桥)	加劲梁的最大挠度、偏载扭转变形和控制截面应力、索塔顶部的水平位移和扭转变形,塔柱底截面的应力、钢索(斜拉索、吊杆、主缆)拉力、锚锭的上拔位移	钢索与梁连接部位的挠度

表 9-1 所列的各种桥梁体系的主要部位,均是桥梁承载能力试验需要着重观察的部位。此外,对桥梁的较薄弱截面、损坏部位,比较薄弱的桥面结构等,是否设置内力控制截面及安排加载项目可根据桥梁调查和验算情况决定。

2) 加载时截面内力的控制

(1) 控制荷载的确定。荷载的选择正确与否直接关系到荷载试验的效果,荷载一般分为汽车荷载和人群荷载,汽车荷载由车道荷载和车辆荷载组成,车道荷载又可以分为均布荷载和集中荷载两种。按照最不利的原则,通过以上荷载进行计算得出最不利内力,用产生的最不利内力的荷载作为静载试验的控制荷载,荷载试验所用荷载尽量与实际荷载相同,但往往由于客观原因,很难实现,为了保证试验的效果通常选择静荷载试验效率和动荷载试验效率进行控制。

(2) 静荷载试验效率,是试验荷载作用下被检测部位的内力与包括动力扩大效应在内的标准设计荷载作用下的同一部位的内力的比值。以 η 表示荷载试验效率,则有下式:

$$\eta = \frac{S_{st}}{S(1+\mu)}$$

式中　S_{st}——试验荷载作用下,被检测部位的内力或变形的计算值;
　　　S——标准设计荷载作用下,被检测部位的内力或变形的计算值;
　　　μ——规范采用的冲击系数。

根据荷载试验效率可以对荷载试验进行分类,主要分为以下几种:

$\eta>1$ 时，为重荷载试验；$1 \geqslant \eta>0.8$ 时，为基本荷载试验；$0.8 \geqslant \eta>0.5$ 时，为轻荷载试验；$\eta<0.5$ 时，试验误差较大，不易充分发挥结构的效应和整体性。根据桥梁的调查、验算工作充分程度不同，来选择合适的 η 值。一般来讲，荷载试验效率 η 值为 $0.8 \sim 1.05$，调查、验算工作充分而且受加载设备能力所限，可以采用低值；当桥梁调查、验算工作不充分，尤其是缺乏桥梁计算资料时，应采用高值，但是一般情况下 η 值不宜小于 0.95。影响荷载试验的因素很多，一般选择温度稳定的季节和天气进行测试，根据最不利原则，如果温度对于桥梁结构内力的影响较大时，应选择温度内力最不利的季节进行荷载试验，否则应考虑适当增大静荷载试验效率 η 值来进行修正，从而弥补温度影响对结构控制截面产生的不利内力。

3）加载设备的选择

静载试验的加载主要分为可行式车辆加载和重物直接加载。

（1）可行式车辆可选用装载重物的汽车或者平板车，也可以利用附近的施工机械车辆；装载重物时要综合考虑车辆的装载能力、装载方便与否和装载后是否稳妥，防止车辆在行驶过程中因为重物重心不稳发生摇晃而改变重物位置产生危险并对试验结果产生影响。如果试验加载车辆不符合设计的要求时，可根据桥梁设计控制截面影响线来进行换算。

（2）重物直接加载，一般采用在着地轮迹线位置先搭设承载架，然后再在承载架上堆放重物或者一定容积水箱来进行加载；如果加载仅仅是为了满足控制截面内力的要求，也可以直接将重物或设置水箱堆放在桥面上进行加载。以上堆放时应满足安全、合理的原则，并且能按要求分布加载重量，并不使加载设备与桥梁结构工程承载形成"卸载"现象。加载工作整体加载时间较长，并且工作量比较大，对交通影响较大，很难避免温度对测点的影响，所以安排夜间进行试验比较适宜。采用移动轻便的集中加荷设备，可以测定出结构的影响线和影响面。

4）加载轮位的确定

试验荷载的轮位确定对于不同形式的桥梁是存在差别的，如对于铁路桥梁而言，分单线加载、双线一侧加载、双线两测加载三种；然而对于公路桥梁而言，要同时考虑沿桥轴线方向加载和垂直于桥轴线方向加载，如图 9-1 所示，纵向加载轮位要考虑桥跨的最大弯矩、挠度、剪力控制部位，横向加载轮位分对称和偏心两种。

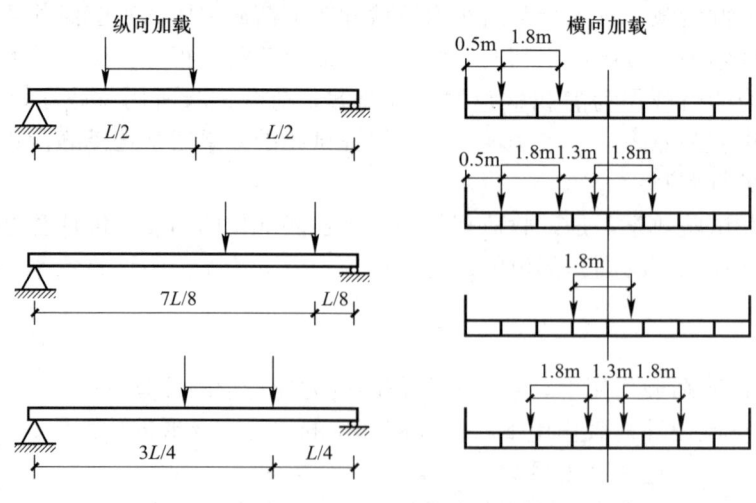

图 9-1 常用轮位图示

复杂的结构受载后的整体及局部工作性能都会通过结构的力和位移影响线来反映出来，支座的工作状况和整体刚度也会造成实测影响线和计算值产生偏差。在实测桥跨结构控制截面的力或位移影响线时，一般采用纵向单排和横线对称布置的重车，荷载移动的步长一般不大于跨长的 1/10～1/8。

5) 静向加载分级与控制

分级加载的控制原则：

(1) 如果加载分级较为方便时，应按最大控制截面分成 4～5 级进行加载。基本荷载（等于或接近设计荷载）一般分为 4 级来进行；超过基本荷载部分，其每级加载量比基本荷载的加载量减小一半。

(2) 如果采用载重车进行加载并且车辆称重存在困难时，也可分为 3 级加载。

(3) 对于调查和验算工作不充分或桥况较差的桥梁，应尽量增多加载分级的级数。如果受条件限制加载分级较少时，应注意每级加载过程中车辆荷载应逐辆极缓慢地驶入预定加载位置。如必要时，可在加载车辆未到达预定加载位置前，同时对控制测点进行读数，以确保加载试验过程中的安全。

(4) 在安排加载分级时，应注意加载过程中其他截面内力也应逐渐增加，并且最大内力不应超过控制荷载作用下的最不利内力。

(5) 加载方法的选择要根据具体条件决定，最好每级加载后便进行卸载，同时也可以逐级加载达到最大荷载后再逐级卸载。

车辆荷载加载分级的方法：车辆荷载的加载宜通过控制加载车的数量来逐级控制加载，按先轻后重的原则进行加载。如果加载车位于内力影响线的不同部位，加载车宜分次装卸重物。加载试验时间以晚 10 时至早 6 时近乎恒温的条件下进行为宜。一方面，为了减少温度的起伏变化对试验结果造成的影响；另一方面，采用重物直接加载时，加卸载周期比较长，这种情况下只能在夜间进行试验。当采用车辆等加卸载迅速的试验方式进行加载时，如夜间试验照明等有困难时，亦可安排在白天进行试验；但在晴天或多云的天气下进行加载试验时，每一加卸载周期所花费的时间不宜超过 20min。

6) 加载分级计算

为了更方便地对加载试验过程进行控制和分析，应根据不同加载分级按照弹性阶段计算加载各测点的理论计算变形或应变，在计算时优先采用已做材料试验的实测值，否则应按规范值选用。

3. 测点布置

1) 挠度测点的布设

在挠度测量时，对于结构的竖向挠度、侧向挠度和扭转变形应进行测量，并且可以检测出受检跨及相邻跨的挠度曲线和最大挠度。每跨布设测点数量一般为 3～5 个测点。在对支点进行下沉修正时，应通过观测支座下沉量、墩台的沉降、水平位移与转角、连拱桥多个墩台的水平位移等数据来对测试结果修正。

2) 结构应变测点的布设

应力-应变测点的布设应以能测出内力控制截面的竖向、横向应力分布状态为原则。对组合构件，应测出组合构件的结合面上下缘应变。每个截面的竖向点沿截面高度不少于 5 个测点，如上、下缘和截面突变处，应能说明平截面假定是否成立。横向截面抗弯应变测点应布设在截面横桥向应力可能分布较大的部位，沿截面上下缘布设，横桥向设置一般不少于 3 处，以控制最大应力的分布，宽翼缘构件应能给出剪滞效应的大小。对于箱形断面，顶板和底板测点应布设应变花，而腹板测点应布设 45°应变花，T 形断面下翼缘可用单向应变片。

对于公路钢桥，在钢板梁结构上应全断面布置测点，并且以能测出应力分布为原则来确定测点数量；钢桁梁应将杆件轴向力和次应力测定出来。此外，一般控制断面的横向应力增大系数应通过实测；对于结构横向连系构件质量较差时，连接较弱的杆件则必须测定控制断面的横向应力增大系数。简支梁跨中截面横向应力增大系数的测定，可以采用观测跨中沿桥宽方向应变变化的方法和观测跨中沿桥宽方向挠度变化的方法来进行计算，或者利用这两种方法来相互校准。

3）混凝土结构应变测点的布设

预应力混凝土结构的应变测点布设，可采用长标距（5mm×150mm）应变片构成应变花贴在混凝土表面。对于应测受拉钢筋的拉应变的预应力混凝土结构，可以凿开混凝土保护层并把拉应力测点直接设置在钢筋上。试验完毕后，必须对保护层进行修复。

测定混凝土表面应变的方法来间接确定混凝土结构中钢筋承受的拉力时，往往会因为混凝土表面已经产生的裂缝而对观测的结果产生影响，这时可用测定与钢筋同高度的混凝土表面上一定间距的两点间平均应变，来确定钢筋的拉应力。两点的位置的选择应满足其标距大致等于裂缝的间距或裂缝间距的倍数，大致分为以下三种情况，根据结构不同的受力情况来选择：

（1）加载后预计混凝土不会产生裂缝的情况：这时测定位置及标距没有限制，但标距应大于等于 4 倍混凝土最大粒径。

（2）加载前未产生裂缝、加载后可能产生裂缝的情况：可依据图 9-2 的方法选择相连的 20cm、30cm 两个标距。当加载后产生裂缝时可分别选用 20cm、30cm 或 20＋30cm 标距的测点读数来适应裂缝间距。

（3）加载前已经产生裂缝的情况：为避免加载后产生新裂缝的影响，可以根据裂缝间距按图 9-3 的方法选择测点位置及标距。通过增大标距也可以达到提高测试精度的目的，测点在裂缝间的位置在跨越两条裂缝时应保持不变。

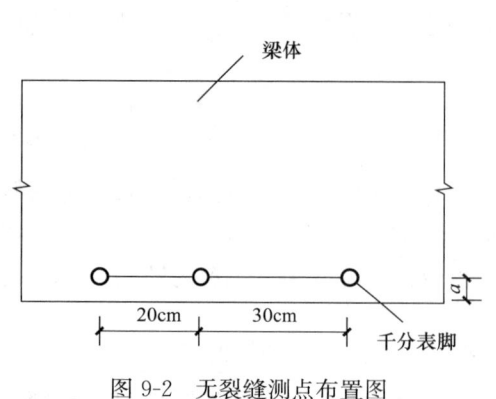

图 9-2 无裂缝测点布置图

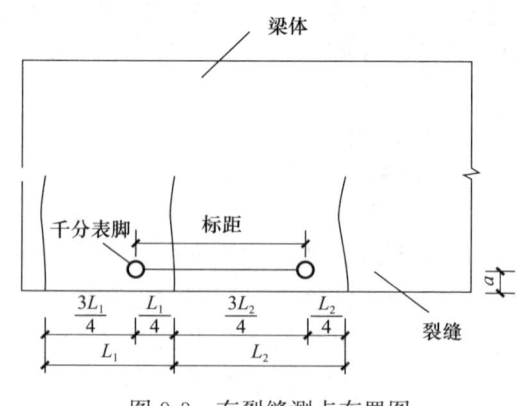

图 9-3 有裂缝测点布置图

4）剪切应变测点的布设

一般采用设置应变花的方法来对剪切应变进行观测。在实际操作过程中为了方便，对于桥梁的剪应力，也可将单一应变测点设置在截面的中性轴处主应力方向上。梁桥的实际最大剪应力截面不应直接设置在支座之上，而是设置在支座附近。具体的操作方法是：从梁底支座中心起向跨中作与水平线成 45°的斜线，此斜线与截面中性轴高度线相交的交点即为梁桥最大剪应力位置，在该位置上沿着最大压应力或者最大拉应力方向设置应变测点，把距离支座最近的加载点设置在 45°斜线与桥面的交点位置上。

5) 温度测点的布设

温度测点的布设可以选择已经布设的其他测点附近，一般每个测点位置布设 1~2 个温度观测点。此外，也可以根据实际需要在桥梁主要测点部位设置一些表面的温度观测点位。

4. 仪器设备

静载试验中常用的应变测试设备包括机械式应变仪、电阻应变仪、钢弦式应变计等，位移或挠度测量可选用连通管、百分表、挠度计、全站仪等；倾角的测量常用水准式倾角仪；裂缝的测量可选用刻度放大镜；可选用速度传感器、电荷放大器、智能信号采集处理和分析系统配合电脑及采集程序来测量锚索索力。同时，对于测量仪器的精度要求，静载试验测定时不应大于预估测量值的 5%，动载试验测定时不应大于预估测量值的 10%。

9.2 测试准备

1. 测量装置

测量装置主要包括两方面：①搭设观测脚手架；②设置测点附属设施。脚手架的搭设要根据场地情况选择合适的位置，既能保证安全又方便观测仪表，并且不影响到仪表和观测点的正常运转，不干扰测点附属设施；如果遇到净空较大的桥梁时，搭设固定脚手架有难度，则应考虑采用轻便活动吊架，吊架用尼龙绳或者细钢丝绳绑扎在两端并固定在栏杆或者人行道缘石上，整套设备使用前应进行试加载，以保证人员安全；当吊架需要多次使用时，可做成可拼装的形式，方便运输和多次安装。测点的附属设施多于安装挠度、沉降、水平位移等观测仪表时使用，通常采用木桩、木架或者其他支架等测点附属设施。设置时既要满足仪表安装的需要，也要注意附属设施本身不能受到其自身变形和位移的影响；同时，在有车辆运行和行人走动时，能够保证其稳定和牢固满足试验的要求。当遇到不利天气影响时，为防止温度变化或者雨水等对观测造成的误差，应设置遮挡阳光的设备和防雨设施。

2. 加载位置

为了保证加载试验的顺利进行，加载位置放样一般在静载试验前进行。如果加载程序很少，可以在每个加载前进行临时放样；但如果加载程序较多时，则应该预先放样，并且用不同的颜色标记区分不同加载程序的荷载位置。

对于荷载卸载的安放位置应预先安排。卸载位置的选择既要满足加卸载方便，又不影响试验孔（或墩）的受力，所以安放位置要远一些，一般可将荷载安放在台后一定距离处。对于多孔桥，检测时如果要求荷载停放在桥孔上时，应停放在远离试验孔的位置，以免对试验观测造成影响。

3. 仪器检查与安装

试验开始前，应对所用的所有仪表进行检查，并且按仪表本身的要求进行标定和误差修正，以满足测试精度的要求。测量误差不应大于预计量程的±5%，位移测量不大于±10%，动态位移误差不大于±15%。测试过程中用到电阻应变片时，粘贴人员应具有一定的粘贴经验，应能根据现场温度湿度等条件选择合适的贴片和防潮工艺，尽量选用与观测应变的部位材质相同的材料作为温度补偿片，并且补偿片应尽量靠近应变片设置。

仪表安装完成时间不宜过早，过早容易造成仪器受损和丢失，一般在加载试验前完成即可，仪表安装完成后应由有测试经验的人员进行专门的检查，主要注意仪表安装位置和方法是否正确，也可利用过往车辆来观察仪表是否正常工作。

4. 荷载准备和人员分工

加载车队或等效重物，需要先进行准确的称重，称量所用的工具均应在鉴定有效期内，称重的误差不应超过5%。桥梁的荷载试验是一项技术性较强的工作，在满足条件的情况下最好能组织专门的桥梁试验队伍来承担，也可由熟悉这项工作的技术人员为骨干来组织试验队伍。根据试验人员各自所擅长的领域进行分工，每人分管的仪表数目除考虑便于进行观测外，应尽量使每人对分管仪表进行一次观测所需的时间大致相同。所有参加试验的人员对于所分管的仪器设备能够正常使用，应在正式开始试验前进行演练，确保试验过程的正常进行。

9.3 加载试验

1. 预加载

正式加载前，需要对待检测结构进行2~3次的预加载，预加载的目的是消除机构非弹性的变形，并且使结构进入正常的工作状态。并且在多次预加载之后，荷载位移的关系将会趋于稳定，能够呈现出更好的线性；也会检验测试设备是否正常，性能是否可靠，参与检测的人员组织是否完善。预加载值的大小不应大于标准设计荷载和开裂荷载，通常分2~3级来记载至标准设计荷载或者更小。

2. 正式加载

在正式加载之前对各仪表进行初读数。应严格按设计的加载程序进行加载，荷载大小、截面内力都应由小到大地逐渐增加。第一级荷载的加载车辆行驶到桥上指定位置后，便可关闭发动机，等待变形稳定后，读取一级加载读数，然后便可进行下一级荷载的加载。

3. 测读和记录

仪表的读数测读时，应准确、迅速并及时进行记录，方便试验之后的资料整理和计算。数据记录者应对所记录的测点测量值变化情况进行分析，观察其是否符合规律，尤其应着重检查首次加载时测量值的变化情况。如果出现了反常的测点应及时检查安装是否正确，并且分析反常的原因，及时把故障排除掉。加载试验过程中，对控制点的观测要及时、准确，计算数据要第一时间反馈给试验指挥人员。如果实测值超过计算值过多时，应及时暂停加载，并安排专人查明原因，并根据检查结果确定是否继续加载。

4. 加载过程中的观察

加载过程中参与试验人员应随时观察结构各个部位产生的新的裂缝，如注意观察构件薄弱部位是否有开裂或者破损、构件结合部位是否有开裂错位、支座混凝土开裂情况、横隔板的接头是否拉裂、结构是否产生不正常的响声，以及加载过程中墩台是否发生摇晃的现象。当以上情况发生时，应及时通知试验指挥人员停止试验，并采取必要的措施。

5. 终止加载条件

发生下列情况应终止加载：

（1）控制测点应力值已达到或超过用弹性理论或按规范安全条件反算的控制应力值；

（2）控制测点变形（或挠度）超过规范允许值；

（3）由于加载，结构裂缝的长度、宽度急剧增加，新裂缝大量出现，缝宽超过允许值的裂缝大量增多，对结构使用寿命造成较大的影响；

（4）拱桥加载时沿跨长方向的实测挠度曲线分布规律与计算值相差过大或实测挠度超过计算值过多；

（5）发生其他损坏，影响桥梁的承载能力或正常使用。

9.4 试验资料的整理

试验资料的整理包括实测值修正、温度影响修正、支点沉降影响的修正。现在分述如下：

1. 实测值修正

这部分修正主要依据各类仪器的标定结果进行，例如机械式仪表的校正系数，电测仪表的率定系数、灵敏系数等。当这类影响因素对于测试结果的影响不大于1%时，可不进行修正。

1）温度影响修正

温度影响较为复杂，在后期数据处理时进行修正具有较大难度，故一般采用缩短加载时间、选择温度稳定时间进行试验，来尽量减小温度对测试结果的影响。

2）支点沉降影响修正

支点如果出现较大沉降时，对于测试结果影响较大，应修正其对测试结果的影响，按下式进行：

$$u = \frac{L-x}{L}a + \frac{x}{L}b \tag{9-1}$$

式中 u——测点的支点沉降影响修正量；

L——A 支点到 B 支点的距离；

x——挠度测点到 A 支点的距离；

a——A 支点的沉降量；

b——B 支点的沉降量。

2. 测点的变形计算

总变形（或总应变）：

$$s_t = s_I - s_i \tag{9-2}$$

弹性变形（或弹性应变）：

$$s_e = s_I - s_u \tag{9-3}$$

残余变形（或残余应变）：

$$s_P = s_t - s_e = s_u - s_i \tag{9-4}$$

式中　s_i——加载前测值；
　　　s_I——加载达到稳定时测值；
　　　s_u——卸载后达到稳定时测值。

3. 校验系数与相对残余变形

对加载试验的主要测点进行如下计算。

1）校验系数

$$\eta = \frac{s_e}{s_s} \tag{9-5}$$

式中　s_e——试验荷载作用下量测的弹性变形值；
　　　s_s——试验荷载作用下的理论计算变形值。

2）相对残余变形

相对残余变形按下式计算

$$s_P' = \frac{s_P}{s_t} \times 100\% \tag{9-6}$$

式中　s_P'——相对残余变形。
　　　s_P、s_t 的意义同前。

4. 实测桥跨结构控制截面的力或位移影响线

影响线坐标按下式计算：

$$y_i = \frac{a_i}{\sum P} D \tag{9-7}$$

式中　$\sum P$——移动荷载总重，kN；
　　　D——常数比例因子。

5. 分数径向分布系数

$$\eta_i = \frac{f_i}{\sum f_i} \tag{9-8}$$

由 $\sum \eta_i = 1$ 来校核测试结果。

6. 偏载系数

偏载系数 K 通过下式求得：

$$K = \frac{\sigma_{max}}{\sum_1^n \dfrac{\sigma_i}{n}} \tag{9-9}$$

式中　n——下缘测点数；
　　　σ_i——第 i 测点的应力，N/mm^2；

9.5　数据分析与结构性能评定

经过荷载试验的桥梁应根据整理的试验资料，分析结构的工作状况，进一步评定桥梁的承载能力。结构性能评定的依据如下：一是按结构完工时实际结构尺寸、材料特性和静力边界条件得到的理论计算值；二是规范规定的挠度、强度和裂缝的容许值。在进行评定时，应选择实测最大挠度和荷载效率最大的控制截面实测应力。质量合格的混凝土桥梁结构，应满足下述六方面的要求：

（1）结构实测最大应力、挠度及裂缝宽度不超过设计标准的容许值。

（2）校验系数是评定结构工作状况、确定桥梁承载能力的一个重要指标。不同结构形式的桥梁，其 η 值常不相同。一般要求 η 值不大于 1，η 值越小，结构的安全储备越大。η 值过大或过小，都应从多方面分析原因。如 η 值过大，则说明组成结构的材料强度较低，结构各部分连接性较差、刚度较低等；如 η 值过小，则说明材料的实际强度及弹性模量较高，梁桥的混凝土桥面铺装及人行道等与梁共同受力。

（3）实测值与理论值的关系曲线。因为理论的变位（或应变）一般是按线性关系计算，所以如测点实测弹性变位（或应变）与理论计算值成正比，其关系曲线接近于直线，说明结构处于良好的弹性工作状况。

（4）相对残余变形（或应变）。残余变形（特别是残余挠度）是新建或运营桥跨结构的重要指标。正常运营桥梁，应无残余挠度，突然出现残余挠度，说明该桥受到严重损伤或截面某处进入弹塑性。s'_p 越小，说明结构越接近弹性工作状况。一般要求 s'_p 值应小于 20%；当 s'_p 大于 20% 时，应查明原因。如确系桥梁强度不足，应在评定时酌情降低桥梁的承载能力。

（5）裂缝是评定混凝土及预应力混凝土桥跨结构承载力及耐久性的主要指标之一，主要是评定受力裂缝的出现和扩展状态。预应力桥跨结构在标准设计荷载下，一般不出现裂缝，或按预应力程度的不同，按相应规范查取。普通混凝土桥在标准设计荷载下，最大裂缝宽度一般不大于 0.2mm。其他非受力裂缝如施工、收缩和温度裂缝受载后亦不应超过容许值。结构出现第一条受力裂缝的试验荷载值应大于理论计算初裂缝荷载的 90%。

（6）当试验荷载作用下墩台沉降、水平位移及倾角较小，符合上部结构验算要求。卸载后变形基本恢复时，认为地基与基础在验算荷载作用下能正常工作。当试验荷载作用下墩台沉降、水平位移、倾角较大或不稳定，卸载后变形不能恢复时，应进一步对地基、基础进行探查、验算，必要时应对地基基础进行加固处理。静力荷载试验结果不满足上述任何一项条件，则认为桥梁结构不符合要求，必须查明原因并采取适当的措施（如降低通行载重力或进行必要的加固等，必要时按规定进行定期检验和长期观测）。

9.6 工程实例

【桥梁试验、动载试验检测报告】

一、工程概况

本高速公路某立交桥主线桥左半幅，建成于 2004 年。该桥跨径布置为 3×30＋3×30＋3×31＋3×29.3＋3×25.5＋(26＋26＋45＋30＋27.5＋27.5)＋(42＋48＋42＋42)m，桥梁全长为 799.4m，为弯桥。第 1～21 孔桥面净宽为 23.25m，第 22～25 孔桥面净宽为 30.75m，两侧各设置 0.5m 宽混凝土护栏；桥面铺装采用沥青混凝土，0、25 号台顶及 3、6、9、12、15、21 号墩顶设有型钢伸缩缝。盆式橡胶支座。上部结构为预应力混凝土连续箱梁；下部结构为石砌重力式桥台，22～24 号墩为钢筋混凝土三柱式桥墩，其余均为钢筋混凝土双柱式桥墩，基础均为扩大基础。

设计荷载等级：汽车-超 20 级、特-480。

本次荷载试验选取该桥第 1 联进行加载。

桥梁立面以及横断面示意图如图 9-4、图 9-5 所示，桥位平面图如图 9-6 所示。

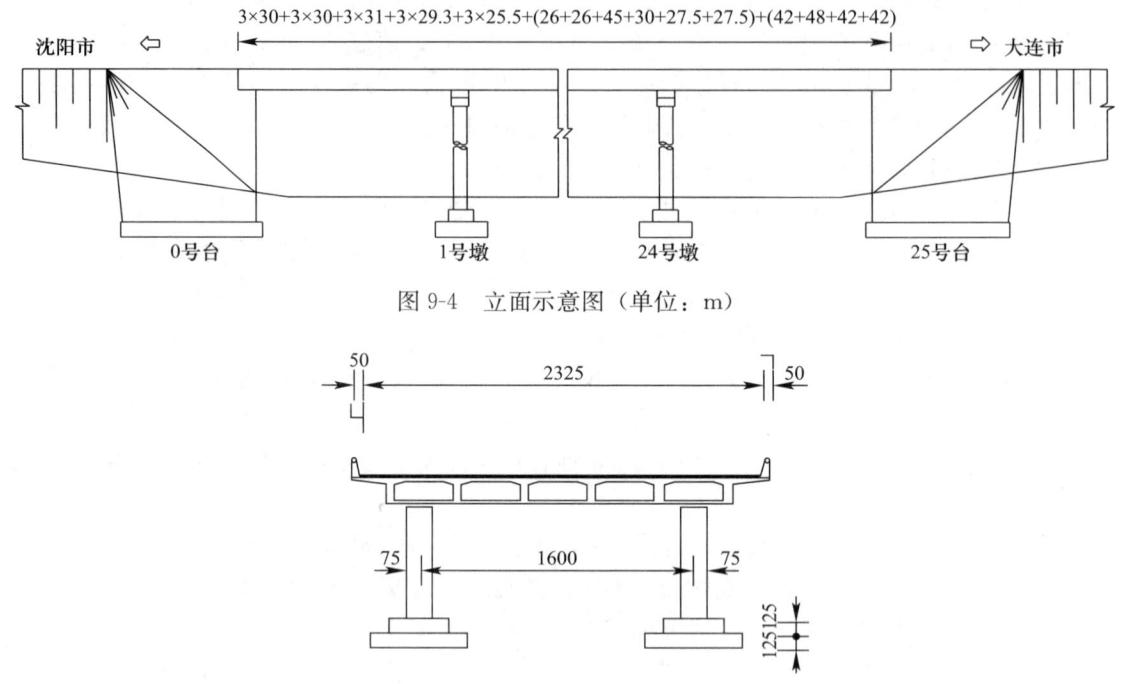

图 9-4　立面示意图（单位：m）

图 9-5　横断面示意图（单位：cm）

二、试验目的

1. 通过测量桥梁结构在静力试验荷载作用下的变形和内力，确定桥梁结构的实际工作状态与设计期望值是否相符。

2. 通过动载试验了解桥跨结构的固有振动特性以及在试验荷载作用下的动力性能，检验并判断桥梁动力特性是否满足设计要求。

三、试验依据

主要依据：

1.《大连市甘井子区道路、桥梁、隧道检测及市政设施第一次自然灾害风险普查服务单位采购项目》合同书

2.《城市桥梁检测与评定技术规范》CJJ/T 233—2015

3.《公路桥梁荷载试验规程》JTG/T J21-01—2015

4.《公路桥梁承载能力检测评定规程》JTG/T J21—2011

参考规范、规程及文件资料：

1.《公路桥涵设计通用规范》JTG D60—2015

2.《公路钢筋混凝土及预应力混凝土桥涵设计规范》JTG 3362—2018

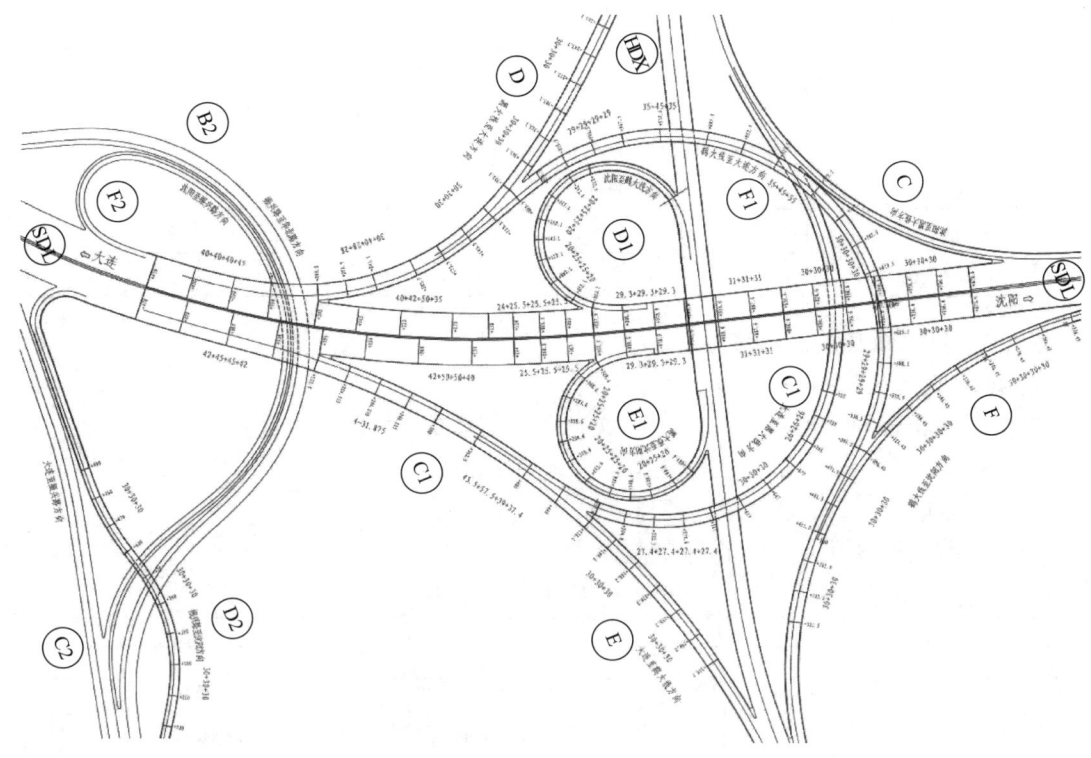

图 9-6 桥位平面图

3. "沈大高速公路后盐立交桥改扩建工程"施工图（2003 年）

四、试验内容

1. 桥梁静载试验

桥梁静载试验主要通过测量桥梁结构在静力试验荷载作用下各控制截面的应变、挠度及裂缝的发展情况等，从而确定桥梁结构实际工作状态与设计期望值是否相符。

2. 桥梁动载试验

桥梁动载试验包括桥梁动力特性测试和桥梁动力响应测试两大方面。桥梁动力特性测试：采用环境随机激振法测试桥梁的固有频率、振型、阻尼比等桥梁动力参数，从而判定桥梁结构的整体动力刚度和动力性能；桥梁动力响应测试：进行强迫振动试验，测试桥梁结构在试验荷载作用下的动力响应，本次桥梁动力响应测试为结构的动挠度和冲击系数。

五、仪器设备

见表 9-2。

主要检测仪器设备表　　表 9-2

序号	仪器设备名称	规格型号	管理编号	数量	检定/校准有效期	主要用途
1	数码位移传感器	HY-65050F	LJJC02100003-006~045	40	2023.3.20	挠度测试
2	数码应变传感器	RS-QL06E	LJJC0210001-011~070	60	2023.3.20	应变测试
3	无线振动测试系统	JM3873	LJJC02100009-010~013	4	2023.2.24	模态参数（频率、振型、阻尼比）

续表

序号	仪器设备名称	规格型号	管理编号	数量	检定/校准有效期	主要用途
4	机电百分表	YMJ-50	LJJC02100001-031、42	2	2022.6.3	动挠度、冲击系数
5	裂缝测宽仪	HK-CK101	LJJC02070008-017	1	2023.4.14	裂缝观测
6	钢卷尺	30m	LJJC02010021-041	1	2023.4.14	结构尺寸测量
7	激光测距仪	D510	LJJC02100011-015	1	2023.4.14	结构尺寸测量

六、控制截面及测点布置

1. 控制截面选取（图 9-7）

根据试验联孔的结构受力特点，选取如下 3 个截面作为控制截面：

（1）边跨（第 3 孔）最大正弯矩截面（A-A 截面）；

（2）墩顶附近（2 号墩）最大负弯矩截面（B-B 截面）；

（3）中跨（第 2 孔）最大正弯矩截面（C-C 截面）。

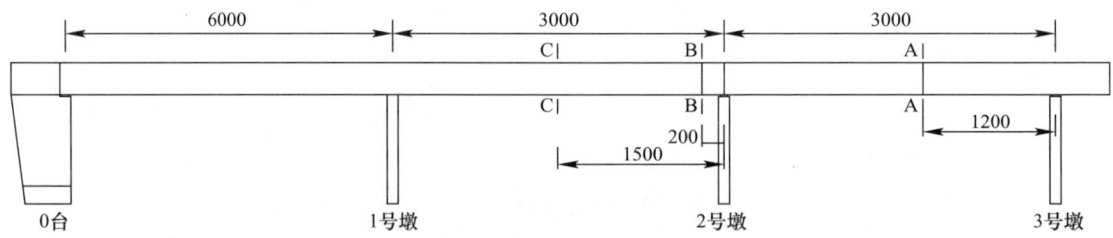

图 9-7 控制截面选取示意图（单位：cm）

2. 测点布置

控制截面选取后，在每个控制截面布置挠度和应变测点，具体布置如下：

1）挠度测点布置

本桥荷载试验挠度测点在边跨最大正弯矩截面（A-A 截面）和中跨最大正弯矩截面（C-C 截面）底板处均匀布置，墩顶附近最大负弯矩截面（B-B 截面）未布置挠度测点，每个截面内挠度测点编号以偏载侧向另一侧依次编号。

具体布置如图 9-8 所示。

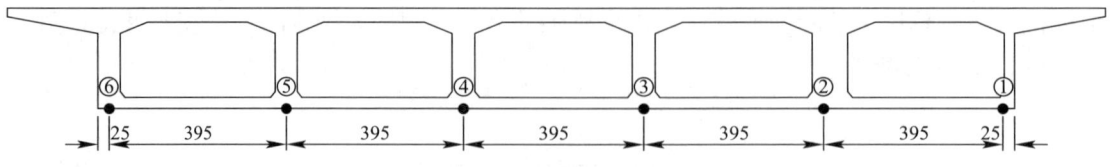

图 9-8 挠度测点布置图（单位：cm）

2）应变测点布置

本桥荷载试验应变测点每个控制截面内布置 8 个测点，其中在偏载侧翼缘及腹板位置各布置 1 个测点，底板均匀布置 6 个测点，非偏载侧翼缘及腹板未布置测点，每个截面内应变测点编号以偏载侧翼缘处测点依次向另一侧编号。

具体布置如图 9-9 所示。

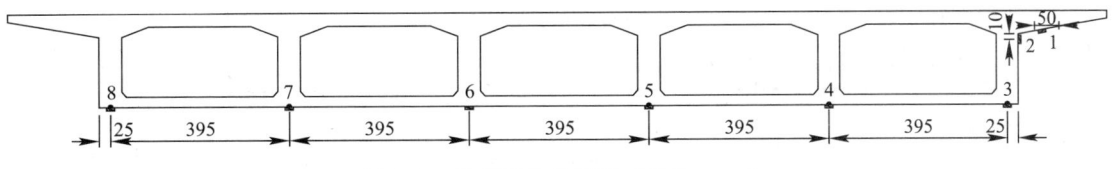

图 9-9 应变测点布置图（单位：cm）

七、加载方案

1. 加载工况

荷载试验加载工况根据控制截面进行确定，理论上 n 个控制截面应确定 n 个加载工况，而在实际加载过程中，可能存在某一断面加载时其他断面同时满足了加载效率要求，即存在工况合并的可能性。因此，本桥荷载试验主要依据以下原则对加载工况进行确定：

(1) 尽可能用最少的加载车辆达到最大的试验荷载效率；

(2) 合理优化、合并试验工况，用最优的布载方案实现桥梁各工况加载。

根据各控制截面的内力影响线，按照影响线加载规律，通过调整车辆位置和数量，已达到分级加载情况下各控制截面加载效率要求，通过试算优化，A-A 截面和 B-B 截面可合并为一个工况进行加载，故本桥荷载试验分为两种工况，每个工况分为 3 级加载，具体加载工况如表 9-3 所示。

加载工况一览表　　　　　　　　　　表 9-3

工况	控制截面
工况一	边跨最大正弯矩截面（A-A 截面） 墩顶附近最大负弯矩截面（B-B 截面）
工况二	中跨最大正弯矩截面（C-C 截面）

2. 加载车辆选用及车辆技术参数

本次静载试验采用 6 辆三轴载重车辆加载，加载车辆示意图如图 9-10 所示。

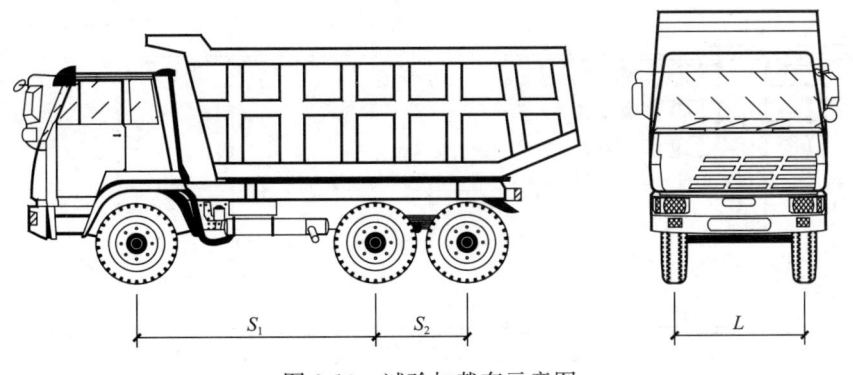

图 9-10　试验加载车示意图

本次静载试验的实际加载车辆车重、轴重、轴距（S_1、S_2）、轮距（L）等参数详见表 9-4。

3. 加载车辆布置

本次荷载试验过程中采用左侧偏载，加载车辆横桥向布置如图 9-11 所示。

试验车辆技术参数表　　　　　　　　　　　　表 9-4

车辆编号	轴距 S_1(m)	轴距 S_2(m)	轮距 L(m)	前轴重(kN)	中轴重(kN)	后轴重(kN)	总重(kN)
1号车	3.8	1.4	1.8	81	161	160	402
2号车	3.8	1.4	1.8	82	162	159	403
3号车	3.8	1.4	1.8	81	162	160	403
4号车	3.8	1.4	1.8	80	160	160	400
5号车	3.8	1.4	1.8	81	161	161	403
6号车	3.8	1.4	1.8	80	162	160	402

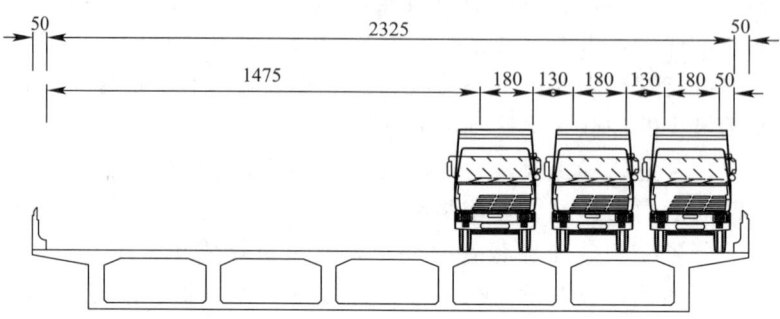

图 9-11　加载车横向布置图（单位：cm）

每个工况下，加载车辆纵向布置如下：

1）工况一（表 9-5、图 9-12）

工况一加载车辆布置表　　　　　　　　　　　　表 9-5

工况	控制截面	荷载分级	车辆编号
工况一	A-A 截面 B-B 截面	1级	1、2号车
		2级	1、2、3、4号车
		3级	1、2、3、4、5、6号车

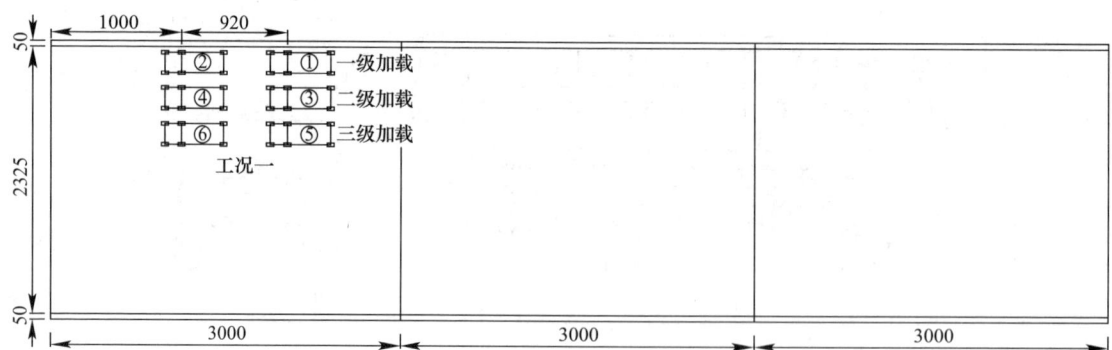

图 9-12　工况一加载车辆纵向布置图（单位：cm）

2）工况二（表 9-6、图 9-13）

4. 静载试验荷载效率

静力荷载试验主要是检验桥梁在接近控制荷载作用下，桥梁结构控制截面的作用效应，一般要求试验荷载在桥梁结构主要控制截面上所产生的作用效应与控制荷载所产生的

工况二加载车辆布置表　　　　　　　　　　　表 9-6

工况	控制截面	荷载分级	车辆编号
工况二	C-C 截面	1级	1、2号车
		2级	1、2、3、4号车
		3级	1、2、3、4、5、6号车

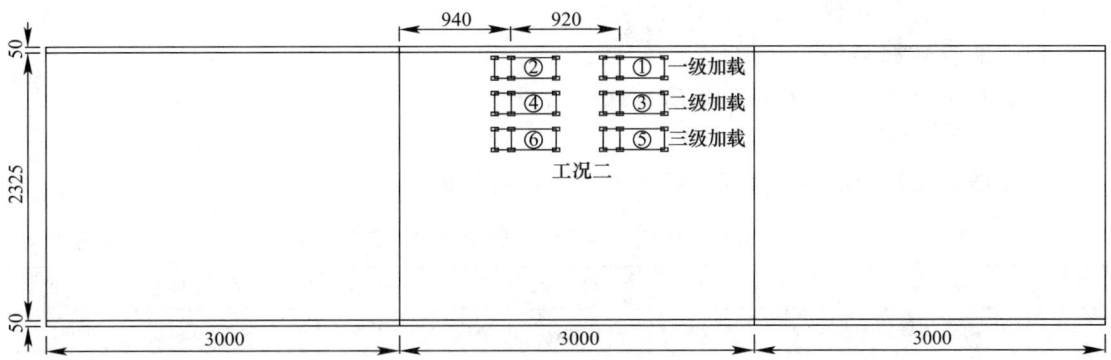

图 9-13　工况二加载车辆纵向布置图（单位：cm）

相应作用效应接近，其接近程度采用荷载试验效率 η_q 表示。荷载试验效率（简称荷载效率）η_q 为试验荷载所产生的效应与控制荷载效应的比值，其表达式为：

$$0.95 \leqslant \eta_q = \frac{s_s}{s(1+\mu)} \leqslant 1.05$$

式中　s_s——在静载试验的实际工况荷载作用下，控制截面的最大内力或变位计算值；
　　　s——控制荷载作用下，控制截面的最不利内力或变位计算值；
　　　μ——按实测频率计算的冲击系数。

本次荷载试验以 6 车道汽车—超 20 级（考虑 0.55 的车道折减系数）为控制荷载效应。通过试验荷载所产生的效应与控制荷载效应，计算得出本次静载试验的荷载效率，见表 9-7。

静载试验的荷载效率　　　　　　　　　　　表 9-7

控制截面	加载级数	控制荷载效应（kN·m）	试验荷载效应（kN·m）	荷载效率
边跨最大正弯矩（A-A 截面）	一级荷载	9159	3058	0.33
	二级荷载		6117	0.67
	三级荷载		9175	1.00
墩顶附近负弯矩（B-B 截面）	一级荷载	−5637	−1880	0.33
	二级荷载		−3760	0.67
	三级荷载		−5640	1.00
中跨最大正弯矩（C-C）截面	一级荷载	7383	2520	0.34
	二级荷载		5040	0.68
	三级荷载		7558	1.02

八、试验加载程序控制

1. 在每个工况进行正式加载前，用试验加载车辆（一级荷载）对测试位置进行预加

载,并持续一定的时间,以消除桥梁结构间可能残留的间隙,降低测试误差,同时观察测试系统是否正常运行,并进行调试;

2. 将预加荷载卸至零,持续一段时间后再进行正式加载;

3. 正式加载时,按照计算的车辆加载位置逐级加载,记录并存储每级荷载下的测量数据,直至荷载效率满足试验规程要求;

4. 最后,进行卸载,读取卸载读数。

九、试验数据分析

1. 边跨最大正弯矩(A-A截面)试验结果

1)挠度试验结果

A-A截面在各级荷载作用下的挠度实测值和理论值见表9-8。

A-A截面挠度实测值与理论值对比表　　　　表 9-8

测点号 荷载等级		1号 (mm)	2号 (mm)	3号 (mm)	4号 (mm)	5号 (mm)	6号 (mm)
一级荷载 (0.33)	实测值	−1.60	−1.03	−0.53	−0.45	−0.40	−0.30
	实测平均值	−0.72					
	计算值	−1.08					
	校验系数	0.66					
二级荷载 (0.67)	实测值	−2.79	−2.11	−1.43	−0.95	−0.71	−0.57
	实测平均值	−1.43					
	计算值	−2.16					
	校验系数	0.66					
三级荷载 (1.00)	实测值	−3.66	−2.98	−2.34	−1.68	−1.15	−1.08
	实测平均值	−2.15					
	计算值	−3.24					
	校验系数	0.66					
残余变位		−0.27	−0.23	−0.23	−0.22	−0.15	−0.06
相对残余变位		6.76%	7.05%	9.07%	11.37%	11.27%	5.03%

注:表中数据正值为上拱,负值为下挠。

A-A截面挠度测点在各级试验荷载作用下实测挠度曲线如图9-14所示。

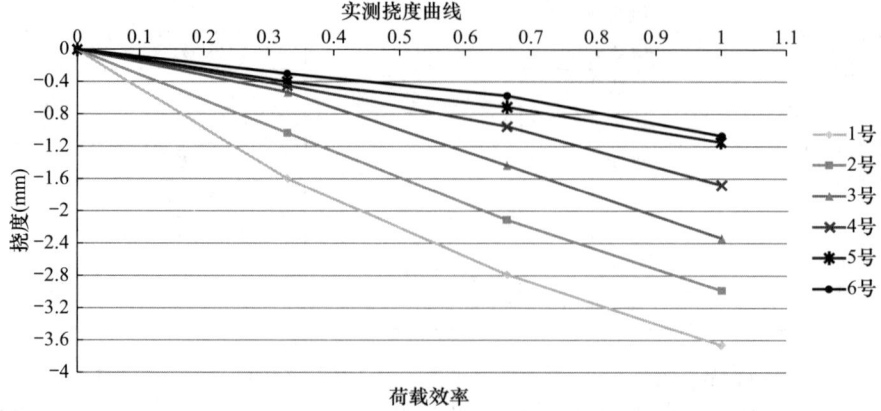

图 9-14　A-A截面荷载效率-挠度曲线

A-A 截面挠度测点在第三级试验荷载作用下挠度横向分布曲线如图 9-15 所示。

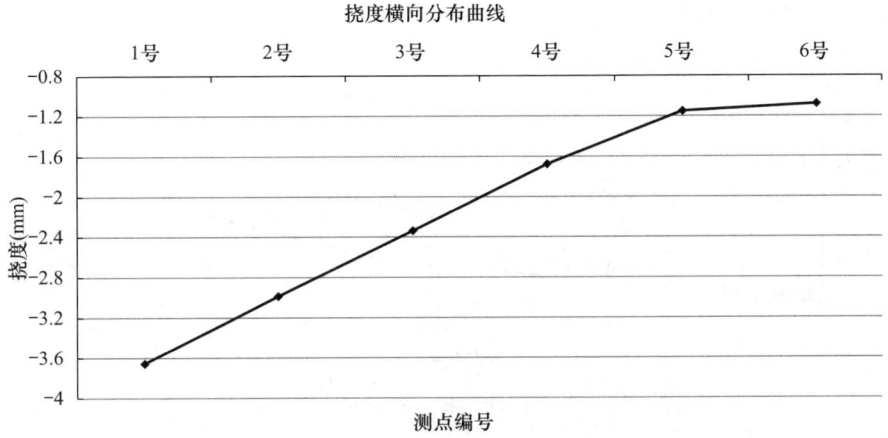

图 9-15　A-A 截面在第三级荷载作用下挠度横向分布曲线

如以上图表所示，A-A 截面在各级试验荷载作用下，挠度校验系数最大值为 0.66，小于 1；相对残余变位最大值为 11.37%，小于 20%。

2）应变试验结果

A-A 截面在各级荷载作用下的应变实测值和理论值见表 9-9。

A-A 截面应变实测值与理论值对比表　　　　表 9-9

测点号		1号	2号	3号	4号	5号	6号	7号	8号
荷载等级		με	με	με	με	με	με	με	με
一级荷载(0.33)	实测值	−4.6	−2.1	17.3	12.1	10.1	5.8	4.9	3.0
	计算值	−7.9	−3.5	27.5	19.3	16.0	9.2	7.7	4.8
	校验系数	0.58	0.61	0.63	0.63	0.63	0.63	0.63	0.63
二级荷载(0.67)	实测值	−7.9	−3.5	30.8	24.6	22.1	14.2	9.2	6.2
	计算值	−13.9	−6.2	48.6	38.8	34.9	22.4	14.6	9.7
	校验系数	0.57	0.56	0.63	0.63	0.63	0.63	0.63	0.63
三级荷载(1.00)	实测值	−10.9	−4.8	40.6	35.0	31.1	17.9	16.0	14.0
	计算值	−19.1	−8.5	66.6	57.4	51.0	29.4	26.2	23.0
	校验系数	0.57	0.56	0.61	0.61	0.61	0.61	0.61	0.61
残余应变		−0.7	−0.5	3.6	4.4	2.7	3.3	1.6	1.4
相对残余应变		6.03%	9.43%	8.14%	11.17%	7.99%	15.57%	9.09%	9.09%

注：表中数据负值受压，正值受拉。

A-A 截面底板应变测点在各级试验荷载作用下实测应变曲线如图 9-16 所示。

A-A 截面底板应变测点在第三级试验荷载作用下应变横向分布曲线如图 9-17 所示。

A-A 截面在第三级试验荷载作用下沿梁高变化曲线如图 9-18 所示。

如上下图表所示，A-A 截面在各级试验荷载作用下，应变校验系数最大值为 0.63，小于 1；相对残余应变最大值为 15.57%，小于 20%。

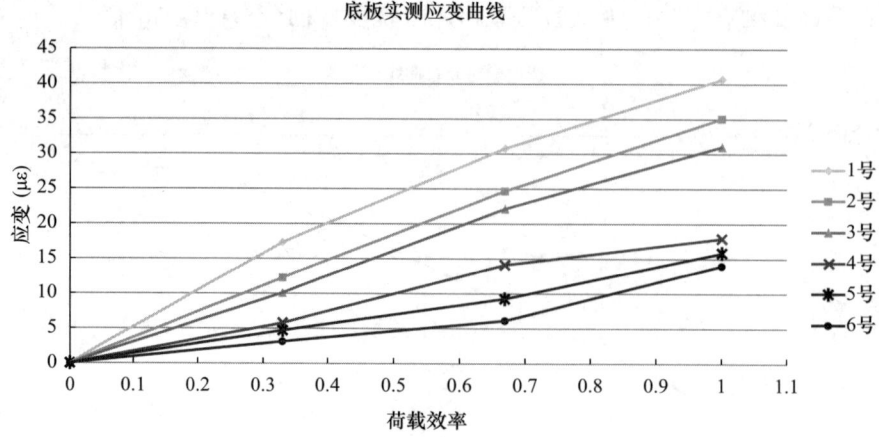

图 9-16　A-A 截面底板荷载效率—应变曲线

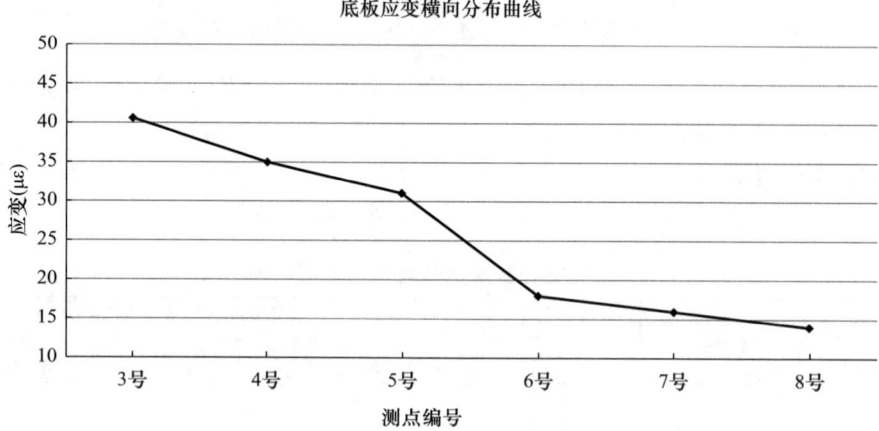

图 9-17　A-A 截面底板在第三级荷载作用下应变横向分布曲线

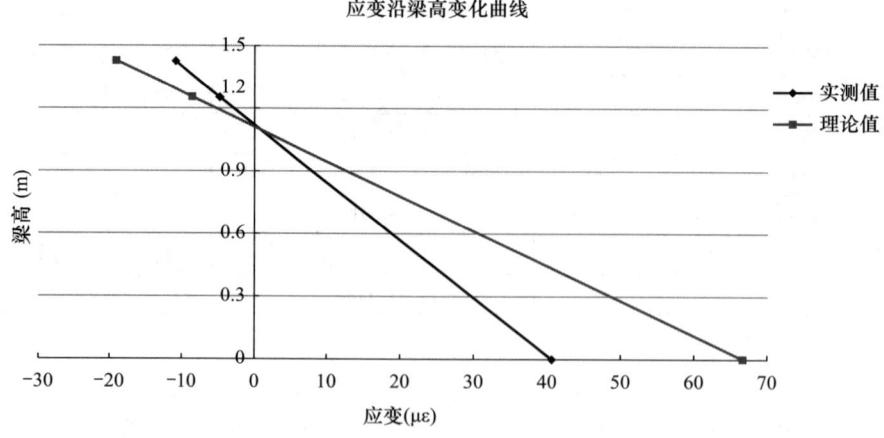

图 9-18　A-A 截面在第三级荷载作用下沿梁高变化曲线

2. 墩顶附近最大负弯矩（B-B 截面）试验结果

B-B 截面在各级荷载作用下的应变实测值和理论值见表 9-10。

B-B 截面应变实测值与理论值对比表 表 9-10

测点号 荷载等级		1 号 με	2 号 με	3 号 με	4 号 με	5 号 με	6 号 με	7 号 με	8 号 με
一级荷载 （0.33）	实测值	3.2	1.5	−11.4	−6.8	−4.2	−3.8	−3.1	−1.2
	计算值	5.5	2.5	−19.4	−11.6	−7.1	−6.5	−5.3	−2.1
	校验系数	0.58	0.60	0.59	0.59	0.59	0.59	0.59	0.59
二级荷载 （0.67）	实测值	5.7	2.7	−19.4	−13.6	−8.6	−6.5	−5.2	−4.5
	计算值	10.0	4.5	−34.9	−24.5	−15.5	−11.7	−9.3	−8.0
	校验系数	0.57	0.60	0.56	0.56	0.56	0.56	0.56	0.56
三级荷载 （1.00）	实测值	7.9	3.6	−27.5	−20.2	−14.1	−10.1	−9.1	−6.7
	计算值	14.0	6.3	−48.9	−35.9	−25.1	−18.0	−16.2	−11.9
	校验系数	0.56	0.57	0.56	0.56	0.56	0.56	0.56	0.56
残余应变		0.6	0.3	−2.5	−1.5	−1.3	−1.2	−1.1	−0.5
相对残余应变		7.06%	7.69%	8.33%	6.91%	8.44%	10.62%	10.78%	6.94%

注：表中数据负值受压，正值受拉。

B-B 截面底板应变测点在各级试验荷载作用下实测应变曲线如图 9-19 所示。

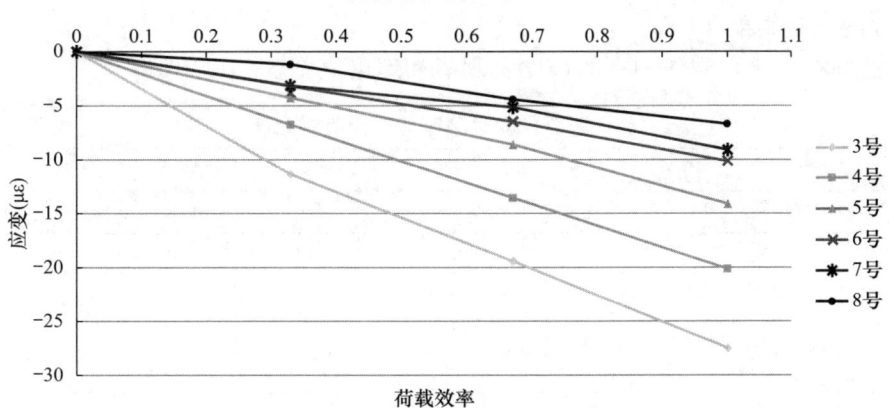

图 9-19 B-B 截面底板荷载效率—应变曲线

B-B 截面底板应变测点在第三级试验荷载作用下横向分布曲线如图 9-20 所示。

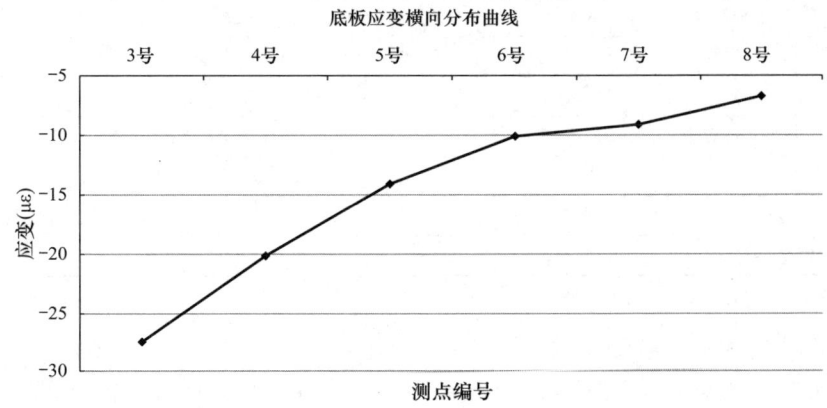

图 9-20 B-B 截面底板在第三级荷载作用下应变横向分布曲线

B-B 截面在第三级试验荷载作用下沿梁高变化曲线如图 9-21 所示。

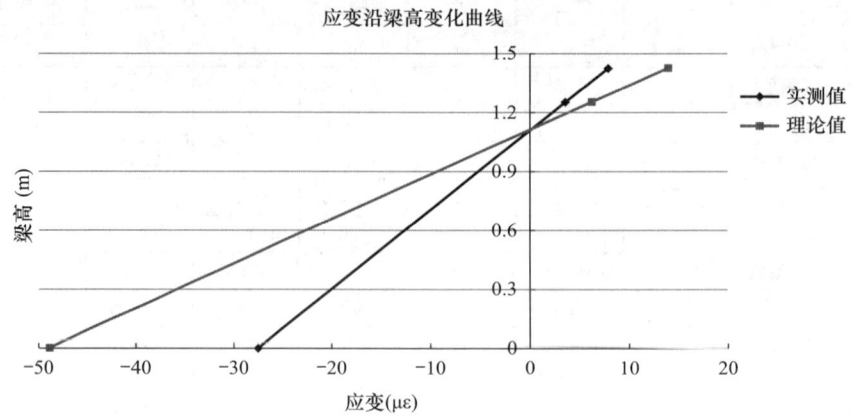

图 9-21　B-B 截面在第三级荷载作用下沿梁高变化曲线

如以上图表所示，B-B 截面在各级试验荷载作用下，应变校验系数最大值为 0.60，小于 1；相对残余应变最大值为 10.78%，小于 20%。

3. 中跨最大正弯矩（C-C 截面）试验结果

1）挠度试验结果

C-C 截面在各级荷载作用下的挠度实测值和理论值见表 9-11。

C-C 截面挠度实测值与理论值对比表　　　　表 9-11

测点号		1号	2号	3号	4号	5号	6号
荷载等级		(mm)	(mm)	(mm)	(mm)	(mm)	(mm)
一级荷载 (0.34)	实测值	−1.45	−0.84	−0.52	−0.39	−0.34	−0.16
	实测平均值	−0.62					
	计算值	−0.92					
	校验系数	0.67					
二级荷载 (0.68)	实测值	−2.58	−1.97	−1.18	−0.85	−0.59	−0.37
	实测平均值	−1.26					
	计算值	−1.84					
	校验系数	0.68					
三级荷载 (1.02)	实测值	−3.28	−2.90	−2.11	−1.25	−0.90	−0.79
	实测平均值	−1.87					
	计算值	−2.76					
	校验系数	0.68					
残余变位		−0.11	−0.03	−0.02	−0.11	−0.12	−0.06
相对残余变位		3.19%	1.12%	0.84%	7.95%	11.46%	6.70%

注：表中数据正值为上拱，负值为下挠。

C-C 截面挠度测点在各级试验荷载作用下实测挠度曲线如图 9-22 所示。

C-C 截面挠度测点在第三级试验荷载作用下挠度横向分布曲线如图 9-23 所示。

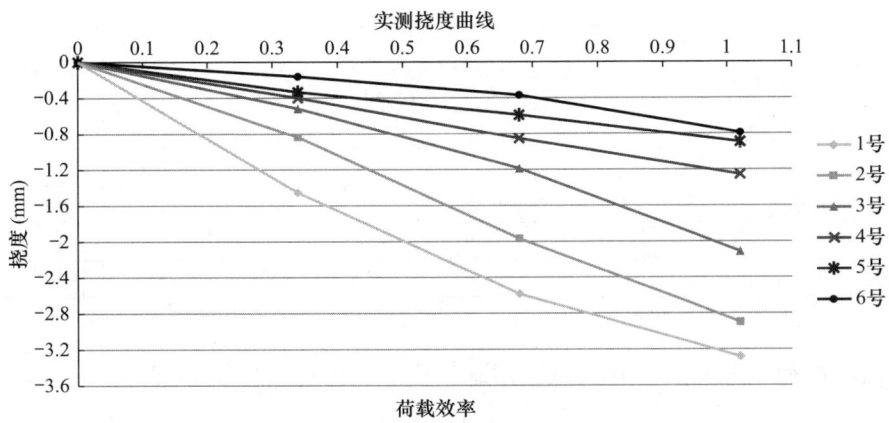

图 9-22　C-C 截面荷载效率—挠度曲线

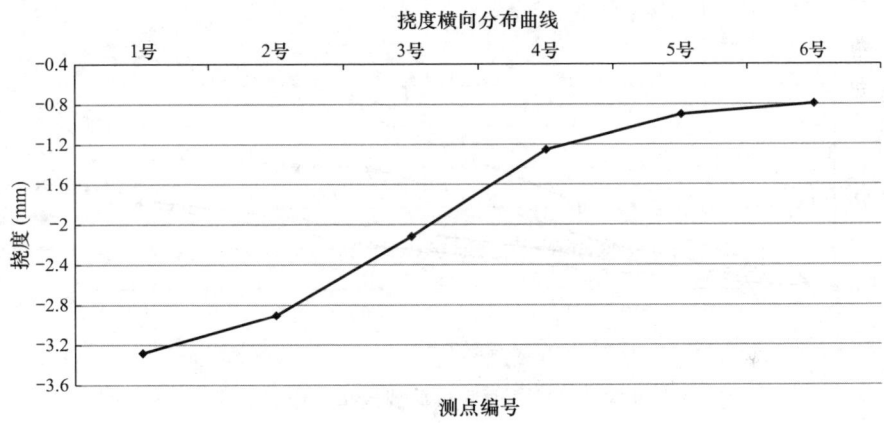

图 9-23　C-C 截面在第三级荷载作用下挠度横向分布曲线

如以上图表所示，C-C 截面在各级试验荷载作用下，挠度校验系数最大值为 0.68，小于 1；相对残余变位最大值为 11.46%，小于 20%。

2）应变试验结果

C-C 截面在各级荷载作用下的应变实测值和理论值见表 9-12。

C-C 截面应变实测值与理论值对比表　　　　　　　　　　表 9-12

测点号		1号	2号	3号	4号	5号	6号	7号	8号
荷载等级		$\mu\varepsilon$	$\mu\varepsilon$	$\mu\varepsilon$	$\mu\varepsilon$	$\mu\varepsilon$	$\mu\varepsilon$	$\mu\varepsilon$	$\mu\varepsilon$
一级荷载 (0.34)	实测值	-4.1	-1.8	16.7	11.8	9.2	5.8	3.9	2.2
	计算值	-6.7	-3.0	23.4	16.6	13.0	8.1	5.5	3.1
	校验系数	0.61	0.60	0.71	0.71	0.71	0.71	0.71	0.71
二级荷载 (0.68)	实测值	-6.1	-2.8	26.0	23.3	21.1	15.1	7.7	5.4
	计算值	-10.5	-4.7	36.8	32.9	29.8	21.4	10.8	7.6
	校验系数	0.58	0.59	0.71	0.71	0.71	0.71	0.71	0.71

续表

测点号 荷载等级		1号 με	2号 με	3号 με	4号 με	5号 με	6号 με	7号 με	8号 με
三级荷载 （1.02）	实测值	−10.2	−4.6	35.5	28.7	24.7	16.1	10.9	10.5
	计算值	−16.8	−7.5	58.7	47.4	40.8	26.6	18.0	17.4
	校验系数	0.61	0.61	0.61	0.61	0.61	0.61	0.61	0.61
残余应变		−0.7	−0.3	2.8	2.1	1.1	1.0	1.1	0.6
相对残余应变		6.42%	6.12%	7.31%	6.82%	4.26%	5.85%	9.17%	5.41%

注：表中数据负值受压，正值受拉。

C-C 截面底板应变测点在各级试验荷载作用下实测应变曲线如图 9-24 所示。

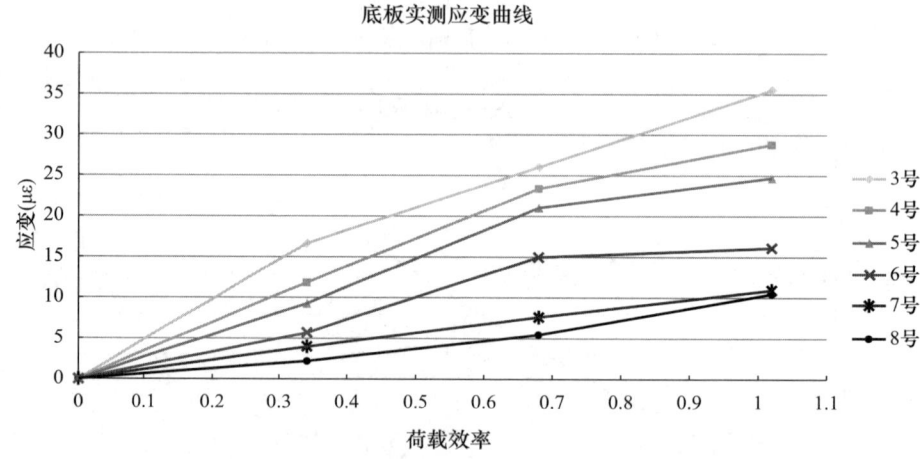

图 9-24　C-C 截面底板荷载效率—应变曲线

C-C 截面底板应变测点在第三级试验荷载作用下应变横向分布曲线如图 9-25 所示。

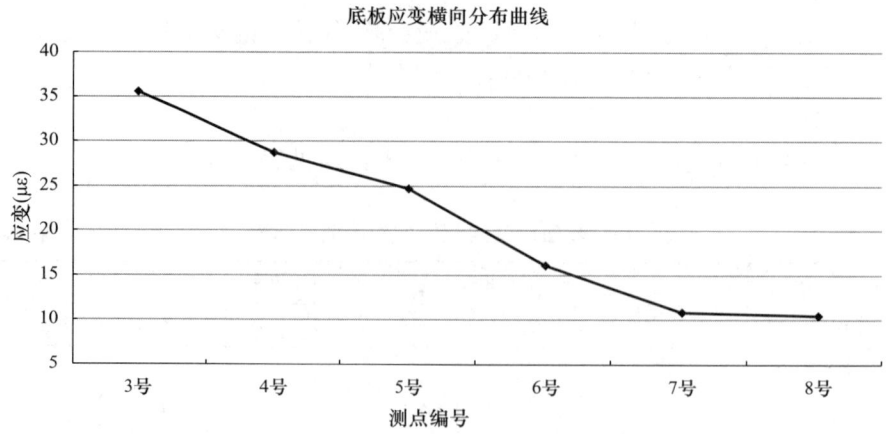

图 9-25　C-C 截面底板在第三级荷载作用下应变横向分布曲线

C-C 截面在第三级试验荷载作用下应变沿梁高变化曲线如图 9-26 所示。

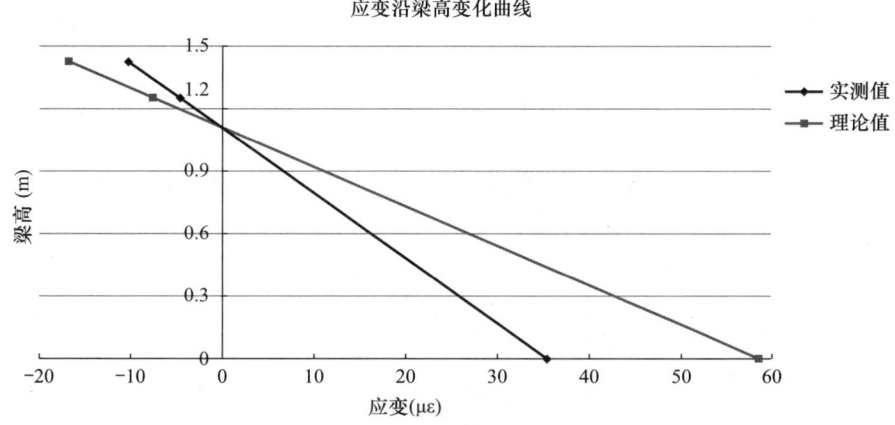

图 9-26 C-C 截面在第三级荷载作用下应变沿梁高变化曲线

如以上图表所示，C-C 截面在各级试验荷载作用下，应变校验系数最大值为 0.71，小于 1；相对残余应变最大值为 9.17%，小于 20%。

4. 裂缝监测结果

试验加载前，试验联第 1 孔箱梁左腹板 0 号台侧有 1 条斜向裂缝，长度为 1.8m，宽度为 0.15mm，加载过程中，该条裂缝未超限，其余位置未出现新增裂缝。

5. 试验数据小结（表 9-13）

试验数据小结　　表 9-13

控制截面			A-A 截面		B-B 截面		C-C 截面	
测试内容			最大值	评定标准	最大值	评定标准	最大值	评定标准
挠度	校验系数		0.66	<1	/	/	0.68	<1
	相对残余		11.37%	≤20%	/	/	11.46%	≤20%
应变	校验系数		0.63	<1	0.60	<1	0.71	<1
	相对残余		15.57%	≤20%	10.78%	≤20%	9.17%	≤20%
裂缝监测情况			无新增裂缝		无新增裂缝		无新增裂缝	

 思考题

1. 简支梁桥和连续梁桥的荷载试验控制截面包括哪些？
2. 静载试验过程中，终止试验的条件有哪些？
3. 动载试验主要的量测内容包括什么？

附　录

附录 A　测区混凝土强度换算表

测区混凝土强度换算表　　　　　　　　表 A

平均回弹值 R_m	测区混凝土强度换算值 $f^c_{cu,i}$ (MPa) 平均碳化深度值 d_m (mm)												
	0.0	0.5	1.0	1.5	2.0	2.5	3.0	3.5	4.0	4.5	5.0	5.5	≥6
20.0	10.3	10.1	—	—	—	—	—	—	—	—	—	—	—
20.2	10.5	10.3	10.0	—	—	—	—	—	—	—	—	—	—
20.4	10.7	10.5	10.2	—	—	—	—	—	—	—	—	—	—
20.6	11.0	10.8	10.4	10.1	—	—	—	—	—	—	—	—	—
20.8	11.2	11.0	10.6	10.3	—	—	—	—	—	—	—	—	—
21.0	11.4	11.2	10.8	10.5	10.0	—	—	—	—	—	—	—	—
21.2	11.6	11.4	11.0	10.7	10.2	—	—	—	—	—	—	—	—
21.4	11.8	11.6	11.2	10.9	10.4	10.0	—	—	—	—	—	—	—
21.6	12.0	11.8	11.4	11.0	10.6	10.2	—	—	—	—	—	—	—
21.8	12.3	12.1	11.7	11.3	10.8	10.5	10.1	—	—	—	—	—	—
22.0	12.5	12.2	11.9	11.5	11.0	10.6	10.2	—	—	—	—	—	—
22.2	12.7	12.4	12.1	11.7	11.2	10.4	10.4	10.0	—	—	—	—	—
22.4	13.0	12.7	12.4	12.0	11.4	11.0	10.7	10.3	10.0	—	—	—	—
22.6	13.2	12.9	12.5	12.1	11.6	11.2	10.8	10.4	10.2	—	—	—	—
22.8	13.4	13.1	12.7	12.3	11.8	11.4	11.0	10.6	10.3	—	—	—	—
23.0	13.7	13.4	13.0	12.6	12.1	11.6	11.2	10.8	10.5	10.1	—	—	—
23.2	13.9	13.6	13.2	12.8	12.2	11.8	11.4	11.0	10.7	10.3	10.0	—	—
23.4	14.1	13.8	13.4	13.0	12.4	12.0	11.6	11.2	10.9	10.4	10.2	—	—
23.6	14.4	14.1	13.7	13.2	12.7	12.2	11.8	11.4	11.1	10.7	10.4	10.1	—
23.8	14.6	14.3	13.9	13.4	12.8	12.4	12.0	11.5	11.2	10.8	10.5	10.2	—
24.0	14.9	14.6	14.2	13.7	13.1	12.7	12.2	11.8	11.5	11.0	10.7	10.4	10.1
24.2	15.1	14.8	14.3	13.9	13.3	12.8	12.4	11.9	11.6	11.2	10.9	10.6	10.3
24.4	15.4	15.1	14.6	14.2	13.6	13.1	12.6	12.2	11.9	11.4	11.1	10.8	10.4
24.6	15.6	15.3	14.8	14.4	13.7	13.3	12.8	12.3	12.0	11.5	11.2	10.9	10.6
24.8	15.9	15.6	15.1	14.6	14.0	13.5	13.0	12.6	12.2	11.8	11.4	11.1	10.7
25.0	16.2	15.9	15.4	14.9	14.3	13.8	13.3	12.8	12.5	12.0	11.7	11.3	10.9
25.2	16.4	16.1	15.6	15.1	14.4	13.9	13.4	13.0	12.6	12.1	11.8	11.5	11.0

续表

平均回弹值 R_m	测区混凝土强度换算值 $f_{cu,i}^c$ (MPa) 平均碳化深度值 d_m (mm)												
	0.0	0.5	1.0	1.5	2.0	2.5	3.0	3.5	4.0	4.5	5.0	5.5	≥6
25.4	16.7	16.4	15.9	15.4	14.7	14.2	13.7	13.2	12.9	12.4	12.0	11.7	11.2
25.6	16.9	16.6	16.1	15.7	14.9	14.4	13.9	13.4	13.0	12.5	12.2	11.8	11.3
25.8	17.2	16.9	16.3	15.8	15.1	14.6	14.1	13.6	13.2	12.7	12.4	12.0	11.5
26.0	17.5	17.2	16.6	16.1	15.4	14.9	14.4	13.8	13.5	13.0	12.6	12.2	11.6
26.2	17.8	17.4	16.9	16.4	15.7	15.1	14.6	14.0	13.7	13.2	12.8	12.4	11.8
26.4	18.0	17.6	17.1	16.6	15.8	15.3	14.8	14.2	13.9	13.3	13.0	12.6	12.0
26.6	18.3	17.9	17.4	16.8	16.1	15.6	15.0	14.4	14.1	13.5	13.2	12.8	12.1
26.8	18.6	18.2	17.7	17.1	16.4	15.8	15.3	14.6	14.3	13.8	13.4	12.9	12.3
27.0	18.9	18.5	18.0	17.4	16.6	16.1	15.5	14.8	14.6	14.0	13.6	13.1	12.4
27.2	19.1	18.7	18.1	17.6	16.8	16.2	15.7	15.0	14.7	14.1	13.8	13.3	12.6
27.4	19.4	19.0	18.4	17.8	17.0	16.4	15.9	15.2	14.9	14.3	14.0	13.4	12.7
27.6	19.7	19.3	18.7	18.0	17.2	16.6	16.1	15.4	15.1	14.5	14.1	13.6	12.9
27.8	20.0	19.6	19.0	18.2	17.4	16.8	16.3	15.6	15.3	14.7	14.2	13.7	13.0
28.0	20.3	19.7	19.2	18.4	17.6	17.0	16.5	15.8	15.4	14.8	14.4	13.9	13.2
28.2	20.6	20.0	19.5	18.6	17.8	17.2	16.7	16.0	15.6	15.0	14.6	14.0	13.3
28.4	20.9	20.3	19.7	18.8	18.0	17.4	16.9	16.2	15.8	15.2	14.8	14.2	13.5
28.6	21.2	20.6	20.0	19.1	18.2	17.6	17.1	16.4	16.0	15.4	15.0	14.3	13.6
28.8	21.5	20.9	20.0	19.4	18.5	17.8	17.3	16.6	16.2	15.6	15.2	14.5	13.8
29.0	21.8	21.1	20.5	19.6	18.7	18.1	17.5	16.8	16.4	15.8	15.4	14.6	13.9
29.2	22.1	21.4	20.8	19.9	19.0	18.3	17.7	17.0	16.6	16.0	15.6	14.8	14.1
29.4	22.4	21.7	21.1	20.2	19.3	18.6	17.9	17.2	16.8	16.2	15.8	15.0	14.2
29.6	22.7	22.0	21.3	20.4	19.5	18.8	18.2	17.5	17.0	16.4	16.0	15.1	14.4
29.8	23.0	22.3	21.6	20.7	19.8	19.1	18.4	17.7	17.2	16.6	16.2	15.3	14.5
30.0	23.3	22.6	21.9	21.0	20.0	19.3	18.6	17.9	17.4	16.8	16.4	15.4	14.7
30.2	23.6	22.9	22.2	21.2	20.3	19.6	18.9	18.2	17.6	17.0	16.6	15.6	14.9
30.4	23.9	23.2	22.5	21.5	20.6	19.8	19.1	18.4	17.8	17.2	16.8	15.8	15.1
30.6	24.3	23.6	22.8	21.9	20.9	20.2	19.4	18.7	18.0	17.5	17.0	16.0	15.2
30.8	24.6	23.9	23.1	22.1	21.2	20.4	19.7	18.9	18.2	17.7	17.2	16.2	15.4
31.0	24.9	24.2	23.4	22.4	21.4	20.7	19.9	19.2	18.4	17.9	17.4	16.4	15.5
31.2	25.2	24.4	23.7	22.7	21.7	20.9	20.2	19.4	18.6	16.1	17.6	16.6	15.7
31.4	25.6	24.8	24.1	23.0	22.0	21.2	20.5	19.7	18.9	18.4	17.8	16.9	15.8
31.6	25.9	25.1	24.3	23.3	22.3	21.5	20.7	19.9	19.2	18.6	18.0	17.1	16.0
31.8	26.2	25.4	24.6	23.6	22.5	21.7	21.0	20.2	19.4	18.9	18.2	17.3	16.2
32.0	26.5	25.7	24.9	23.9	22.8	22.0	21.2	20.4	19.6	19.1	18.4	17.5	16.4
32.2	26.9	26.1	25.3	24.2	23.1	22.3	21.5	20.7	19.9	19.4	18.6	17.7	16.6

续表

平均回弹值 R_m	测区混凝土强度换算值 $f_{cu,i}^c$ (MPa)												
	平均碳化深度值 d_m (mm)												
	0.0	0.5	1.0	1.5	2.0	2.5	3.0	3.5	4.0	4.5	5.0	5.5	≥6
32.4	27.2	26.4	25.6	24.5	23.4	22.6	21.8	20.9	20.1	19.6	18.8	17.9	16.8
32.6	27.6	26.8	25.9	24.8	23.7	22.9	22.1	21.3	20.4	19.9	19.0	18.1	17.0
32.8	27.9	27.1	26.2	25.1	24.0	23.2	22.3	21.5	20.6	20.1	19.2	18.3	17.2
33.0	28.2	27.4	26.5	25.4	24.3	23.4	22.6	21.7	20.9	20.3	19.4	18.5	17.4
33.2	28.6	27.7	26.8	25.7	24.6	23.7	22.9	22.0	21.2	20.5	19.6	18.7	17.6
33.4	28.9	28.0	27.1	26.0	24.9	24.0	23.1	22.3	21.4	20.7	19.8	18.9	17.8
33.6	29.3	28.4	27.4	26.4	25.2	24.2	23.3	22.6	21.7	20.9	20.0	19.1	18.0
33.8	29.6	28.7	27.7	26.6	25.4	24.4	23.5	22.8	21.9	21.1	20.2	19.3	18.2
34.0	30.0	29.1	28.0	26.8	25.6	24.6	23.7	23.0	22.1	21.3	20.4	19.5	18.3
34.2	30.3	29.4	28.3	27.0	25.8	24.8	23.9	23.2	22.3	21.5	20.6	19.7	18.4
34.4	30.7	29.8	28.6	27.2	26.0	25.1	24.1	23.4	22.5	21.7	20.8	19.8	18.6
34.6	31.1	30.2	28.9	27.4	26.2	25.2	24.3	23.6	22.7	21.9	21.0	20.0	18.8
34.8	31.4	30.5	29.2	27.6	26.4	25.4	24.5	23.8	22.9	22.1	21.2	20.2	19.0
35.0	31.8	30.8	29.6	28.0	26.7	25.8	24.8	24.0	23.2	22.3	21.4	20.4	19.2
35.2	32.1	31.1	29.9	28.2	27.0	26.0	25.0	24.2	23.4	22.5	21.6	20.6	19.4
35.4	32.5	31.5	30.2	28.6	27.3	26.3	25.4	24.4	23.7	22.8	21.8	20.8	19.6
35.6	32.9	31.9	30.6	29.0	27.6	26.6	25.7	24.7	24.0	23.0	22.0	21.0	19.8
35.8	33.3	32.3	31.0	29.3	28.0	27.0	26.0	25.0	24.3	23.3	22.2	21.2	20.0
36.0	33.6	32.6	31.2	29.6	28.2	27.2	26.2	25.2	24.5	23.5	22.4	21.4	20.2
36.2	34.0	33.0	31.6	29.9	28.6	27.5	26.5	25.5	24.8	23.8	22.6	21.6	20.4
36.4	34.4	33.4	32.3	30.3	28.9	27.9	26.8	25.8	25.1	24.1	22.8	21.8	20.6
36.6	34.8	33.8	32.4	30.6	29.2	28.2	27.1	26.1	25.4	24.4	23.0	22.0	20.9
36.8	35.2	34.1	32.7	31.0	29.6	28.5	27.5	26.4	25.7	24.6	23.2	22.2	21.1
37.0	35.5	34.4	33.0	31.2	29.8	28.8	27.7	26.6	25.9	24.8	23.4	22.4	21.3
37.2	35.9	34.8	33.4	31.6	30.2	29.1	28.0	26.9	26.2	25.1	23.7	22.6	21.5
37.4	36.3	35.2	33.8	31.9	30.5	29.4	28.3	27.2	26.6	25.4	24.0	22.9	21.8
37.6	36.7	35.6	34.1	32.3	30.8	29.7	28.6	27.5	26.8	25.7	24.2	23.1	22.0
37.8	37.1	36.0	34.5	32.6	31.2	30.0	28.9	27.8	27.1	26.0	24.5	23.4	22.3
38.0	37.5	36.4	34.9	33.0	31.5	30.3	29.2	28.1	27.4	26.2	24.8	23.6	22.5
38.2	37.9	36.8	35.2	33.4	31.8	30.6	29.5	28.4	27.7	26.5	25.0	23.9	22.7
38.4	38.3	37.2	35.6	33.7	32.1	30.9	29.8	28.7	28.0	29.8	25.3	24.1	23.0
38.6	38.7	37.5	36.0	34.1	32.4	31.2	30.1	29.0	28.3	27.0	25.5	24.4	23.2
38.8	39.1	37.9	36.4	34.4	32.7	31.5	30.4	29.3	28.5	27.2	25.8	24.6	23.5
39.0	39.5	38.2	36.7	34.7	33.0	31.8	30.6	29.6	28.8	27.4	26.0	24.8	23.7
39.2	39.9	38.5	37.0	35.0	33.3	32.1	30.8	29.8	29.0	27.6	26.2	25.0	25.0

续表

平均回弹值 R_m	测区混凝土强度换算值 $f_{cu,i}^c$ (MPa) 平均碳化深度值 d_m (mm)											
	0.0	0.5	1.0	1.5	2.0	2.5	3.0	3.5	4.0	4.5	5.0	5.5	≥6
39.4	40.3	38.8	37.3	35.3	33.6	32.4	31.0	30.0	29.2	27.8	26.4	25.2	24.2
39.6	40.7	39.1	37.6	35.6	33.9	32.7	31.2	30.2	29.4	28.0	26.6	25.4	24.4
39.8	41.2	39.6	38.0	35.9	34.2	33.0	31.4	30.5	29.7	28.2	26.8	25.6	24.7
40.0	41.6	39.9	38.3	36.2	34.5	33.3	31.7	30.8	30.0	28.4	27.0	25.8	25.0
40.2	42.0	40.3	38.6	36.5	34.8	33.6	32.0	31.1	30.2	28.6	27.3	26.0	25.2
40.4	42.4	40.7	39.0	36.9	35.1	33.9	32.3	31.4	30.5	28.8	27.6	26.2	25.4
40.6	42.8	41.1	39.4	37.2	35.4	34.2	32.6	31.7	30.8	29.1	27.8	26.5	25.7
40.8	43.3	41.6	39.8	37.7	35.7	34.5	32.9	32.0	31.2	29.4	28.1	26.8	26.0
41.0	43.7	42.0	40.2	38.0	36.0	34.8	33.2	32.3	31.5	29.7	28.4	27.1	26.2
41.2	44.1	42.3	40.6	38.4	36.3	35.1	33.5	32.6	31.8	30.0	28.7	27.3	26.5
41.4	44.5	42.7	40.9	38.7	36.6	35.4	33.8	32.9	32.0	30.3	28.9	27.6	26.7
41.6	45.0	43.2	41.4	39.2	36.9	35.7	34.2	33.3	32.4	30.6	29.2	27.9	27.0
41.8	45.4	43.6	41.8	39.5	37.2	36.0	34.5	33.6	32.7	30.9	29.5	28.1	27.2
42.0	45.9	44.1	42.2	39.9	37.6	36.3	34.9	34.0	33.0	31.2	29.8	28.5	27.5
42.2	46.3	44.4	42.6	40.3	38.0	36.6	35.2	34.3	33.3	31.5	30.1	28.7	27.8
42.4	46.7	44.8	43.0	40.6	38.3	36.9	35.5	34.6	33.6	31.8	30.4	29.0	28.0
42.6	47.2	45.3	43.4	41.1	38.7	37.3	35.9	34.9	34.0	32.1	30.7	29.3	28.3
42.8	47.6	45.7	43.8	41.4	39.0	37.6	36.2	35.2	34.3	32.4	30.9	29.5	28.6
43.0	48.1	46.2	44.2	41.8	39.4	38.0	36.6	35.6	34.6	32.7	31.3	29.8	28.9
43.2	48.5	46.6	44.6	42.2	39.8	38.3	36.9	35.9	34.9	33.0	31.5	30.1	29.1
43.4	49.0	47.0	45.1	42.6	40.2	38.7	37.2	36.3	35.3	33.3	31.8	30.4	29.4
43.6	49.4	47.4	45.4	43.0	40.5	39.0	37.5	36.6	35.6	33.6	32.1	30.6	29.6
43.8	49.9	47.9	45.9	43.4	40.9	39.4	37.9	36.9	35.9	33.9	32.4	30.9	29.9
44.0	50.4	48.4	46.4	43.8	41.3	39.8	38.3	37.3	36.3	34.3	32.8	31.2	30.2
44.2	50.8	48.8	46.7	44.2	41.7	40.1	38.6	37.6	36.6	34.5	33.0	31.5	30.5
44.4	51.3	49.2	47.2	44.6	42.1	40.5	39.0	38.0	36.9	34.9	33.3	31.8	30.8
44.6	51.7	49.6	47.6	45.0	42.4	40.8	39.3	38.3	37.2	35.2	33.6	32.1	31.0
44.8	52.2	50.1	48.0	45.4	42.8	41.2	39.7	38.6	37.6	35.5	33.9	32.4	31.3
45.0	52.7	50.6	48.5	45.8	43.2	41.6	40.1	39.0	37.9	35.8	34.3	32.7	31.6
45.2	53.2	51.1	48.9	46.3	43.6	42.0	40.4	39.4	38.3	36.1	34.6	33.0	31.9
45.4	53.6	51.5	49.4	46.6	44.0	42.3	40.7	39.7	38.6	36.4	34.8	33.2	32.2
45.6	54.1	51.9	49.8	47.1	44.4	42.7	41.1	40.0	39.0	36.8	35.2	33.5	32.5
45.8	54.6	52.4	50.2	47.5	44.8	43.1	41.5	40.4	39.3	37.1	35.5	33.9	32.8
46.0	55.0	52.8	50.6	47.9	45.2	43.5	41.9	40.8	39.7	37.5	35.8	34.2	33.1
46.2	55.5	53.3	51.1	48.3	45.5	43.8	42.2	41.1	40.0	37.7	36.1	34.4	33.3

续表

平均回弹值 R_m	测区混凝土强度换算值 $f_{cu,i}^c$ (MPa) 平均碳化深度值 d_m (mm)												
	0.0	0.5	1.0	1.5	2.0	2.5	3.0	3.5	4.0	4.5	5.0	5.5	≥6
46.4	56.0	53.8	51.5	48.7	45.9	44.2	42.6	41.4	40.3	38.1	36.4	34.7	33.6
46.6	56.5	54.2	52.0	49.2	46.3	44.6	42.9	41.8	40.7	38.4	36.7	35.0	33.9
46.8	57.0	54.7	52.4	49.6	46.7	45.0	43.3	42.2	41.0	38.8	37.0	35.3	34.2
47.0	57.5	55.2	52.9	50.0	47.2	45.2	43.7	42.6	41.4	39.1	37.4	35.6	34.5
47.2	58.0	55.7	53.4	50.5	47.6	45.8	44.1	42.9	41.8	39.4	37.7	36.0	34.8
47.4	58.5	56.2	53.8	50.9	48.0	46.2	44.5	43.3	42.1	39.8	38.0	36.3	35.1
47.6	59.0	56.6	54.3	51.3	48.4	46.6	44.8	43.7	42.5	40.1	40.0	36.6	35.4
47.8	59.5	57.1	54.7	51.8	48.8	47.0	45.2	44.0	42.8	40.5	38.7	36.9	35.7
48.0	60.0	57.6	55.2	52.2	49.2	47.4	45.6	44.4	43.2	40.8	39.0	37.2	36.0
48.2	—	58.0	55.7	52.6	49.6	47.8	46.0	44.8	43.6	41.1	39.3	37.5	36.3
48.4	—	58.6	56.1	53.1	50.0	48.2	46.4	45.1	43.9	41.5	39.6	37.8	36.6
48.6	—	59.0	56.6	53.5	50.4	48.6	46.7	45.5	44.3	41.8	40.0	38.1	36.9
48.8	—	59.5	57.1	54.0	50.9	49.0	47.1	45.9	44.6	42.2	40.3	38.4	37.2
49.0	—	60.0	57.5	54.4	51.3	49.4	47.5	46.2	45.0	42.5	40.6	38.8	37.5
49.2	—	—	58.0	54.8	51.7	49.8	47.9	46.6	45.4	42.8	41.0	39.1	37.8
49.4	—	—	58.5	55.3	52.1	50.2	48.3	47.1	45.8	43.2	41.3	39.4	38.2
49.6	—	—	58.9	55.7	52.5	50.6	48.7	47.4	46.2	43.6	41.7	39.7	38.5
49.8	—	—	59.4	56.2	53.0	51.0	49.1	47.8	46.5	43.9	42.0	40.1	38.8
50.0	—	—	59.9	56.7	53.4	51.4	49.5	48.2	46.9	44.3	42.3	40.4	39.1
50.2	—	—	60.0	57.1	53.8	51.9	49.9	48.5	47.2	44.6	42.6	40.7	39.4
50.4	—	—	—	57.6	54.3	52.3	50.3	49.0	47.7	45.0	43.0	41.0	39.7
50.6	—	—	—	58.0	54.7	52.7	50.7	49.4	48.0	45.4	43.4	41.4	40.0
50.8	—	—	—	58.5	55.1	53.1	51.1	49.8	48.4	45.7	43.7	41.7	40.3
51.0	—	—	—	59.0	55.6	53.5	51.5	50.1	48.8	46.1	44.1	42.0	40.7
51.2	—	—	—	59.4	56.0	54.0	51.9	50.5	49.2	46.4	44.4	42.3	41.0
51.4	—	—	—	59.9	56.4	54.4	52.3	50.9	49.6	46.8	44.7	42.7	41.3
51.6	—	—	—	60.0	56.9	54.8	52.7	51.3	50.0	47.2	45.1	43.0	41.6
51.8	—	—	—	—	57.3	55.2	53.1	51.7	50.3	47.5	45.4	43.3	41.8
52.0	—	—	—	—	57.8	55.7	53.6	52.1	50.7	47.9	45.8	43.7	42.3
52.2	—	—	—	—	58.2	56.1	54.0	52.5	51.1	48.3	46.2	44.0	42.6
52.4	—	—	—	—	58.7	56.5	54.4	53.0	51.5	48.7	46.5	44.4	43.0
52.6	—	—	—	—	59.1	57.0	54.8	53.4	51.9	49.0	46.9	44.7	43.3
52.8	—	—	—	—	59.6	57.4	55.2	53.8	52.3	49.4	47.3	45.1	43.6
53.0	—	—	—	—	60.0	57.8	55.6	54.2	52.7	49.8	47.6	45.4	43.9
53.2	—	—	—	—	—	58.3	56.1	54.6	53.1	50.2	48.0	45.8	44.3

续表

平均回弹值 R_m	测区混凝土强度换算值 $f^c_{cu,i}$ (MPa) 平均碳化深度值 d_m (mm)												
	0.0	0.5	1.0	1.5	2.0	2.5	3.0	3.5	4.0	4.5	5.0	5.5	≥6
53.4	—	—	—	—	—	58.7	56.5	55.0	53.5	50.5	48.3	46.1	44.6
53.6	—	—	—	—	—	59.2	56.9	55.4	53.9	50.9	48.7	46.4	44.9
53.8	—	—	—	—	—	59.6	57.3	55.8	54.3	51.3	49.0	46.8	45.3
54.0	—	—	—	—	—	60.0	57.8	56.3	54.7	51.7	49.4	47.1	45.6
54.2	—	—	—	—	—	—	58.2	56.7	55.1	52.1	49.8	47.5	46.0
54.4	—	—	—	—	—	—	58.6	57.1	55.6	52.5	50.2	47.9	46.3
54.6	—	—	—	—	—	—	59.1	57.5	56.0	52.9	50.5	48.2	46.6
54.8	—	—	—	—	—	—	59.5	57.9	56.4	53.2	50.9	48.5	47.0
55.0	—	—	—	—	—	—	59.9	58.4	56.8	53.6	51.3	48.9	47.3
55.2	—	—	—	—	—	—	60.0	58.8	57.2	54.0	51.6	49.3	47.7
55.4	—	—	—	—	—	—	—	59.2	57.6	54.4	52.0	49.6	48.0
55.6	—	—	—	—	—	—	—	59.7	58.0	54.8	52.4	50.0	48.4
55.8	—	—	—	—	—	—	—	60.0	58.5	55.2	52.8	50.3	48.7
56.0	—	—	—	—	—	—	—	—	58.9	55.6	53.2	50.7	49.1
56.2	—	—	—	—	—	—	—	—	59.3	56.0	53.5	51.1	49.4
56.4	—	—	—	—	—	—	—	—	59.7	56.4	53.9	51.4	49.8
56.6	—	—	—	—	—	—	—	—	60.0	56.8	54.3	51.8	50.1
56.8	—	—	—	—	—	—	—	—	—	57.2	54.7	52.2	50.5
57.0	—	—	—	—	—	—	—	—	—	57.6	55.1	52.5	50.8
57.2	—	—	—	—	—	—	—	—	—	58.0	55.5	52.9	51.2
57.4	—	—	—	—	—	—	—	—	—	58.4	55.9	53.3	51.6
57.6	—	—	—	—	—	—	—	—	—	58.9	56.3	53.7	51.9
57.8	—	—	—	—	—	—	—	—	—	59.3	56.7	54.0	52.3
58.0	—	—	—	—	—	—	—	—	—	59.7	57.0	54.4	52.7
58.2	—	—	—	—	—	—	—	—	—	60.0	57.4	54.8	53.0
58.4	—	—	—	—	—	—	—	—	—	—	57.8	55.2	53.4
58.6	—	—	—	—	—	—	—	—	—	—	58.2	55.6	53.8
58.8	—	—	—	—	—	—	—	—	—	—	58.6	55.9	54.1
59.0	—	—	—	—	—	—	—	—	—	—	59.0	56.3	54.5
59.2	—	—	—	—	—	—	—	—	—	—	59.4	56.7	54.9
59.4	—	—	—	—	—	—	—	—	—	—	59.8	57.1	55.2
59.6	—	—	—	—	—	—	—	—	—	—	60.0	57.5	55.6
59.8	—	—	—	—	—	—	—	—	—	—	—	57.9	56.0
60.0	—	—	—	—	—	—	—	—	—	—	—	58.3	56.4

注：表中未注明的测区混凝土强度换算值为小于10MPa或大于60MPa。

附录 B 泵送混凝土测区强度换算表

泵送混凝土测区强度换算表　　　　　表 B

| 平均回弹值 R_m | 测区混凝土强度换算值 $f_{cu,i}^c$ (MPa) |||||||||||||
| | 平均碳化深度值 d_m (mm) |||||||||||||
	0.0	0.5	1.0	1.5	2.0	2.5	3.0	3.5	4.0	4.5	5.0	5.5	≥6
18.6	10.0	—	—	—	—	—	—	—	—	—	—	—	—
18.8	10.2	10.0	—	—	—	—	—	—	—	—	—	—	—
19.0	10.4	10.2	10.0	—	—	—	—	—	—	—	—	—	—
19.2	10.6	10.4	10.2	10.0	—	—	—	—	—	—	—	—	—
19.4	10.9	10.7	10.4	10.2	10.0	—	—	—	—	—	—	—	—
19.6	11.1	10.9	10.6	10.4	10.2	10.0	—	—	—	—	—	—	—
19.8	11.3	11.1	10.9	10.6	10.4	10.2	10.0	—	—	—	—	—	—
20.0	11.5	11.3	11.1	10.9	10.6	10.4	10.2	10.0	—	—	—	—	—
20.2	11.8	11.5	11.3	11.1	10.9	10.6	10.4	10.2	10.0	—	—	—	—
20.4	12.0	11.7	11.5	11.3	11.1	10.8	10.6	10.4	10.2	10.0	—	—	—
20.6	12.2	12.0	11.7	11.5	11.3	11.0	10.8	10.6	10.4	10.2	10.0	—	—
20.8	12.4	12.2	12.0	11.7	11.5	11.3	11.0	10.8	10.6	10.4	10.2	10.0	—
21.0	12.7	12.4	12.2	11.9	11.7	11.5	11.2	11.0	10.8	10.6	10.4	10.2	10.0
21.2	12.9	12.7	12.4	12.2	11.9	11.7	11.5	11.2	11.0	10.8	10.6	10.4	10.2
21.4	13.1	12.9	12.6	12.4	12.1	11.9	11.7	11.4	11.2	11.0	10.8	10.6	10.3
21.6	13.4	13.1	12.9	12.6	12.4	12.1	11.9	11.6	11.4	11.2	11.0	10.7	10.5
21.8	13.6	13.4	13.1	12.8	12.6	12.3	12.1	11.9	11.6	11.4	11.2	10.9	10.7
22.0	13.9	13.6	13.3	13.1	12.8	12.6	12.3	12.1	11.8	11.6	11.4	11.1	10.9
22.2	14.1	13.8	13.6	13.3	13.0	12.8	12.5	12.3	12.0	11.8	11.6	11.3	11.1
22.4	14.4	14.1	13.8	13.5	13.3	13.0	12.7	12.5	12.2	12.0	11.8	11.5	11.3
22.6	14.6	14.3	14.0	13.8	13.5	13.2	13.0	12.7	12.5	12.2	12.0	11.7	11.5
22.8	14.9	14.6	14.3	14.0	13.7	13.5	13.2	12.9	12.7	12.4	12.2	11.9	11.7
23.0	15.1	14.8	14.5	14.2	14.0	13.7	13.4	13.1	12.9	12.6	12.4	12.1	11.9
23.2	15.4	15.1	14.8	14.5	14.2	13.9	13.6	13.4	13.1	12.8	12.6	12.3	12.1
23.4	15.6	15.3	15.0	14.7	14.4	14.1	13.9	13.6	13.3	13.1	12.8	12.6	12.3
23.6	15.9	15.6	15.3	15.0	14.7	14.4	14.1	13.8	13.5	13.3	13.0	12.8	12.5
23.8	16.2	15.8	15.5	15.2	14.9	14.6	14.3	14.1	13.8	13.5	13.2	13.0	12.7
24.0	16.4	16.1	15.8	15.5	15.2	14.9	14.6	14.3	14.0	13.7	13.5	13.2	12.9
24.2	16.7	16.4	16.0	15.7	15.4	15.1	14.8	14.5	14.2	13.9	13.7	13.4	13.1
24.4	17.0	16.6	16.3	16.0	15.7	15.3	15.0	14.7	14.5	14.2	13.9	13.6	13.3

续表

平均回弹值 R_m	测区混凝土强度换算值 $f_{cu,i}^c$ (MPa)											
	平均碳化深度值 d_m (mm)											
	0.0	0.5	1.0	1.5	2.0	2.5	3.0	3.5	4.0	4.5	5.0	5.5	≥6
24.6	17.2	16.9	16.5	16.2	15.9	15.6	15.3	15.0	14.7	14.4	14.1	13.8	13.6
24.8	17.5	17.1	16.8	16.5	16.2	15.8	15.5	15.2	14.9	14.6	14.3	14.1	13.8
25.0	17.8	17.4	17.1	16.7	16.4	16.1	15.8	15.5	15.2	14.9	14.6	14.3	14.0
25.2	18.0	17.7	17.3	17.0	16.7	16.3	16.0	15.7	15.4	15.1	14.8	14.5	14.2
25.4	18.3	18.0	17.6	17.3	16.9	16.6	16.3	15.9	15.6	15.3	15.0	14.7	14.4
25.6	18.6	18.2	17.9	17.5	17.2	16.8	16.5	16.2	15.9	15.6	15.2	14.9	14.7
25.8	18.9	18.5	18.2	17.8	17.4	17.1	16.8	16.4	16.1	15.8	15.5	15.2	14.9
26.0	19.2	18.8	18.4	18.1	17.7	17.4	17.0	16.7	16.3	16.0	15.7	15.4	15.1
26.2	19.5	19.1	18.7	18.3	18.0	17.6	17.3	16.9	16.6	16.3	15.9	15.6	15.3
26.4	19.8	19.4	19.0	18.6	18.2	17.9	17.5	17.2	16.8	16.5	16.2	15.9	15.6
26.6	20.0	19.6	19.3	18.9	18.5	18.1	17.8	17.4	17.1	16.8	16.4	16.1	15.8
26.8	20.3	19.9	19.5	19.2	18.8	18.4	18.0	17.7	17.3	17.0	16.7	16.3	16.0
27.0	20.6	20.2	19.8	19.4	19.1	18.7	18.3	17.9	17.6	17.2	16.9	16.6	16.2
27.2	20.9	20.5	20.1	19.7	19.3	18.9	18.6	18.2	17.8	17.5	17.1	16.8	16.5
27.4	21.2	20.8	20.4	20.0	19.6	19.2	18.8	18.5	18.1	17.7	17.4	17.1	16.7
27.6	21.5	21.1	20.7	20.3	19.9	19.5	19.1	18.7	18.4	18.0	17.6	17.3	17.0
27.8	21.8	21.4	21.0	20.6	20.2	19.8	19.4	19.0	18.6	18.3	17.9	17.5	17.2
28.0	22.1	21.7	21.3	20.9	20.4	20.0	19.6	19.3	18.9	18.5	18.1	17.8	17.4
28.2	22.4	22.0	21.6	21.1	20.7	20.3	19.9	19.5	19.1	18.8	18.4	18.0	17.7
28.4	22.8	22.3	21.9	21.4	21.0	20.6	20.2	19.8	19.4	19.0	18.6	18.3	17.9
28.6	23.1	22.6	22.2	21.7	21.3	20.9	20.5	20.1	19.7	19.3	18.9	18.5	18.2
28.8	23.4	22.9	22.5	22.0	21.6	21.2	20.7	20.3	19.9	19.5	19.2	18.8	18.4
29.0	23.7	23.2	22.8	22.3	21.9	21.5	21.0	20.6	20.2	19.8	19.4	19.0	18.7
29.2	24.0	23.5	23.1	22.6	22.2	21.7	21.3	20.9	20.5	20.1	19.7	19.3	18.9
29.4	24.3	23.9	23.4	22.9	22.5	22.0	21.6	21.2	20.8	20.3	19.9	19.5	19.2
29.6	24.7	24.2	23.7	23.2	22.8	21.9	21.4	21.0	20.6	20.2	19.8	19.4	
29.8	25.0	24.5	24.0	23.5	23.1	22.6	22.2	21.7	21.3	20.9	20.5	20.1	19.7
30.0	25.3	24.8	24.3	23.8	23.4	22.9	22.5	22.0	21.6	21.2	20.7	20.3	19.9
30.2	25.6	25.1	24.6	24.2	23.7	23.2	22.8	22.3	21.9	21.4	21.0	20.6	20.2
30.4	26.0	25.5	25.0	24.5	24.0	23.5	23.0	22.6	22.1	21.7	21.3	20.9	20.4
30.6	26.3	25.8	25.3	24.8	24.3	23.8	23.3	22.9	22.4	22.0	21.6	21.1	20.7
30.8	26.6	26.1	25.6	25.1	24.6	24.1	23.6	23.2	22.7	22.3	21.8	21.4	21.0
31.0	27.0	26.4	25.9	25.4	24.9	24.4	23.9	23.5	23.0	22.5	22.1	21.7	21.2
31.2	27.3	26.8	26.2	25.7	25.2	24.7	24.2	23.8	23.3	22.8	22.4	21.9	21.5

续表

平均回弹值 R_m	测区混凝土强度换算值 $f_{cu,i}^c$ (MPa)												
	平均碳化深度值 d_m (mm)												
	0.0	0.5	1.0	1.5	2.0	2.5	3.0	3.5	4.0	4.5	5.0	5.5	≥6
31.4	27.7	27.1	26.6	26.0	25.5	25.0	24.3	24.1	23.6	23.1	22.7	22.2	21.8
31.6	28.0	27.4	26.9	26.4	25.9	25.3	24.8	24.4	23.9	23.4	22.9	22.5	22.0
31.8	28.3	27.8	27.2	26.7	26.2	25.7	25.1	24.7	24.2	23.7	23.2	22.8	22.3
32.0	28.7	28.1	27.6	27.0	26.5	26.0	25.5	25.0	24.5	24.0	23.5	23.0	22.6
32.2	29.0	28.5	27.9	27.4	26.8	26.3	25.8	25.3	24.8	24.3	23.8	23.3	22.9
32.4	29.4	28.8	28.2	27.7	27.1	26.6	26.1	25.6	25.1	24.6	24.1	23.6	23.1
32.6	29.7	29.2	28.6	28.0	27.5	26.9	26.4	25.9	25.4	24.9	24.4	23.9	23.4
32.8	30.1	29.5	28.9	28.3	27.8	27.2	26.7	26.2	25.7	25.2	24.7	24.2	23.7
33.0	30.4	29.8	29.3	28.7	28.1	27.6	27.0	26.5	26.0	25.5	25.0	24.5	24.0
33.2	30.8	30.2	29.6	29.0	28.4	27.9	27.3	26.8	26.3	25.8	25.2	24.7	24.3
33.4	31.2	30.6	30.0	29.4	28.8	28.2	27.7	27.1	26.6	26.1	25.5	25.0	24.5
33.6	31.5	30.9	30.3	29.7	29.1	28.5	28.0	27.4	26.9	26.4	25.8	25.3	24.8
33.8	31.9	31.3	30.7	30.0	29.5	28.9	28.3	27.7	27.2	26.7	26.1	25.6	25.1
34.0	32.3	31.6	31.0	30.4	29.8	29.2	28.6	28.1	27.5	27.0	26.4	25.9	25.4
34.2	32.6	32.0	31.4	30.7	30.1	29.5	29.0	28.4	27.8	27.3	26.7	26.2	25.7
34.4	33.0	32.4	31.7	31.1	30.5	29.9	29.3	28.7	28.1	27.6	27.0	26.5	26.0
34.6	33.4	32.7	32.1	31.4	30.8	30.2	29.6	29.0	28.5	27.9	27.4	26.8	26.3
34.8	33.8	33.1	32.4	31.8	31.2	30.6	30.0	29.4	28.8	28.2	27.7	27.1	26.6
35.0	34.1	33.5	32.8	32.2	31.5	30.9	30.3	29.7	29.1	28.5	28.0	27.4	26.9
35.2	34.5	33.8	33.2	32.5	31.9	31.2	30.6	30.0	29.4	28.8	28.3	27.7	27.2
35.4	34.9	34.2	33.5	32.9	32.2	31.6	31.0	30.4	29.8	29.2	28.6	28.0	27.5
35.6	35.3	34.6	33.9	33.2	32.6	31.9	31.3	30.7	30.1	29.5	28.9	28.3	27.8
35.8	35.7	35.0	34.3	33.6	32.9	32.3	31.6	31.0	30.4	29.8	29.2	28.6	28.1
36.0	36.0	35.3	34.6	34.0	33.3	32.6	32.0	31.4	30.7	30.1	29.5	29.0	28.4
36.2	36.4	35.7	35.0	34.3	33.6	33.0	32.3	31.7	31.1	30.5	29.9	29.3	28.7
36.4	36.8	36.1	35.4	34.7	34.0	33.3	32.7	32.0	31.4	30.8	30.2	29.6	29.0
36.6	37.2	36.5	35.8	35.1	34.4	33.7	33.0	32.4	31.7	31.1	30.5	29.9	29.3
36.8	37.6	36.9	36.2	35.4	34.7	34.1	33.4	32.7	32.1	31.4	30.8	30.2	29.6
37.0	38.0	37.3	36.5	35.8	35.1	34.4	33.7	33.1	32.4	31.8	31.2	30.5	29.9
37.2	38.4	37.7	36.9	36.2	35.5	34.8	34.1	33.4	32.8	32.1	31.5	30.9	30.2
37.4	38.8	38.1	37.3	36.6	35.8	35.1	34.4	33.8	33.1	32.4	31.8	31.2	30.6
37.6	39.2	38.4	37.7	36.9	36.2	35.5	34.8	34.1	33.4	32.8	32.1	31.5	30.9
37.8	39.6	38.8	38.1	37.3	36.6	35.9	35.2	34.5	33.8	33.1	32.5	31.8	31.2
38.0	40.0	39.2	38.5	37.7	37.0	36.2	35.5	34.8	34.1	33.5	32.8	32.2	31.5

续表

平均回弹值 R_m	测区混凝土强度换算值 $f_{cu,i}^c$ (MPa)											
	平均碳化深度值 d_m (mm)											
	0.0	0.5	1.0	1.5	2.0	2.5	3.0	3.5	4.0	4.5	5.0	5.5	$\geqslant 6$
38.2	40.4	39.6	38.9	38.1	37.3	36.6	35.9	35.2	34.5	33.8	33.1	32.5	31.8
38.4	40.9	40.1	39.3	38.5	37.7	37.0	36.3	35.5	34.8	34.2	33.5	32.8	32.2
38.6	41.3	40.5	39.7	38.9	38.1	37.4	36.6	35.9	35.2	34.5	33.8	33.2	32.5
38.8	41.7	40.9	40.1	39.3	38.5	37.7	37.0	36.3	35.5	34.8	34.2	33.5	32.8
39.0	42.1	41.3	40.5	39.7	38.9	38.1	37.4	36.6	35.9	35.2	34.5	33.8	33.2
39.2	42.5	41.7	40.9	40.1	39.3	38.5	37.7	37.0	36.3	35.5	34.8	34.2	33.5
39.4	42.9	42.1	41.3	40.5	39.7	38.9	38.1	37.4	36.6	35.9	35.2	34.5	33.8
39.6	43.4	42.5	41.7	40.9	40.0	39.3	38.5	37.7	37.0	36.3	35.5	34.8	34.2
39.8	43.8	42.9	42.1	41.3	40.4	39.6	38.9	38.1	37.3	36.6	35.9	35.2	34.5
40.0	44.2	43.4	42.5	41.7	40.8	40.0	39.2	38.5	37.7	37.0	36.2	35.5	34.8
40.2	44.7	43.8	42.9	42.1	41.2	40.4	39.6	38.8	38.1	37.3	36.6	35.9	35.2
40.4	45.1	44.2	43.3	42.5	41.6	40.8	40.0	39.2	38.4	37.7	36.9	36.2	35.5
40.6	45.5	44.6	43.7	42.9	42.0	41.2	40.4	39.6	38.8	38.1	37.3	36.6	35.8
40.8	46.0	45.1	44.2	43.3	42.4	41.6	40.8	40.0	39.2	38.4	37.7	36.9	36.2
41.0	46.4	45.5	44.6	43.7	42.9	42.0	41.2	40.4	39.6	38.8	38.0	37.3	36.5
41.2	46.8	45.9	45.0	44.1	43.2	42.4	41.6	40.7	39.9	39.1	38.4	37.6	36.9
41.4	47.3	46.3	45.4	44.5	43.7	42.8	42.0	41.1	40.3	39.5	38.7	38.0	37.2
41.6	47.7	46.8	45.9	45.0	44.1	43.2	42.3	41.5	40.7	39.9	39.1	38.3	37.6
41.8	48.2	47.2	46.3	45.4	44.5	43.6	42.7	41.9	41.1	40.3	39.5	38.7	37.9
42.0	48.6	47.7	46.7	45.8	44.9	44.0	43.1	42.3	41.5	40.6	39.8	39.1	38.3
42.2	49.1	48.1	47.1	46.2	45.3	44.4	43.5	42.7	41.8	41.0	40.2	39.4	38.6
42.4	49.5	48.5	47.6	46.6	45.7	44.8	43.9	43.1	42.2	41.4	40.6	39.8	39.0
42.6	50.0	49.0	48.0	47.1	46.1	45.2	44.3	43.5	42.6	41.8	40.9	40.1	39.3
42.8	50.4	49.4	48.5	47.5	46.6	45.6	44.7	43.9	43.0	42.2	41.3	40.5	39.7
43.0	50.9	49.9	48.9	47.9	47.0	46.1	45.2	44.3	43.4	42.5	41.7	40.9	40.1
43.2	51.3	50.3	49.3	48.4	47.4	46.5	45.6	44.7	43.8	42.9	42.1	41.2	40.4
43.4	51.8	50.8	49.8	48.8	47.8	46.9	46.0	45.1	44.2	43.3	42.5	41.6	40.8
43.6	52.3	51.2	50.2	49.2	48.3	47.3	46.4	45.5	44.6	43.7	42.8	42.0	41.2
43.8	52.7	51.7	50.7	49.7	48.7	47.7	46.8	45.9	45.0	44.1	43.2	42.4	41.5
44.0	53.2	52.2	51.1	50.1	49.1	48.2	47.2	46.3	45.4	44.5	43.6	42.7	41.9
44.2	53.7	52.6	51.6	50.6	49.6	48.6	47.6	46.7	45.8	44.9	44.0	43.1	42.3
44.4	54.1	53.1	52.0	51.0	50.0	49.0	48.0	47.1	46.2	45.3	44.4	43.5	42.6
44.6	54.6	53.5	52.5	51.5	50.4	49.4	48.5	47.5	46.6	45.7	44.8	43.9	43.0
44.8	55.1	54.0	52.9	51.9	50.9	49.9	48.9	47.9	47.0	46.1	45.1	44.3	43.4

续表

平均回弹值 R_m	测区混凝土强度换算值 $f^c_{cu,i}$ (MPa)												
	平均碳化深度值 d_m (mm)												
	0.0	0.5	1.0	1.5	2.0	2.5	3.0	3.5	4.0	4.5	5.0	5.5	$\geqslant 6$
45.0	55.6	54.5	53.4	52.4	51.3	50.3	49.3	48.3	47.4	46.5	45.5	44.6	43.8
45.2	56.1	55.0	53.9	52.8	51.8	50.7	49.7	48.8	47.8	46.9	45.9	45.0	44.1
45.4	56.5	55.4	54.3	53.3	52.2	51.2	50.2	49.2	48.2	47.3	46.3	45.4	44.5
45.6	57.0	55.9	54.8	53.7	52.7	51.6	50.6	49.6	48.6	47.7	46.7	45.8	44.9
45.8	57.5	56.4	55.3	54.2	53.1	52.1	51.0	50.0	49.0	48.1	47.1	46.2	45.3
46.0	58.0	56.9	55.7	54.6	53.6	52.5	51.5	50.5	49.5	48.5	47.5	46.6	45.7
46.2	58.5	57.3	56.2	55.1	54.0	52.9	51.9	50.9	49.9	48.9	47.9	47.0	46.1
46.4	59.0	57.8	56.7	55.6	54.5	53.4	52.3	51.3	50.3	49.3	48.3	47.4	46.4
46.6	59.5	58.3	57.2	56.0	54.9	53.8	52.8	51.7	50.7	49.7	48.7	47.8	46.8
46.8	60.0	58.8	57.6	56.5	55.4	54.3	53.2	52.2	51.1	50.1	49.1	48.2	47.2
47.0	—	59.3	58.1	57.0	55.8	54.7	53.7	52.6	51.6	50.5	49.5	48.6	47.6
47.2	—	59.8	58.6	57.4	56.3	55.2	54.1	53.0	52.0	51.0	50.0	49.0	48.0
47.4	—	60.0	59.1	57.9	56.8	55.6	54.5	53.5	52.4	51.4	50.4	49.4	48.4
47.6	—	—	59.6	58.4	57.2	56.1	55.0	53.9	52.8	51.8	50.8	49.8	48.8
47.8	—	—	60.0	58.9	57.7	56.6	55.4	54.4	53.3	52.2	51.2	50.2	49.2
48.0	—	—	—	59.3	58.2	57.0	55.9	54.8	53.7	52.7	51.6	50.6	49.6
48.2	—	—	—	59.8	58.6	57.5	56.3	55.2	54.1	53.1	52.0	51.0	50.0
48.4	—	—	—	60.0	59.1	57.9	56.8	55.7	54.6	53.5	52.5	51.4	50.4
48.6	—	—	—	—	59.6	58.4	57.3	56.1	55.0	53.9	52.9	51.8	50.8
48.8	—	—	—	—	60.0	58.9	57.7	56.6	55.5	54.4	53.3	52.2	51.2
49.0	—	—	—	—	—	59.3	58.2	57.0	55.9	54.8	53.7	52.7	51.6
49.2	—	—	—	—	—	59.8	58.6	57.5	56.3	55.2	54.1	53.1	52.0
49.4	—	—	—	—	—	60.0	59.1	57.9	56.8	55.7	54.6	53.5	52.4
49.6	—	—	—	—	—	—	59.6	58.4	57.2	56.1	55.0	53.9	52.9
49.8	—	—	—	—	—	—	60.0	58.8	57.7	56.6	55.4	54.3	53.3
50.0	—	—	—	—	—	—	—	59.3	58.1	57.0	55.9	54.8	53.7
50.2	—	—	—	—	—	—	—	59.8	58.6	57.4	56.3	55.2	54.1
50.4	—	—	—	—	—	—	—	60.0	59.0	57.9	56.7	55.6	54.5
50.6	—	—	—	—	—	—	—	—	59.5	58.3	57.2	56.0	54.9
50.8	—	—	—	—	—	—	—	—	60.0	58.8	57.6	56.5	55.4
51.0	—	—	—	—	—	—	—	—	—	59.2	58.1	56.9	55.8
51.2	—	—	—	—	—	—	—	—	—	59.7	58.5	57.3	56.2
51.4	—	—	—	—	—	—	—	—	—	60.0	58.9	57.8	56.6
51.6	—	—	—	—	—	—	—	—	—	—	59.4	58.2	57.1

续表

平均回弹值 R_m	测区混凝土强度换算值 $f_{cu,i}^c$ (MPa)											
	平均碳化深度值 d_m (mm)											
	0.0	0.5	1.0	1.5	2.0	2.5	3.0	3.5	4.0	4.5	5.0	5.5	≥6
51.8	—	—	—	—	—	—	—	—	—	—	59.8	58.7	57.5
52.0	—	—	—	—	—	—	—	—	—	—	60.0	59.1	57.9
52.2	—	—	—	—	—	—	—	—	—	—	—	59.5	58.4
52.4	—	—	—	—	—	—	—	—	—	—	—	60.0	58.8
52.6	—	—	—	—	—	—	—	—	—	—	—	—	59.2
52.8	—	—	—	—	—	—	—	—	—	—	—	—	59.7

注：1. 表中未注明的测区混凝土强度换算值为小于10MPa或大于60MPa；
　　2. 表中数值是根据曲线方程 $f=0.034488R^{1.9400}10^{-0.0173d_m}$ 计算。

附录 C 非水平方向检测时的回弹值修正值

非水平方向检测时的回弹值修正值　　　　　表 C

R_{ma}	检测角度							
	向上				向下			
	90°	60°	45°	30°	−30°	−45°	−60°	−90°
20	−6.0	−5.0	−4.0	−3.0	+2.5	+3.0	+3.5	+4.0
21	−5.9	−4.9	−4.0	−3.0	+2.5	+3.0	+3.5	+4.0
22	−5.8	−4.8	−3.9	−2.9	+2.4	+2.9	+3.4	+3.9
23	−5.7	−4.7	−3.9	−2.9	+2.4	+2.9	+3.4	+3.9
24	−5.6	−4.6	−3.8	−2.8	+2.3	+2.8	+3.3	+3.8
25	−5.5	−4.5	−3.8	−2.8	+2.3	+2.8	+3.3	+3.8
26	−5.4	−4.4	−3.7	−2.7	+2.2	+2.7	+3.2	+3.7
27	−5.3	−4.3	−3.7	−2.7	+2.2	+2.7	+3.2	+3.7
28	−5.2	−4.2	−3.6	−2.6	+2.1	+2.6	+3.1	+3.6
29	−5.1	−4.1	−3.6	−2.6	+2.1	+2.6	+3.1	+3.6
30	−5.0	−4.0	−3.5	−2.5	+2.0	+2.5	+3.0	+3.5
31	−4.9	−4.0	−3.5	−2.5	+2.0	+2.5	+3.0	+3.5
32	−4.8	−3.9	−3.4	−2.4	+1.9	+2.4	+2.9	+3.4
33	−4.7	−3.9	−3.4	−2.4	+1.9	+2.4	+2.9	+3.4
34	−4.6	−3.8	−3.3	−2.3	+1.8	+2.3	+2.8	+3.3
35	−4.5	−3.8	−3.3	−2.3	+1.8	+2.3	+2.8	+3.3
36	−4.4	−3.7	−3.2	−2.2	+1.7	+2.2	+2.7	+3.2
37	−4.3	−3.7	−3.2	−2.2	+1.7	+2.2	+2.7	+3.2
38	−4.2	−3.6	−3.1	−2.1	+1.6	+2.1	+2.6	+3.1
39	−4.1	−3.6	−3.1	−2.1	+1.6	+2.1	+2.6	+3.1
40	−4.0	−3.5	−3.0	−2.0	+1.5	+2.0	+2.5	+3.0
41	−4.0	−3.5	−3.0	−2.0	+1.5	+2.0	+2.5	+3.0
42	−3.9	−3.4	−2.9	−1.9	+1.4	+1.9	+2.4	+2.9
43	−3.9	−3.4	−2.9	−1.9	+1.4	+1.9	+2.4	+2.9
44	−3.8	−3.3	−2.8	−1.8	+1.3	+1.8	+2.3	+2.8
45	−3.8	−3.3	−2.8	−1.8	+1.3	+1.8	+2.3	+2.8
46	−3.7	−3.2	−2.7	−1.7	+1.2	+1.7	+2.2	+2.7
47	−3.7	−3.2	−2.7	−1.7	+1.2	+1.7	+2.2	+2.7

续表

R_{ma}	检测角度							
	向上				向下			
	90°	60°	45°	30°	−30°	−45°	−60°	−90°
48	−3.6	−3.1	−2.6	−1.6	+1.1	+1.6	+2.1	+2.6
49	−3.6	−3.1	−2.6	−1.6	+1.1	+1.6	+2.1	+2.6
50	−3.5	−3.0	−2.5	−1.5	+1.0	+1.5	+2.0	+2.5

注：1. R_{ma} 小于 20 或大于 50 时，分别按 20 或 50 查表；
  2. 表中未列入的相应于 R_{ma} 的修正值，可用内插法求得，精确至 0.1。

附录 D 不同浇筑面的回弹值修正值

不同浇筑面的回弹值修正值　　　　表 D

R_m^t 或 R_m^b	表面修正值（R_a^t）	底面修正值（R_a^b）	R_m^t 或 R_m^b	表面修正值（R_a^t）	底面修正值（R_a^b）
20	+2.5	−3.0	36	+0.9	−1.4
21	+2.4	−2.9	37	+0.8	−1.3
22	+2.3	−2.8	38	+0.7	−1.2
23	+2.2	−2.7	39	+0.6	−1.1
24	+2.1	−2.6	40	+0.5	−1.0
25	+2.0	−2.5	41	+0.4	−0.9
26	+1.9	−2.4	42	+0.3	−0.8
27	+1.8	−2.3	43	+0.2	−0.7
28	+1.7	−2.2	44	+0.1	−0.6
29	+1.6	−2.1	45	0	−0.5
30	+1.5	−2.0	46	0	−0.4
31	+1.4	−1.9	47	0	−0.3
32	+1.3	−1.8	48	0	−0.2
33	+1.2	−1.7	49	0	−0.1
34	+1.1	−1.6	50	0	0
35	+1.0	−1.5			

注：1. R_m^t 或 R_m^b 小于 20 或大于 50 时，分别按 20 或 50 查表；
2. 表中有关混凝土浇筑表面的修正系数，是指一般原浆抹面的修正值；
3. 表中有关混凝土浇筑底面的修正系数，是指构件底面与侧面采用同一类模板在正常浇筑情况下的修正值；
4. 表中未列入相应于 R_m^t 或 R_m^b 的 R_a^t 和 R_a^b，可用内插法求得，精确至 0.1。